NF文庫
ノンフィクション

新装版

日露戦争の兵器

決戦を制した明治陸軍の装備

佐山二郎

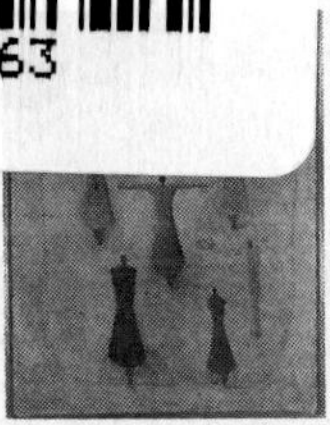

潮書房光人新社

大陸軍国ロシアに挑む日本陸軍は、兵器性能と数量の格差を埋めべく、技術陣と運用部隊が必死に策を考えます。意表を衝いた要塞砲の野戦転用、砲弾の材質見直しと活字鋳造機を応用した信管部品の製造による量産効率アップ、鹵獲兵器を活用した部隊編成……輸入兵器から国産化への過渡期に採用された日本の陸戦兵器の機能と構造、運用法を詳しく解説します。幕末以来の日本兵器を網羅した史料『兵器廠保管参考兵器沿革書』も収載。

はじめに

日露両国間の情勢は明治三十六年末ごろからますます難局に陥り、開戦は避けられないものとして、陸軍省砲兵課、技術審査部、砲兵工廠などの兵器当局者は、必要となる諸準備に追われ始めた。外にあっては韓国駐屯の部隊や台湾守備部隊に必要な兵器を送付し、内にあっては要塞の備砲に対する弾薬を充実し、出征軍に予定された諸部隊の支給兵器のなかで不良品と認められるものを交換した。また、新たに編成される野戦重砲兵連隊および徒歩砲兵諸隊の観測、通信、弾薬運搬に関する所要材料を整備した。ことに要塞警備についてはロシアが宣戦の公布を待たずに砲撃あるいは奇襲をしかけてくることも考慮して、これの整備には最も慎重を期した。

明治三十七年二月、時局はついに円満解決をみることができず動員の令が下り、野戦重砲兵連隊が編成された。この部隊は計画上二個中隊であったが、動員下令前に作戦上の必要から急に五個中隊に改められたので、これに支給すべき兵器の数量が増加し、所要材料は新たに製作を要した。

開戦初期、鴨緑江の戦闘において重砲の射撃は極めて強烈な威力を現わし、敵の心胆を寒からしめた。それ以来、戦局の進捗とともに重砲兵隊および徒歩砲兵隊は出征各軍から非常に歓迎されるところとなり、続々と編成された結果、徒歩砲兵諸隊だけで二七六門の火砲が出征した。また二十八糎榴弾砲を遠く戦地に運搬して要塞戦および野戦に応用し、偉大なる射撃効力を発揚した。これは主として臨時特設砲床の創製により砲床築設上の新機軸を打ち出したことによるもので、大いに内外の注目を集め、後の欧州大戦に影響を与えた。

機関砲は戦争前には重要視されていなかったが、第二軍の編成にあたり上陸点防御のために二個の機関砲隊を編成して、実戦に試みた結果、その有利さが認められた。以後出征軍の要求により機関砲を整備して戦地に追送し、明治三十八年五月には各師団に配属するにいたった。戦争終結までにはその使用数は五二八門に達した。

日露戦争には多数の部隊が参加したが、参加部隊は動員計画によるものよりも、むしろ臨時に編成したものが多いのが実情であった。この各部隊に支給すべき兵器は中央部に総予備兵器の準備があったとはいえ、決して豊富な余裕を持っていたわけではなく、これらの部隊に対する支給および補給兵器の整備は甚だ困難な状態にあった。臨時編成部隊に供給した小銃および付属品類は三十七年度の動員計画に規定された全整備部隊に供用したものとほとんど同数に達し、火砲および各種の器具材料は実に一倍半にも達した。その所要兵器は在庫品も応用したが、多くは新たに製造もしくは購入し、または戦地からの還送品を修理して充用した。

ことに速射砲の採用以来、列国間に戦争がなかったため、速射砲弾薬の消費率に関する学説はまちまちで、まだ正確な予測をたてる根拠がなかった。ところが開戦以来の実験によれば消費率は非常に高いのみならず、各会戦の経過も予想外の長時日を要し、消費弾薬はますます莫大な数にのぼり、この補給追送の困難は極度に達し、砲兵工廠の製作力もついにこれを満足させることができなくなってしまった。臨機の一案としての海外からの購入策も短時日で間に合うものではなく、ついに交戦部隊に使用弾薬を制限するまでにいたった。

弾薬の欠乏を解消する手段として砲兵工廠の拡張、材料の購入、民間工場の利用など全力を尽くして弾薬を増産する一方で、黄色薬を塡実した銑製榴弾を採用した。これは開戦当初の出征部隊からの報告や露軍に従軍した外国観戦武官の通信によって、黄色薬を塡実した鋼製榴弾の威力が大きいことを知っていたことから、製造が簡単で容易に多数を供給できる方法として考案したものであった。

堡塁爆破用爆薬の需要も激増し、黄色薬が不足したため、ダイナマイトやラカロックなどを購入した。また戦闘の経験により各軍は迫撃砲、手擲爆薬、火箭、戦利火砲用弾薬などを要求してきた。

戦場に遺棄された兵器を収集して補給の一助とするため、兵器収集委員を組織して戦地へ派遣した。兵器収集委員は出征軍と協力して遺棄兵器を収集し、戦地においてこれを区分して良品は直ちに応用し、破損品は修理あるいは材料として内地に還送した。この臨機の処置が意外な好結果をもたらし、内地製作力の不足を補う一端となった。

戦地に兵器を補充するには野戦兵器本廠から戦地に追送するのが普通であるが、日露戦争ではこの正規の順序を踏襲することはできなかった。補給数量が膨大なため野戦兵器本廠に準備しておいたもので戦地の要求に応じる余裕がないためで、陸軍兵器本廠が自ら直接戦地への追送を担当した。野戦兵器本廠大連支部はあたかも兵器本廠出張所のような様相を呈した。

露国太平洋第二艦隊東航の風説が伝わると、海を隔てて出征している日本陸軍は一時本国との連絡が途絶したり、また台湾は孤立するおそれがあった。そのため満州軍に対しては門司野戦兵器本廠の格納兵器と内地兵器廠倉庫の格納兵器などを大連に向けて発送する処置をとり、明治三十七年八、九月の両月間に輸送を終了した。台湾と澎湖島は台北に臨時台湾兵器製造所を設け、工場には台湾鉄道作業所をあてた。その備付機械は主として小兵器の製作修理を行なうことを目的としたが、関係者の努力の結果、安式六吋加農の砲弾を製造できるまでに製作力を高め、不十分ながら万一の場合には台湾守備部隊の兵器は本工場の製作力で補充できる態勢となった。しかし明治三十八年に入って旅順口がまず陥落し、バルチック艦隊の来航は実現したが日本海海戦においてこれを殲滅したので、上記の措置は杞憂に終わり、臨時台湾兵器製造所の作業も次第に縮小した。

旅順要塞が陥落し、攻城砲兵の任務が一段落すると同時に、今後これを野戦に用いることになったが、攻城戦とは異なり弾薬の需要は減少するので、砲兵工廠が攻城弾薬に用いていた生産力を野戦弾薬に転用できるようになった。また沙河会戦後両軍は対峙して弾薬の消費は少なくなり、かつ海外へ注文した弾薬も逐次到着し、明治三十七年八月来の兵器大製造計画もその緒に就いたので、奉天会戦の初期には各部隊の定数弾薬を充実したほか、なお砲弾四〇余万発、小銃弾一二〇〇余万発の予備を戦地に

九糎臼砲や保式機関砲は要塞砲兵の装備だった。

蓄積するにいたった。その後バルチック艦隊が東洋に近づくにしたがい、海岸要塞の整備が急を告げたが、この頃には工廠の製造力は大いに拡張され、民間の工場も多少作業力を増加したので、弾薬の準備に大きな困難はなかった。日本海海戦後は工廠の全力を挙げて、野戦部隊の需要に応じることができるようになったので、師団の新設や部隊の編成替えなども、兵器供給の困難から制限されることはなくなった。

輜重兵器具材料のなかで輜重車に馭者台を付ける案は北清事変以来の宿題であったが、明治三十六年九月、輜重車両審査委員は、馭者台は輜重兵の活動上必要であると審査結果を覆申した。これにより動員すべき輜重車の整備に所要の処置をとったが、その数量、容積ともに巨大な輜重車を全部改修することは容易な事業ではなく、東京、大阪の両砲兵工廠における工場の大部分は三十七年六月にいたるまでほとんどこの作業に全力を注いだ。しかし駆者台は予想した効果がなく、かえって重量増加の害があるとして各部隊ともにこれを使用せず、その多くはこれを取り除いて兵器支廠に返却した。初めは動員実施に大影響を及ぼし、後には他の兵器、なかでも弾丸の製造に大障害を与えた駆者台改修の一件は、日露戦争における兵器補給を振り返るとき看過できない要因となった。

機関砲隊が装備した保式三脚架式機関砲。

以上概観したほかにも日露戦争における兵器の準備には多くの問題があった。それは工業力の未成熟によるもの、戦前からの研究不足によるもの、あるいは立場を異にする意見の相違がもたらすものもあった。また特設砲床を使用した二十八糎榴弾砲の野戦転用や、戦地での速射野砲の改造、弾丸の大量生産を可能にした銑製榴弾と錫合金製信管の採用など、戦局を打開するために様々な技術上の考案がなされたことも日露戦争の特色である。

本書の主題は各方面での記録を比較考証するこ

とにより、兵器史の観点から日露戦争を顧みることにある。そのため、たとえば旅順港砲撃における二十八糎榴弾砲の功績については是認、否認両論ともにとりあげた。結論付けることは本書の意図するところではない。

日露戦争百年に際し、本小編が先人の労苦を偲ぶよすがとなれば幸いである。

日露戦争の兵器——目次

はじめに 3
第一章 日露談判 16
第二章 砲兵課の戦争準備 28
陸軍技術審査部 32
第三章 砲兵工廠の戦争準備 36
一 東京砲兵工廠砲具製造所 36
二 東京砲兵工廠小銃製造所 44
第四章 攻城砲兵の戦争準備 48
攻城砲兵の展開 61
海軍陸戦重砲隊の牽制砲撃 68
第五章 日露戦争に参加した兵器 71
一 攻城兵器 71
二 三十年式銃 82

三　保式機関銃　91
四　三十一年式速射野山砲　98
五　弾薬　115
六　迫撃砲　121
第六章　二十八糎榴弾砲　131
第七章　要塞戦備の一端　186
第八章　各戦闘の特色　195
一　南山の戦闘　195
二　得利寺会戦　197
三　大石橋の戦闘　198
四　遼陽会戦　200
五　沙河会戦　202
六　奉天会戦　205

第九章　沙河会戦の砲弾欠乏　208
第十章　戦陣挿話　215
一　露国銀製喇叭　215
二　露軍軍旗を鹵獲　216
三　諜報機関と地図　217
四　気づかなかった露軍の撤退　219
五　戦利兵器を宮城前に陳列　226
付・兵器廠保管参考兵器沿革書　229
あとがき　449

日露戦争の兵器

決戦を制した明治陸軍の装備

第一章　日露談判

本書は日露戦争におけるわが軍の兵器準備、運用などを顧みることに主眼をおいているが、戦争にいたった原因についても再確認しておく必要があろう。そこで兵器に関する各論に入る前に、日露戦争開戦の経緯について、戦後に桂太郎首相が講演した記録をひもとき、振り返ることにする。

日清戦争において清国の無力を世界に暴露してからというもの、同国の要港は欧州の列強に租借され、旅順、大連は露国のものとなった。露軍は旅大を占守し東洋を睥睨した。また長蛇の鉄道が南北満州を貫通し、一気に大兵が西から押し寄せるかに危惧された。

一方、朝鮮から清国の勢力は全く消滅したとはいっても、半島の小朝廷甲が起これば乙が倒れ、走馬灯のような政変劇を演じていた。わが国が莫大な血と財を投じて独立を扶植した効果もしだいに薄れ、露国公使ウエバーは巧妙な技を用いてこれを籠絡して、半島はその勢力に覆われ、わが国の対岸に双頭鷲の羽風が吹きはじめていた。明治三十三年、北清事変が起こった。露国は直ちに旅順から出師し、列国も皆出兵した。わが国も一個師団あまりの兵を出し、列国と共同作戦をとって、その環視のうちに国威を発揚した。

露国はこの機会に乗じ、東清鉄道が破壊されたことを名目としてシベリアから大兵を南下し、南北満州の清兵を駆逐して占拠したまま動かず、その威力の余勢は鴨緑江外にまで及ぼうとしていた。

明治三十五年四月八日、露国は北清事変の清算として在満露軍撤兵条約を清国と締結した。この条約によれば撤兵の期限を三期に分け、条約成立後六ヵ月以内に奉天省より、次に六ヵ月以内に吉林省より、最後の六ヵ月以内に黒龍江省より順次撤兵するはずであった。

やがて明治三十五年十月八日、まさに最初の撤兵期日となった。ところが露国は申し訳的に遼河以西の駐兵を吉林省に移し、次いでその兵を韓国に入れて鴨緑江一帯を領有しようとした。これに対しわが国の朝野は露国の不誠を非難してやまなかった。

明治三十六年四月八日の第二期撤兵期では、撤兵はおろか、前のように駐兵の一部を移動したに過ぎないばかりか、かえってこれを韓国に集中し、むしろますます東洋の平和を危うくしようとした。

このとき露国陸軍大臣クロパトキンは極東を巡視して日本に遊び、次いで旅順に寄って七月初旬極東駐在露国文武官を召集して会議を開いた。同月中旬には東亜太守府を旅順に設置し、最強硬人物アレキセーエフが選ばれて総督となった。その結果としてか露国軍隊は満州各地に大々的活動を開始し、旅順口の防備を固め、その堡塁砲台を増築し、船渠を改修し、ことに鴨緑江を渡って龍巌浦一帯の地域を占領して、その野心は露骨となった。

わが国はもはやこれを座視することはできなかった。六月二十三日に第一回御前会議を開き、内閣から首相桂太郎、外相小村寿太郎、海相山本権兵衛、陸相寺内正毅が出席、伊藤博文、山縣有朋、松方正義、大山巌、井上馨の各元老も参集した。会議の結果、「わが国権の保全および東洋平和のため、速やかに露国と交渉を遂げ、満韓両地において接触する日露両国の利益を調理し、他日両国衝突の原因を一掃する」ことに決まった。

明治三十六年七月二十八日、小村外相は駐露公使栗野慎一郎に訓電し、満州に関するわが国の決意を明示して、露国政府と交渉する全権を与えた。栗野公使は七月三十一日、露国外相ラムスドルフに会見し、「日本政府は日露両国の関係上、将来誤解の原因となるべきものを一掃することを希望しており、露国政府もまたおそらく同感であろうと信じる。ここに極東における両国各自の特殊利益を画定することを期し、露国政府とともに両者の利益が接触する方面における事態を話し合うことは、日本政府の喜ぶところである。もしこの発案に対して、露国政府の賛同を得られれば、日本政府はこの話し合いの性質および範囲に関し、その意見を露国政府に提出するつもりである」との口上書を手渡した。露外相も比較的穏健派なので、「貴政府の提議は自分一個人としては満足するところであるが、何分の確答をなすにはわが皇帝陛下の謁見を必要とする」として、来る八月五日に回答することを約束した。この会見の報は八月二日に外務省に着き、そこで小村外相は翌三日をもって直ちに両国協商の基礎とすべき六ヵ条の協約案を栗野公使に電送した。

第一条　清韓両帝国の独立及領土保全を尊重すること、並該両国に於ける各国の商工業の為、機会均等の主義を保持すべきことを相互に約すること。

第二条　露国は韓国に於ける日本の優勢なる利益を承認し……日本は満州に於ける鉄道経営に就き露国の特殊なる利益を承認し……。

第三条　日露両国は本協約第一条の条項と背馳せざる限り、韓国に於ける日本、満州に於ける露国の商業的及工業的活動の発達を阻害せざるべきことを相互に約すること。又今後韓国鉄道を満州南部に延長し、以て東清鉄道及山海関牛荘線に接触せしめんとすることあるも、之を阻害せざるべきことを露国に於いて約すること。

第四条　本協約第二条に掲げたる利益を保護するの目的、又は国際戦争を起こすべき反乱若しくは騒擾を鎮定するの目的を以て、日本より韓国に、露国より満州に最小必要軍隊を派遣することを得。

第五条　韓国に於ける改革及善政の為助言及援助を与えるは、日本の専権に属することを露国で承認すること。

第六条　本協約は従前韓国に関して、日露両国間に結ばれたる総ての協定に替わるべきこと。

当時露国はバルカン半島の動乱のため、トルコと外交をかさねつつあったので、栗野公使は容易に露外相に会うことができず、ようやく八月十一日に日露協約書を手渡すことができた。この頃露国はハルピン、吉林、遼陽などの駐屯兵を南下させ、東清鉄道を軍用に供して、まず支那人の乗車を拒絶し、ついに各停車場付近居住の内外商人に対し、一二時間以内に退去するよう命じた。さらに韓国では同国森林監理趙性協と八月三日に龍巌浦租借契約を結んだ。事態はいよいよ重大となった。

八月二十三日、露外相は栗野公使と接見し、突如日露協約に関し、話し合いの場を東京に移すことを提案した。小村外相はこの報を聞き、商議地変更の不利不便の理由をつくし、三回にわたり反対意見を提議したが、露国は断じてこれに応じず、小村外相はやむを得ず九月十日商議地変更に同意し、かつなるべく速やかにわが提案に対する露国対案の提出を要求した。

商議地が東京に移ると、駐日露国公使ローゼンは九月二十八日に旅順に赴いてアレキセーエフと会い、わが提案に対する対案を作成して、露国皇帝の允裁を得た後、十月三日に東京に帰還して、即日小村外相を訪問してこれを手渡した。この案の内容は、「露国は韓国の独立および領土保全の尊重に関し異議はないが、これを清国に及ぼすことを拒み、清国における各国の商工業のため機会均等主義を約束することを認めないばかりか、満州およびその沿岸は日本の利益範囲外であることの承認を求め、かつ韓国において日本の利益保護上必要であれば出兵の権利があることを認めたが、これをあらかじめ露国に知らせることを要求し、また韓国領土の一部であっても軍略上に使用することを禁じ、韓国における北緯三十九度以北の地域を中立地帯とする」というものであった。

桂首相は露国の対案を一瞥し、感じるところがあった。初め首相の得た情報によれば、露国は将来満州において利権を設定するため韓国全部を日本の勢力圏内に帰するという譲歩案をもっていたらしい。ところがアレキセーエフ等によりこれが変更され、北緯三十九度すなわち大同江地域をもって中立地帯を設定しようとしたのである。思うにこの提議は露国の立場から見れば戦略上最も至極のことであった。そもそも桂首相は日清戦争の際、第三師団長として出征し、朝鮮に上陸し北進して鴨緑江を渡り容易に析木城、海城を占め、満州を南北に両断した。これからみると鴨緑江の線は当時の東清鉄道に対しては最も危険な側面陣地である。したがって今後どれほど日露交渉が継続されても露国はとうていわが国を満足させるほどの譲歩はしないであろう。だからといってわが国が大同江まで引くようなことは国家の存立上断じて認めることはできない。ここにおいて桂首相にはこの談判の前途が見えたような気持がしたという。ともかくわが国は隠忍自重して十月三十日、さらに確定修正案を直接露国政府に提出し、その再考を促した。この修正案は第一提案に対し相当譲歩したもので、「清韓両国の独立、領土保全の尊重を約諾し、列国とともに文明の恵みに頼り、通商の利を得られること、かつ日本は韓国へ出兵するに際してはなんらの制限を加えざること、また仮に中立地帯を設ける場合には満韓境界の両側にまたがり、南北各々五〇キロにわたる地域をもってこれに充てること」という内容であった。

わが政府はその後栗野公使にしばしば露国政府に対し回答を促させ、ようやく十二月十一日にいたり初めてこれに接した。しかしその回答は、「満州に関する条項を全部削除し、本協商を単に韓国にのみ関するものとする。なお韓国領土は軍略上に使用しないことおよび中立地帯は依然北緯三十九度以北とすること」であった。

わが政府は十二月二十一日、露国政府に再考を求め、また韓国領土に関する制限の削除を要求し、かつ韓国における中立地帯設定を全廃することを提議した。ともかく彼我の意見には大きな隔たりがあるので、わが政府は露国に平和妥協の意思がないと認め、自衛の策を講じる必要を感じ、この月二十八日軍資補充のため臨時支出をなすこと、および京釜鉄道速成に関する緊急勅令を公布し、翌明治三十七年一月五日、軍隊艦隊の行動その他軍機軍略に関することを新聞雑誌に記載することを禁止した。また伊国ゼノアにおいて竣工したアルゼンチン共和国の軍艦二隻を購入し（日進、春日）、その他万一の場合に備えるための準備に努めた。

明治三十六年はこのようにして暮れた。翌三十七年一月一日、露都では栗野公使が露外相を訪い、露国第二対案の修正に関し至急なんらかの措置をとるよう勧告した。一月六日ローゼン公使は本国政府の復答を小村外相に手渡した。これによれば露国は韓国の領土使用上の制限と中立地帯を韓国に画定することの二点は依然露国の案によると主張し、満州の領土保全には全くふれていない。要するに露国は最早平和的交渉によりことを円満に解決する気はなく、露骨に満州を併呑しようとする、日本を愚弄するものであった。

明治三十七年一月十二日、第二回御前会議が開かれた。非常な緊張の中に対露問題が審議され、結論は最も強硬な態度をもって臨むことに決まった。しかし明治天皇は深く宸襟を悩ませられ、「他に何とか採るべき手段はなきか」との仰せがあった。ここにおいて一月十三日、重ねて露国に再考を求めることになったが、一方においては交戦が避けられないと悟り、準備として戦時財政を講究し、海面防御令、鉄道軍事供用令および軍事費特別会計の諸件を議決した。

当時露国には妥協する気は毛頭なく、ただただ話し合いでは時日の引き伸ばしを図り、その間に海陸の兵備を整えて、日本を威圧しようとしたのである。すなわちその海軍は前年四月、満州の撤兵第二期以来東洋に増派した軍艦は一六隻、七万三〇〇〇トン余りに上り、その後さらに戦艦一、巡洋艦二、駆逐艦七、水雷艇四隻を増派し、十二月下旬、すでに地中海に達していた。

また陸軍にあっては昨年十一月、十二月および本年一月にわたりシベリア鉄道と船舶により東亜に輸送した兵士二、三万に達し、これに加えて旅順、ウラジオストック両軍港においては堡塁砲台増築の工事を急ぎ、琿春、遼陽その他の要地にも堡塁を修築し、ことに極力兵器弾薬を極東に輸送していた。

二月三日、露国旅順艦隊が出動したとの情報がわが海軍に入り、海軍当局者は愕然とした。おそらく露国艦隊は佐世保軍港を襲撃するであろう。わが海軍の作戦は敵の不意に出て、その虚を衝くものであったから、露国に先手を打たれると、わが行動に齟齬を来たし、どのような窮地に陥るか予想できなかった。ここにおいて即刻元老会議および枢密院会議を開き、露国に対し外交を断絶することを決定した。一方、露国艦隊は修理後の試運転だったらしく、堂々として大連湾に入港したとの報があった。

翌二月四日には午後三時より第三回御前会議を開いた。内閣より桂首相、小村外相、曾禰蔵相、山本海相、寺内陸相が出席し、伊藤、山縣、松方、大山、井上の各元老が参会した。ここにわが国は露国との交渉を断念し、自衛のため必要な措置をとることに決した。このとき小村外相は、「こんなときに外国に通じる海底電線が断絶でもしたならば、いかに好都合であろうか」と嘆声を発した。その瞬時桂首相がじっと寺内陸相を見ると、陸相も首相をじっと見た。両相は視線を交えて如何なる視話を交わしたのであろうか。

二月五日は日露国交断絶の日である。日本政府は耐えがたきを耐え、忍びがたきを忍んでこの日にいたった。各大臣は参内して外交断絶を奏上した。逓信省はまず外国電報暗号禁止の省令を発した。午後二時小村外相は外交断絶の通牒およびこれに関する訓令を栗野公使に電命した。

翌二月六日、小村外相はローゼン公使を訪問し、外交断絶の公文を手渡した。ローゼン公使はまさか日本が露国に対して開戦しようとは夢にも思っていなかったと仰天し、ともかくこれをまず旅順と仁川にある露国艦隊に通知する必要があった。しかしこのとき朝鮮経由と芝罘経由の二本の海底電信は断絶した。万事休す。公使は全くなすすべを知らなかった。この日午後四時、露都において栗野公使はラムスドルフ外相に会見し、国交断絶および露都撤退の通牒を手渡した。

この日午後九時四十分、わが艦隊は佐世保より出動した。八日には瓜生艦隊は仁川において露艦「コレーツ」および「ワリャーグ」を殲滅した。またその夜午後十時わが主力艦隊は露国旅順艦隊を奇襲し、戦艦「ツェザレウイッチ」、「レトウィザン」、巡洋艦「パルラダ」に大損害を与えた。ここに日露艦隊の均衡は破れ、露国はついに制海権を日本に奪取されるにいたった。わが海軍が奇効を奏することができた理由の一つに海底電信の断絶があったのである。桂大将は海底電信の断絶は実に神風の霊験であったと語ったが、第三回御前会議において首相、陸相が交わした黙視通話にその鍵があったのかもしれない。

陸軍は仁川に上陸後、一路鴨緑江に向かって北進した。鴨緑江の第一戦、連山関の諸戦、金州南山の戦い、得利寺戦にすべて勝ち、遼陽会戦、沙河会戦ともに露軍は善戦したが、ついにわが軍が勝利した。一方旅順に退守する露軍は後ろをわが軍に封鎖され、露艦は脱出できなかった。要塞の守兵は健闘したが、わが軍決死の包囲攻撃により五ヵ月強にして露軍は力尽き、明治三十八年一月開城降伏、人馬、兵器、残艦敗艇はわが手に帰した。

旅順攻囲軍は北進して本軍に合流した。二月露軍の大兵力が黒溝台に来攻し、わが左翼軍を攻撃して退いた。三月、わが全軍は奉天の露軍を包囲攻撃してついに全局の大勝を得、逃げる敵を追って遠く北進した。五月海軍は露国第二艦隊を日本海に迎え撃って殲滅した。ここにおいて米国大統領の斡旋により、日露講和会議が開かれ、九月に国交が回復した。わが国は樺太の南半分を領有し、また清国と交渉して露国租借地を継承することになったのである。

第二章　砲兵課の戦争準備

明治三十六年春、陸軍省砲兵課は日露戦争勃発を予想して、兵器弾薬および被服糧秣などの準備のため、研究に着手していた。当時はまだ陸軍省兵器局はなく、これらの問題はすべて砲兵課がとりしきっていた。ちなみに日露戦争において兵器弾薬補給の責にあったのは、陸軍省砲兵課長山口勝大佐と、大本営兵站総監部参謀長大島健一大佐、そして満州軍高級参謀井口省吾少将であった。

戦争前にわが軍が保有していた野戦兵器数は、小銃約三〇万梃、火砲約一〇〇〇門であったが、三十六年夏には戦争は免れないことを確信するにいたり、砲兵課は大阪砲兵工廠に終夜業を命じ、兵器弾薬の製造を促進した。また攻城砲には無煙火薬を使用することが必要であったが、当時の要塞砲は黒色火薬を使用していたため、砲兵課長は大蔵省にかけあって試験費用を捻出し、技術審査部に命じて富士裾野において攻城砲の無煙火薬使用の実弾射撃を実施した。その結果、攻城砲も無煙火薬を使用することになった。

明治三十六年十月に行なわれた姫路大演習の帰路、陸軍大臣は大阪砲兵工廠を視察した。大臣は全工廠を挙げて二四時間操業態勢をとり、全機械の最大能率を発揮するよう奨励した。

由良要塞には山口砲兵課長が大阪砲兵工廠火砲製造所長を同行して視察し、火砲の整理に着手した。この要塞には日清戦争で鹵獲した火砲が保存されていたので、これを使用できるようにする準備であった。

明治三十七年一月七日、砲兵課長は各要塞に対し、露艦が出現したときは射撃してもよい、との電報を発するとともに、要塞火砲は目塗りのセメントを剥がし、錆止めを取り除いて開戦準備をするよう命じた。

このように兵器準備を進めるとともに、常設機関として初めて兵器会議が設けられた。本会議は寺内陸軍大臣が議長を務め、議員に児玉参謀次長、宇佐川軍務局長、山口砲兵課長、有坂技術審査部長、西村東京砲兵工廠提理、川谷大阪砲兵工廠提理、押上兵器本廠長が連なり、会議で決まったことは直ちに実施に移すことができるようになった。

戦争間の最大の難点は兵器弾薬の補充であった。小銃弾は工廠に機械を増設し、十条に工廠を分置し、滝の川に火薬製造所を設けるとともに、民間工場を利用した。工場としては鉄道省の新橋、小倉、兵庫鷹取の各工場、日本鉄道は大宮、盛岡の修理工場、三池の三井工場、三菱長崎造船所、川崎造船所などが利用された。また砲弾については横須賀、呉の両海軍工廠の援助を受けたが、民間には砲弾を製造できる工場は少なく、砲弾の補充が緊急の課題となった。

そこで砲兵課は、銃砲および砲弾の不足を補充するには国内の供給だけに頼ることはできないとし、これを海外諸国に注文することを決めて、兵器会議の同意をとりつけ、次のように注文した。

英国

日英同盟の関係上、最も好都合で、もっぱら高田商会を経て注文した。とくにアームストロング、キングスノートン、カイノックの三社に製作させた。

独国

当時わが国にクルップ社の代理人シンチンゲルがいて、クルップ社はわが国火砲の制式を熟知していた。また田中弘太郎中佐が独国に滞在し、兵器の購入に従事してい

三十一年式速射砲の弾薬材料

種別／社名	榴弾弾体	榴霰弾弾体	複働信管	薬　莢
クルップ社	155000	430000	180000	550000
アームストロング社	250000	256150	307000	214250
カイノック社	70000	140255		280000
キングスノートン社		110000	120000	270000
合　計	475000	936405	607000	1314250

たので、田中中佐を欧州総兵器検査官に任命して、注文数を増加した。ただしシンチンゲルの態度や田中中佐に対するクルップの言動などは大いに親露的であり、兵器の引き渡しも遅れてしまった。

米国

米国からは主として弾丸と製造機械を購入した。とくにルーズベルト大統領の好意により、欧州から購入した分も米大陸経由で運ばれたものが少なくなかった。

以上の関係から、火砲は主としてクルップ社に、弾丸、火薬、信管類はクルップ社と英国の三社に注文した。仏国に対しては露仏同盟の関係から重点を置くことはできなかった。

輸送船の手配にあたっては国内では高田商会だけが引き受けた。三井、三菱はバルチック艦隊を恐れて容易に快諾しなかったことによる。外国船では英国船だけが同盟関係上輸送にあたった。英国船は英国で製造した兵器だけでなく、クルップ社の製品も積載して、一部は地中海経由で、大部分は喜望峰経由で運ばれてきた。

日露戦争間、明治三十七年七月から三十八年六月までに外国から購入した三十一年式速射野砲の弾薬材料を前頁表に示す。

陸軍技術審査部

文中に技術審査部という名称が登場するが、ほかにも関連するところが多いので、ここでその概要を述べる。

明治九年四月に創設された砲兵会議は、陸軍卿の諮詢に応じて兵器技術、砲兵用設備に関する事項を会議研究する機関であった。創設当時は陸軍省内（麹町区有楽町）の一室を有するにすぎなかったが、明治十三年七月にはその一部をもって小石川区の後楽園入口にあった砲兵工廠の庁舎に移転した。

また工兵会議は明治十六年一月に創設され、砲兵会議と同一系統で器材、築城、工兵隊編成および教育、官衙兵営に関する事項を取り扱った。庁舎は始めは同じく陸軍省内の一室を占めていたが、その後転々として明治二十三年十一月に麹町区富士見町に移転した。これが同会議最後までの庁舎であった。

始め砲、工兵会議は陸軍卿に直隷していたのであるが、当時両会議は操典やら教範やらの編纂に触れざるを得ない関係から、明治二十年五月、両会議は監軍部（後の教育総監部）に属した。ただしこれは不自然であったとみえて、明治二十四年六月には再び陸軍大臣に隷することになった。

明治二十五年、わが陸軍においては、伊国砲兵少佐プラチャリニーが発明した測遠機（武式測遠機）を購入し、同時にブ氏を招聘して、その学理および使用法の伝習を受けることになった。砲兵会議議長は同氏に砲外弾道学の講演を委嘱し、六名の専習砲兵中尉および一二名の聴講将校を指定し、これを聴講させた。講演は四十数回に及び、その後専習将校は記録の編纂に努めて、翌年七月に完成、砲兵会議議長はこれを大山陸軍大臣に進達した。大臣は直ちに印刷に付し、ひろく陸軍一般に配布するよう命じた。この砲外弾道学はわが国の砲兵界に一新紀元を画したもので、砲兵会議の歴史上に大きな功績として残った。

やがて当局者に砲兵会議と工兵会議とが互いに対立して国軍の兵器を決めるということは、統一を欠くとの議論が起こった結果、明治三十六年四月、両会議を合併し、ここに陸軍技術審査部が創設された。この編制改正に関しては当時の砲兵課長山口勝大佐の多大な尽力があったといわれている。当時審査部の庁舎は砲兵会議のものを使用し、後楽園入口にその居を定めた。

両会議および審査部時代はいずれも戦時となると閉鎖される官衙であって、将校は平時から戦時職務をもち、動員令が出るとそれぞれその所定部隊に付くことになっていた。日清戦争のときは砲、工兵会議ともに一人も将校がおらず、准士官一名と二、三の傭員が留守番をしていた。しかし日露戦争ではまったく状況が異なり、審査部の研究調査事項が山積し、部長をはじめ残留将校以下はそれこそ正月元日にも出勤し、連日深夜まで執務した。ことに弾薬火具などの消耗品は不足、不足また不足で、審査部がこれに対していかに憂慮したかは想像にあまりある。

審査部は明治三十六年六月以来、このようにして開戦準備を進め、万遺漏なきと信じていた。しかし実際開戦に及ぶと準備は万全ではないことが明らかとなった。当時の世界は長く平和であったために、わが国が戦争準備として準拠すべき適当な戦例がなかった。そこでやむを得ず普墺戦争、普仏戦争、露土戦争および日清戦争を基準としたが、これらの戦争はすでに時代遅れであり、またあまりにも小規模であった。陸軍技術審査部が戦争準備に万全を欠いたのはここに原因があった。

大正八年四月、技術審査部を廃し、陸軍技術本部が置かれた。技術本部は陸軍科学研究所および陸軍工科学校を統轄することになった。庁舎は相変わらず後楽園入口の建物のままで、この建物は三代にわたって陸軍技術官衙を収容したことになる。

技術本部となってから非常に拡張された。従事員は将校以下の数をみても、砲工兵会議時代は合わせて約五〇名くらいであったが、技術審査部時代に約三〇〇名となり、技術本部となって大正十二年頃には六〇〇人を数えた。

第三章　砲兵工廠の戦争準備

一　東京砲兵工廠砲具製造所

日露の風雲急を告げ、東京砲兵工廠は兵器急造の準備に着手した。当時の提理は西村精一であった。第一に急造しなければならないものは輜重車調査会で決定した二輪式輜重車を乗駁式に改造する件で、従来使用してきた多数の輜重車に駁者台を取り付けるとともに、その輓具を改修する命が下った。当時の輜重車で駁者台が付いているのはわずか一、二個師団だけであった。

工廠の東北隅にあった、火災などの災害時に重要物を避難するための空き地に臨時のバラックを作り、地火戸(ちほど)をこしらえて駁者台の手工火造作業を始め、鞍工場では輓具、くつわなどの急造にとりかかった。このような簡単な火造品は民間に注文してもよかったが、民間工場では容易に合格品が得られなかった。市中工場の軍用品製造に対する技術程度が低かったためで、ついにほとんど全部を工廠で製造した。このときの経験によったものか、戦後砲具製造所に不似合いな大鍛工場を建設することになった。このように苦心した輜重車の改修も戦地においては厄介視され、実用にはならなかった。

これと前後して土工具の多数補充を要したが、砲具製造所だけでは能力不十分のため、小銃製造所において十字鍬を鍛造した。続いて起こった問題は携帯天幕の多数製造であった。三本継ぎ木柱の金物の製造方式を、簡単な二個のスプーン形鉄板を溶接する方法をとり、各方面から裁縫用ミシンを集めて、当時閉鎖中であった砲工学校の校舎を借り受け、大天幕とともに携帯天幕を製造するための分派製造場を置く有様となった。

このような中で戦場からの要求により携帯防楯を製造することになったが、当時適当な鋼板がなかったため、仏国製保式装輪機関砲の防楯を利用して急造した。その方法も当時は酸素ガスなどの入手が困難であったため、防楯の局部を熱して軟化し、これをボール盤で連続的に穿孔して切断するという状態であった。

日露戦争において弾薬の不足を告げたのは南山の戦闘以後である。予想以上に多量の砲弾を消費した結果、大阪砲兵工廠のみでは補充不可能となり、大阪砲兵工廠の川谷提理と協議した結果、弾薬についてまったく経験のない東京砲兵工廠が弾底信管の製造の一部を引き受けることになった。大阪砲兵工廠でも明治三十七年四月頃から大拡張に着手し、勅裁により二五万円を支出して旋盤など一五五台を購入して増産に励んだが、それでも間に合わないため、東京砲兵工廠に協力を求められたのである。砲弾の旋削には強力な旋盤を必要とするが、東京砲兵工廠には力の弱いものしかないので、信管ならば可能であろうと引き受けた。製造したのは三十一年式速射野山砲用の弾底信管であるが、引き受ければ引き受けるほど注文数量が増加し、急激に設備の不足を来した。砲具製造所だけでは注文に応じきれなくなり、小銃製造所および銃包製造所においても協力して製造したが及ばず、ついに民間工場を指導し製造することになった。最初に沖電気工場、服部精工舎のような小物旋造設備をもつ市中工場へ注文し、市中製品委員という制度を設けて、その製品の検査、指導監督にあたらせた。

これと同時に信管製作用諸機械を米国に注文し、小石川構内の兵器本廠倉庫を工場に改造して臨時火具製造所を設立した。後にこれを十条兵器製造所内に移し、火具信管を製造することになった。

このように民間で多数製造を開始したため検査具に不足を生じ、ダイアル、ケージ、ノギスなどの供給に困難を来したため、砲具製造所内の精密工場（テレメーター製作工場）でこれを製作し、民間工場に貸与すると同時にその使用法も教育するという状況であった。その製作は精密工場だけではなお不足を告げ、小銃製造所でも製作したが、製品の精度が高いため不合格品が多く、この検定を精密工場で実施することになってますます補充困難に陥った。また当時はメートル法を採用したのは陸軍と学者のみで、民間はすべてインチ式を採用してきたため、メートルに対する知識の養成が必要であった。

このような中でついに東京砲兵工廠でも砲弾を製造しなければならなくなった。設備の関係から鋼弾は大阪砲兵工廠において製作し、東京砲兵工廠は鍛造の大設備がないため、小型の鋳物弾を作ることになった。新たに弾底信管を用いず旋削作業を極度に減少した弾丸を設計し、その設計に基づき七糎野山砲、九糎臼砲、十五糎臼砲などの弾丸の製造命令を受けた。この弾丸は極力分業数を少なくするため、弾丸内部仕上げ、蛋形部仕上げ、弾帯部仕上げ、弾長仕上げ、ねじ部鋳削を大分業として、ほかはすべて鋳放しとするよう作業方式を定めた。

これに対応する旋盤を設計し、二ヵ月の期間に五、六〇〇台を民間に注文した。倉庫を改造した工場には無理にシャフトを通じ、かろうじて期限までにはその据付を完了した。試運転にあたり提理が検閲することになったが、当時民間の有経験者はことごとく民間工場に採用されていて失業者はいなかったため、やむをえず一、二ヵ月の教育を受けた者若干と残りは小石川河岸の労務者を臨時に駆り集め、やっと当日だけ機械の前に立たせたのであった。ところが検閲が開始されると提理はいちいち職工に機械の名前や使用法を質問したため、まったく機械を見たこともない労務者には答えられようもなく、大いに提理から叱られた。この後改めて職工の教育を開始することになったが、人手も機械もなく、かつ生産に追われる中での新入職工の教育は容易ではなかった。旋盤はそれでもなお不足していたので、カタログだけから多数の外国製在庫品を購入することにした。後日この旋盤の供給が終わった段階で砲具製造所内に砲弾工場を設置し、多数の砲弾製造ができるようになった。

このように機械の不足を来したため、信管は旋盤を使わないで製作する必要に迫られた。窮余の策として有坂技術審査部長の考案により、活版機械を利用して白色合金活機を作り、信管本体は黄銅の鋳放しという新式弾頭信管を製作するにいたった。

前記の作業方式で製作した弾丸は弾頭部を螺着すると、鋳放しとの関係上その結合部において階段部を生じるため、一名「陣笠弾」と称された。東京砲兵工廠は鋳物の得意な川口町に多数注文した。総計二〇万個作られたが、戦地で発射しても破裂しないで転がるものがあったため、点火作用を修正したが、奉天戦には間に合わなかった。

日露戦争前から戦争初期においてはすべて独立検査制度で、検査は提理の自由にならない兵器本廠長の下にあった。したがって工廠の製品に対して兵器本廠検査官が検査したが、鋳物弾を鋼弾と同一の精度で検査したので、本廠長と提理との間に意見の衝突を来し、最終的に寺内陸軍大臣の命により、とくに東京砲兵工廠の製品に対してはすべて検査官を提理の下に置くことにした。これが何でもよいからたくさん弾丸を送れの主義ととられ、陣笠をかぶったような弾丸まで創りだし、戦地で変なウナリを生じてどこに飛んでいくかわからないといった悪評を招いた原因ともなった。欧州大戦間露国の注文で信管や弾丸を作った例によると、露国の検査官は密閉室内で一定温度、湿度のもとに信管を製造させるというぐらいの厳重さであった。当時露国に行ったわが砲兵将校は、日本製の弾丸の曳火破裂がみごとに一定の高さに保たれ、わが国の兵器製造技術が高く賞揚されて鼻を高くしたという。これは厳正独立検査制度の効果であった。

当時、提理は陸軍省における会議に出席すると必ず電話で課長、所長の居残りを命じ、夜になって工廠に帰ってくると何月何日までに砲弾何万発を完成せよと命じるのを常とした。しかも会議の都度その数量は増加した。このように製造は繁忙を極めたので、とくに砲具製造所には配属将校を置き、工場監督を命じられた。
次いでバルチック艦隊の東進問題が起こると、海岸砲用弾薬の必要に迫られ、各種克式、安式火砲の鋳物弾を製造することになり、ますます多忙を加えた。このように砲具製造所は他の製造所にくらべて極めて多忙であったので、小銃製造所および銃包製造所からの申し出により、信管は銃包製造所にて、海岸砲用大中口径弾丸は小銃製造所にて、野山砲用弾丸は砲具製造所にて製造することに定められ、野山砲用小型旋盤に準じて大型のものを新たに設計し、民間に注文した。当時は弾丸信管の製造があまりに繁忙であり過ぎたため、製造という言葉は使わないで「弾丸騒ぎ」「信管騒ぎ」などといった。

作業量の増加は弾丸信管の機械作業のみならず、当然起爆剤の製造にも及び、不十分な設備で無理な作業を実施したため、ついに雷汞工場の大爆発を惹起した。これが動機となって瀧の川に土地を購入し、起爆剤を使用する弾薬の製造所を一ヵ所に集めることになった。戦争中に土地の買収が終わり、熱田兵器製造所とほとんど同時に十条兵器製造所が設立された。

砲具製造所の作業量が大きくなったため、本来の目的である車両類を製作する余裕がなくなり、熱田兵器製造所を建設することになった。明治三十七年中頃、熱田の日本車両製作株式会社と対峙していた熱田車両製造所が閉鎖の状態にあり、国家のため安く提供するのでどうかとの申し出があった。そこで土地建物の一切を八万円で購入し、車両会社に隣接した水田八万坪も購入して、ここに熱田兵器製造所を新設した。外国に注文していた機械が砲具製造所に到着すると今まで使っていた機械を熱田にとりよせ、鋳物弾丸の旋削を徒弟に教育しながら市中の手押ポンプ製作所を利用して作業を実施した。戦争末期には注文していた機械の大部分が到着し、据付を完成するにいたった。

明治三十七年九月、東京、大阪両砲兵工廠の製造力を増加するため、東京砲兵工廠では二六〇万円、大阪砲兵工廠では八九〇万円の予算を目途として、至急拡張に着手することになったが、この東京砲兵工廠の予算に熱田兵器製造所の建設費一四万五〇〇〇円が含まれていた。他の費目は建築費が九七万円、機械費が一五〇万円であった。なお大阪砲兵工廠の拡張予算は需品費六七九万円、築造費二一一万円であった。

兵器原料となる銅はわが国の鉱物の中では比較的多量に産出されていたが、古河、住友、三菱、藤田などの鉱山業者は戦争中であるにもかかわらず、盛んに清国に輸出していた。これはすでに締結済みの契約によるもので、一向に輸出を停止しようとはしなかった。一方、東京、大阪両砲兵工廠における兵器の製造高が増加するにしたがい、銅の需要が増大して入手困難となった。陸軍大臣はこの事態を重くみてこれらの企業と交渉し、三十八年中の供給を承諾させた。この交渉は各社にとって戦後の販路など直接の利害に影響するため、容易に妥結せず、一時非常に困難を極め、両砲兵工廠の当事者に一大憂慮を与えた。日露戦争を顧みるとき重要な反省項目の一つであろう。

二　東京砲兵工廠小銃製造所

当時、小銃製造所は南部茂時中佐を長とし、南部麒次郎少佐が高級所員、ほかに技師として村田経芳の子である村田綱次郎がいた。南部麒次郎少佐は生え抜きの小火器屋で、携帯兵器の改善工夫も、急速に膨張していく製造事業も、南部少佐を中堅として処理されていった。南部少佐はその後南部茂時中佐が砲具製造所に転じて以来、陸軍生活の大部分を引き続き小銃製造所で終わり、中将に進んで工学博士になった。日露戦争の途中で、出征中の高等工業卒業者や帝国大学出身の工学士を召還してそれぞれ製造所に配属された。小銃製造所にもこれら将校四名を得て、所長以下将校、技師は一〇名に達した。

当時小銃製造所の中級幹部としては工長出身の技手または上等工長を工場長として、

各工場（鍛工場、銃身場、機関場、銃床場、修理場、旋工場）は工長や技手が主体であった。これに雇員または臨時傭員として多少文筆や技術の素養のある者を使っていた。ここで特筆すべきは工長出身の技手や上等工長が優秀だったことだ。いずれも年齢五十前後またはそれ以上で、小銃製造所に幾十年の年月を過ごし、職工や機械に精通し、製造技術においても経営においても、その長い経験の力は驚くべきもので、何をさせても専門に関する限り堪能であった。事実上日露戦争間の兵器製造は小銃製造所ばかりではなく、その他の各製造所でもこれらの中級技術員が骨幹をなしていたのである。

小銃の製造能力は戦争の始めにくらべて戦争末期には一〇倍くらいに拡張した。職工数も同様な膨張を来たし、小銃製造所だけで一万人にも達した。この急激な増加に対して、臨時職工の養成は難事中の難事であったが、主として中堅熟練職工に付属して助手見習い的に速成し、機械作業にフライス盤の利用を奨励して、かろうじて危急に応じたものであった。しばしば貴重な機械を壊しながらも、とにかく戦時大量生産に応じることができたのは、これ臨時職工の力に負うところが大きいのであるが、精密機械や特殊鋼材の使用が多く、旋盤作業ややすり作業のほか微妙な熱処理作業の多い携帯火器製造においては、基幹職工たる熟練者の力が根幹であった。中には相当の老年者もあり、機械で腕を失った銃身工などもあったが、小銃の銃腔を覗いてその屈曲を直す職工にいたっては銃腔の中から産まれてきたぐらいの熟練振りであった。職工の募集は東京、大阪両砲兵工廠に共通する問題で、互いに職工の争奪戦を演じるほどであったので、伊勢湾、敦賀の線を境界としてそれぞれの募集区域を画定した。また技術者が不足したので、戦地から帝国大学理工科または高等工業学校などの卒業者を召還し、技師長として工場を監督させた。彼等は一年志願兵で主に看護卒、輸卒として従軍していたが、その軍服のままで職工を指揮したので統制が利かず、威厳をもたせるため和服または洋服の着用が許された。中にはフロックコート着用の高等技師もいたということである。

当時国内のあらゆる製造力は主として砲弾製造に向けられたのであって、小銃製造所も各種弾丸の製造を担当したが、元来小銃の製造は細かい精密な仕事が多いので、とくに信管の機械作業や民間工場で作った信管部品の検査、組み立てはお手のものであった。それというのも小銃の遊底など精密品の検査、仕上、研磨、組立作業に慣れた職工、とくに女工が相当にいたからである。

戦争の末期ですでに休眠状態に入っていた頃であった。機関砲の製造能力も充実し、初めて一〇〇門のストックができたので、これを満州軍に支給することになった。その輸送の宰領と機関砲の教習をかねて、小銃製造所から戦地へ出張した。当時第四軍は開原にあったが、露軍の騎兵が持っていたレキザー軽機関銃を鹵獲していた。そこでこれを貰い受け、帰途遼陽では兵站総監渋谷将軍の要望でその実射を試みたところ、成績は非常に良好であった。三十八年九月に帰朝、同銃を陸軍省に携行し、砲兵課長山口大佐の紹介で、軍務局の課長会報の席に持ち出し、報告かたがたその機能を説明した。その後はこれを小銃製造所に保管して研究材料とした。その頃すでに南部将軍の手で軽機関銃が試作中であったが、同将軍の談によると、このレキザー軽機関銃が刺激となり、わが国制式軽機関銃が実現したとのことである。

ところがレキザー軽機関銃についてはこれより前に兵器本廠が五〇梃を発注済みで、納入期限を三十八年四月三十日としていたが、平和回復後の十月になってようやく納入されたという事情があった。第四軍が露軍から該銃を鹵獲したところからみると、デンマークの製造会社が露国への供給分を優先したことは明らかであった。

第四章　攻城砲兵の戦争準備

いざ開戦となった場合、わが国の攻城砲兵が攻撃すべき敵の要塞は旅順であった。しかしその当時は旅順もそれほど堅固な永久築城を築いているとは考えていなかったので、砲兵会議は攻城砲として十五糎榴弾砲と十二糎榴弾砲を採用することを決定した。ところがこの十二糎榴弾砲というのは中途半端な火砲で、野砲と同じ運動をするには少し重すぎるため、むしろ十糎半榴弾砲を採用するほうがよいというのが独国では多くの意見であった。当時秘密ではあったが、独軍はこの十糎半榴弾砲を野戦砲として採用したのであった。しかし十糎半榴弾砲でも十二糎榴弾砲でも弾丸の威力が不十分であるので、攻城砲にはとうてい使えないという説が独軍では大勢を占めていた。

この意見に対し、砲兵会議では甲論乙駁議論が沸騰して収拾がつかなかったが、砲兵会議議長が時の桂陸軍大臣に面会してその顚末を報告したら、「まぁ、三種とも買って公平に試験したうえで決めればいいじゃないか」と陸軍大臣は折衷説をとり、十糎半も十二糎も十五糎もすべて、とにかくクルップ社に試製を注文することになった。

この三種の試製砲は各砲種とも四門ずつであって、明治三十二年にはできあがって日本に到着した。早速試験射撃や試験行軍を行なったが、試験を行なった人々に要塞戦術の知識がなかったので、的確な審査をすることができず、未決定のままうやむやに打ち捨てておかれていた。要するに審査官にこれらの砲種を要塞や陣地戦においてどのように使用するか分かっていなかったのである。三種の試製榴弾砲は未決定のまま時日が経過したが、陸軍省ではとりあえず十二糎榴弾砲を二四門、十五糎榴弾砲を一二門クルップ社へ注文することになった。

また、クルップ社は明治三十三年に十糎半加農四門を試製し、日本政府にこれを審査するつもりがあれば、クルップ社の費用で提供すると申し込んできた。陸軍次官中村少将は攻城廠編成にあたり、何門必要かと攻城砲兵側に質した結果、三〇門をクルップ社に注文しようとしたが、有坂少将の反対で、十糎半加農は日本で製造することになった。有坂少将は一年半の間には試製を完成して、試験射撃を行なうと請け負ったが、その後四年を経過した日露開戦時になってもまだ試製砲はできていなかった。

クルップ社が試製して送ってきた十糎半加農が旅順攻城中ほとんど独り舞台の重要な役割を演じたことから、当時次官がいうように三〇門買っておけばよかったと攻城砲兵側は残念がったという。

弾種の選定についても問題があった。十五糎榴弾砲については独国には弾丸が二種あり、その一つは劇爆榴弾とも称すべき弾種で、掩体の後方に隠れている守兵の殺傷と、あわせてあまり堅固でない物体の破壊の効用をなす弾丸であった。これは当時独国で、新式野戦築城により構築した壕内に潜む敵兵を駆逐するには、是非この弾種を用いなければならないといっていたものである。他の一つは長榴弾と称する弾種で、これは地雷代用の砲弾であり、最良の鋼で作り、できるだけ弾丸の肉厚を薄くして、多量の爆薬を塡実したものである。延期信管により、弾丸が深く土中に潜ってから爆発する仕掛けであった。新式野戦築城によって構築された掩蔽部を破壊するには、このように多量の爆薬をもっている弾丸をその掩蓋に撃ち込まなくては破壊できないからであった。

ところがわが国の技術家は新式野戦築城がどのようにできているかを知らず、したがってどのようにしてこれを破壊すべきかもわからず、ただ我流で弾丸を製作したのである。当時わが十五糎榴弾砲の弾種としては、一つは破甲榴弾で、弾丸の頭の肉厚を厚くして、楔のように地中に打ち込むのに便利なように製作し、爆薬は内室の容積が小さいので多量に入れることはできない。のみならず弾丸の重量が独国の長榴弾は四〇キロであったのに、わが国の破甲榴弾は約二六キロしかなかったので、破裂の威力は小さかった。もう一つの弾種は普通の榴霰弾だったが、これは掩体の中にいる敵に対しては無論効力はなかった。このように効率の悪い弾丸を射撃したのであるから、たとえ最新式の十五糎榴弾砲を用いたからといっても、その効力を十分発揮できなかったたのである。

占領直後の椅子山。六吋砲５門と小口径砲６門を備えていた。

研究としては試験的に種々の新兵器を国内で製作するのもよいが、戦争準備と研究とは区別して考えなければならない、とは攻城砲兵側の言い分であった。明治三十二、三年頃には時の陸軍次官などは十五糎榴弾砲、十糎半加農など合計一五〇門ほどをクルップ社から購入する考えであったが、兵器の独立を主張する技術審査部の方針にしたがって国内で製造することになった。しかし戦争は国内における製造を待ってくれず、旧式火砲で最新式築城を攻撃し、その結果として莫大な肉弾の犠牲を生じてしまった。これが攻城砲兵側からみた実感であった。

要塞戦術の知識では、露軍の将校のほうがわが軍の将校より進んでいた。したがって築城の知識にも富んでいて、要塞の価値を認めていた。露国は旅順ならびに大連の租借権を得ると、陸軍大臣クロパトキンは海正面の防備ばかりでなく、陸正面にも大規模な防備を計画したが、外務大臣ムラウイヨフの反対で一時頓挫し、さらに明治三十三年一月にかなり大規模な防御計画を策定し、皇帝の裁可を得て工事に着手した。この工事は二期に分かれ、第一期は前進陣地を除く防御全工事であって、竣工期を明治三十七年としていた。第二期は前進陣地であって、その竣工期を明治四十二年としていた。陸正面の防備だけでも全砲数は四一八門、機関銃四八梃を備え、その全正面は龍河をもって境界とし、東西両地区に分かれた非常に規模の大きい要塞であった。

前述したクルップ社の試製砲をわが国の攻城砲として審査していたのは、ちょうど露国が旅順の防御に本格的に着手した頃であった。このときにわが国では有坂少将の反対により、十糎半加農を国内で製作することとしたのは、当時日本がいかに予想敵国の事情に暗かったかを示している。また、旅順の偵察にはたくさんの将校を差遣したにもかかわらず、四年間にわたりあれほどの大工事を施工するには、軍道構築の規模から考えても、セメントの需要と運搬の模様から推測しても、砲工兵将校が偵察したら、少なくとも永久築城であるかないかだけは確かめ得たはずである。当時わが軍将校がいかに戦術偏重主義、歩兵万能主義、要塞不必要主義に毒されていたかということであろう。

十二糎加農。日清戦争にも攻城砲として出動した。

明治三十五年の夏、参謀本部では田中義一少佐のもとで旅順攻撃の具体策について研究を始めた。幸いに旅順の地図は日清戦争当時に測量した二万分の一の正確なものがあった。平時における旅順の要塞調査が正確とは思われなかったが、その本防御線が支那時代とほぼ同一とみなせば、西方正面から攻撃するのが有利と考えられた。ことに当時わが国の攻城砲は不整備であって、比較的多数使用できる火砲は九糎臼砲十五糎臼砲で、ともに間接射撃の火砲であるから、この方面における小起伏地を利用して、これら臼砲を躍進的に使用するのが最も有利であるように考えられた。この仮定のもとに図上において各砲種に適当な陣地を選定し、これによりまず攻城に要する砲種と砲数を決定した。これが攻城計画案の基礎であった。

当時使用できる攻城砲の種類と員数は、クルップ製の十糎半加農四門、十二糎榴弾砲二八門、十五糎榴弾砲一六門は新式火砲であったが、その他は旧式火砲の類であった。陸正面防御用火砲として最も多かったのは、青銅製の十二糎加農および九糎加農だったが、九糎加農その威力においては当時の野砲に劣るぐらいであるから、攻城砲として使用する価値は全くなかった。十二糎加農も比較的重量が大きい割には、その効力が弱いのだが、ただ加農の弾道でなければ効果がないという特殊な目的に使用するために、わずかに三〇門を加えたのみであった。その他は多く擲射砲を採用した。すなわち攻城廠を編成した砲種、砲数は、

旅順攻囲戦で徒歩砲兵第三連隊が陣地から十二糎加農を発射。

十糎半加農　四門
十二糎加農　三〇門
十五糎榴彈砲　一六門

克式十二糎榴弾砲および同十五糎榴弾砲の全体がわかる写真は各種写真帖にも全く見られない。これは図面から忠実に再現した十五榴の全金属製模型。放列砲車重量 2035 キロ。

十二糎榴弾砲　二八門
十五糎臼砲　七二門
九糎臼砲　二四門

の合計一七四門であった。十五糎臼砲という火砲は鋳鉄製であって、悪くいえば鍋鉄大砲であるが、比較的大きな弾丸を射撃できるだけでなく、砲全体がとても軽く、大角度の間接射撃を行なうことができる。また小起伏の多い地形では運用が比較的軽易であるために選定されたものであった。九糎臼砲一二門は運用が極めて軽易であるため、特殊な用法に使用するのに一番便利であるからであった。

馬山重砲兵大隊の砲廠に格納された鋼製九糎臼砲。鋼鋼製九糎臼砲とは砲身の形状も若干異なる。三八式野砲や三八式十糎加農が見えるので、日露戦争後に撮影された写真。

しかし、参謀本部から陸軍省に攻城材料の準備に関して照会すると、陸軍省の当局者はむしろ十五糎臼砲の砲数を少なくし、十二糎加農を多く携行すべきだと反対論を主張してきた。これは全く当時における要塞戦法を知らないからの論法で、もしも加農のような直接射撃をしなければならない火砲をたくさん携行したら、要塞砲火の集中を受け、わが射撃の効果を現わさないうちに早くも敵から撲滅されるほかはなかった。十二糎加農は射弾の効力が微弱であるのに、砲車は重く、敵の目標となりやすいので、こんな不経済な火砲はなかった。野砲などでも直接照準で撃ちだしたら、すぐ敵の集中砲火を被り、長く射撃を継続するのは不可能であったが、なんといっても野砲は軽いので、一時陣地を変換して敵の砲火を避けることも可能であるが、十二糎加農は重くてそのようなことは不可能であった。のみならず十二糎加農のような直接射撃の火砲を備える陣地は、攻囲陣地中の山背、山頂などを占領しなければならないのであるが、このような陣地は歩兵や野戦砲兵が占領すべき陣地であり、すべての火砲を配備できるだけの陣地を見つけることは容易ではなかっただろう。

さらに弾薬の補給についても大きな勘違いがあった。独国の攻城輜重が砲一門あたり一〇〇〇発ずつの携行弾薬を持っているので、まさか旅順が独軍が攻撃しようとする仏国の要塞ほどに堅牢ではないだろうから、その八割、すなわち八〇〇発もあれば十分であろうと考え、その八〇〇発の半分、すなわち一門あたり四〇〇発ずつを攻城砲廠が携行し、残る半数を兵站部に属する野戦兵器廠で携行するよう、陸軍省に要求した。ところが陸軍省の当局者は驚いて、そんなにたくさんの弾薬がはたして要るかと疑い、結局十五糎臼砲の弾丸は在庫品が少ないからという理由で、一門に三〇〇発ずつ、その他の砲種は要求どおり四〇〇発ずつ交付することになった。残りの弾薬は攻城着手の時期までに必ず大連に追送するという約束だったが、とうとう追送弾薬が来ないまま第一回総攻撃を行なうことになった。

第一回総攻撃は大敗を喫したが、弾薬が尽きそうになったので、攻撃を中止せざるを得なかった。第一回総攻撃後、人員の補充のためにも時日を要したが、主として弾

大連埠頭は残されていたので、軍需物資の荷揚げができた。かますに包まれた糧食と十字マークの入った木箱は医薬品か。

薬補充のため少なくとも一ヵ月が必要であった。この一ヵ月の間、どの兵種も攻囲線において無益に敵の猛烈な射撃に耐えなければならなかった。攻城砲兵はこの間弾薬を撃ちつくさないため、攻城砲兵司令部から各隊へ毎日の消費弾数を命令した。たとえば準備弾数一発と命令された隊もあったが、その意味は一門が一日間に射撃してよい弾数は一発というのだから、六門の一中隊ならば六発だけは、一日間の戦況において、中隊長がもっとも必要と判断するときに発射してよいのであるが、その弾数を撃ちつくした後は、どれだけ敵から射撃されても応戦することはできなかったのである。陸軍省が弾薬を追送しなかったのは、旅順攻略を安易に考えすぎていた結果であるが、攻撃が頓挫すると今度は旅順要塞を難攻不落のものと逆に悲観するようになった。

満州軍の作戦では鉄道を利用しなければあれだけの大軍を動かすことはできなかったであろう。それは鉄道提理部の功績であり、武内徹少佐が日露戦争の前に、オーストリアにおいて軍用鉄道の研究をした結果が実現したものであった。先決問題は大連から旅順の要塞前まで、はたして鉄道が使用できるかということであった。武内少佐は最初から広軌である露国の鉄道を狭めて、わが国と同一の軌道とし、その上をわが国有鉄道の運輸材料で運転する計画であったが、まだその頃はもしも大連のクレーンが壊されていたら、機関車の揚陸が困難であろうなどと、いろいろと未知の難問題があった。そこでトロリーを人力で手押しする方法とか、牛に牽かせる方法なども研究したが、結局はどうしても鉄道を利用しなければ攻城はできないという結論に達した。

大連駅は設備も何もなかったが、広軌を狭軌に応急改造し、日本から運んだ機関車や客貨車で軍隊を輸送した。

攻城砲兵の仕事を援助させるため、独国の

攻城教令などには、補助兵として歩兵は勿論、他の兵種でもなんでも使用できることになっているが、その当時では万一歩兵を補助兵に使用したら、「戦闘の主兵たる歩兵が、砲兵などに使われる訳が分からぬ」とか、「私は戦争をするために召集されましたので、砲兵の人足などに使われるつもりはありません」などと、不平をいう者がないともいえない風潮であった。だが前進陣地の攻撃の折から、どうしても重砲の力を借りたいという考えか、歩兵は無論、他の兵種でも、司令部からの要求さえあれば積極的に協力するという気運が生まれた。

日清戦争のとき、旅順攻撃のために編成された攻城砲兵は、実に乱暴極まる編成の仕方であった。使用火砲なども大阪砲兵工廠で製作したままのものを荷造りして発送し、戦地にいたって初めて組み立てたのである。そのためか旅順要塞前で陣地に据え付け、ドンと撃つと閉鎖機が抜けて飛んでしまい、その火砲は役に立たなかったということもあった。

当時軍司令部の人々は重砲も野砲も区別せずに、同じように運動できるものと勘違いし、無理な要求をしたそうだ。それにもかかわらずほとんど昼夜兼行で陣地に着くと、第一発で火砲に故障が起こり、わが軍は重砲の射撃も何もあったものではなく、前へ、前へで、重砲を置いてきぼりにしてしまった。

このような失態を日露戦争で繰り返してはならぬと、攻城諸部隊の編成にあたっては少なくとも出征一ヵ月前に動員させ、人馬と兵器材料とを親しませて、一通り演習も行なわせた。

攻城砲兵司令部が編成になると、あらゆる戦術に要する比率を実験させ、これによって図上で計画した攻城計画案も訂正し、また攻城砲兵展開計画を策定した。

明治三十七年五月二日、攻城砲兵司令部の編成命令が下って、同八日に編成を完結した。攻城砲兵司令官豊島陽蔵少将は第三軍司令部とともに、五月二十七日に出発したが、徒歩砲兵諸隊の教練や実験などまだまだなすべき準備がたくさん残っていた。携行弾薬について陸軍省は在庫品がないから出せなかったが、これに反して海軍省の方では、一般に弾薬は豊富であった。攻城砲兵司令部は海軍でも少し攻城砲兵の手助けをしてもよろしいと言っていると聞き、早速、伊集院軍令部次長に面会して相談の結果、海軍の十二糎加農を使用することにした。これが海軍陸戦重砲隊を編成するもとになった。

攻城砲兵司令部は六月六日夜、新橋を発して、いよいよ出征の途に上った。

攻城砲兵の展開

攻城砲兵が旅順攻城において鉄道提理部と交渉した結果、当時鉄道提理部では、北方に作戦する第二軍のためにも、多くの輸送力を充当しなければならないので、旅順攻城のためには毎日四列車、すなわち六〇〇トンだけの輸送力しか提供することができないということであった。これから割り出して、攻城砲兵の射撃開始は、攻囲線占領後二〇日という計算であった。

一万二〇〇〇トンの攻城材料を輸送しなければならなかったのであるが、そのうち攻城工兵廠のものが一割くらいで、大部分は攻城砲兵材料であった。

当時の攻城砲兵の展開の仕方について、順を追って説明する。

一、卸下停車場の設備

卸下停車場は長嶺子に設置した。攻城材料の輸送が最も盛んだった頃は、大きな停車場と大きな製造工場を合併したような忙しさだった。多量の攻城材料が鉄道でドンドン入ってくるので、わずかの時間内にこれを卸すには多数の人員を用い、また卸した火砲、弾薬、器具、材料を区分して整頓し、送るべきものは直ちに送り、一時格納するものは雨露を防ぐ処置をしておく。中でも火薬は敵弾があたっても危険がないようにしておかなければならなかった。

二、攻城砲兵廠の設備

卸下停車場に卸した火砲、弾薬、器具、材料の大部分は、それぞれ砲兵の各陣地へ直接運搬されるが、予備の弾薬、砲台築設用材料、その他兵器、器具、材料は各砲台との交通上便利な所に集積しておく。これが攻城砲兵廠である。ここでは兵器の修理もするし、火工作業もするので、いわば砲兵工廠の出張所のようなところもある。攻城工廠は当時周家屯にあったが、広大な規模で大きな工場のようであった。

三、軽便鉄道の敷設

鉄道輸送の八、九割は弾薬が占めている。卸下停車場から攻城砲兵廠へ、攻城砲兵廠から弾薬中間廠へ、弾薬中間廠から砲台へ運搬するのに、輜重車では莫大な車両数を要するので、どうしても軽便鉄道を敷設しなければならず、その延長は一〇里以上にわたった。場合によっては卸下停車場から砲台へ直接弾薬を運搬することもあった。

四、砲台の築設

（上）攻城砲兵司令部。山の中腹に設けられたこの二張りの天幕が旅順攻撃に参加した多数の火砲を指揮する中枢だった。（中）二十八糎榴弾砲の巨弾は長嶺子に卸された後、最後に動員された補助輪卒により手押しトロッコで営々と運ばれた。（下）重量10トン半にもなる二十八糎榴弾砲の砲身運搬は、現地住民多数に辛酸を強いた。

要塞から撃ちだす大きな砲弾に対し、砲車や砲手を安全に保護するには、胸墻や掩蔽部などいろいろな掩体を作り、掩蔽部には掩蓋を載せる。砲床は平らで堅くなければならないので、厚い板を敷き詰める。一中隊六門分の砲台を構築するには莫大な量の材料を必要としたが、馬は敵から見られやすいので、砲台の近くの仕事では馬は使えず、どうしても人力で曳き入れなければならない。

（上）長嶺子に卸された二十八糎榴弾砲は、陣地まで人力で運ぶしかなかった。補助輸卒の血と汗により巨砲が威力を発揮することができたのである。（下）糧食の運搬は敵の攻撃を避けるため、陽の傾くのを待ち、山影に沿って幕営地に向かった。

二〇三高地山上の重砲兵観測所跡。この観測所からの指揮が旅順陥落を早めた。

弾薬の詰め込みも一門二〇〇発として中隊では一二〇〇発、これを人が背負って、敵から撃たれでもすれば夜間に運搬しなければならなかった。

五、観測所の築設

砲台の眼となる観測所は、中隊長または観測士官が敵情を見るとともに、こちらが撃った射弾の景況を観測する。観測所の普通の構造は、山の後ろの方から掘っていって、山頂に井戸のような穴を掘り、敵の方へは小さい望遠鏡を覗ける窓を開け、その上に掩蓋を載せる。掩蓋の色相は勿論、その土地と区別がつかないようにした。

六、電話線の架設

攻城砲兵に要する電話網は、まず砲台と観測所、観測所と連大隊本部、連大隊本部と攻城砲兵司令部など、ことごとく電話で連絡した。

七、火砲器具材料の入力または馬力運搬

軽便鉄道を敷設してあっても、それで運搬できる品目数量はわずかなもので、大部分は人力や馬力で運搬しなければならなかった。二十八糎榴弾砲は砲身だけでも一〇トンあるので、貨車二両を連結して運搬した。これを卸下停車場で卸して陣地へ運搬するには、曳綱を付けて人力で挽曳するほかに策はなく、砲身一門に補助輸卒とか歩兵を四〇〇人もかけなくてはならなかった。しかし一般に兵卒の中では大評判で、運搬する道路の近くにいる部隊や、そこを通りかかった兵卒などは頼まれもしないのに、挽曳を手伝う者が多かった。運搬はこのように困難であったが、敵から見られない土地ではそれほどでもなかった。だがたとえば団山子砲台ではいわゆる危険街道を通らなければならず、こういうところはどうしても夜間に運搬するほかはなかった。その危険街道の中途で夜が明ければ、高粱などを切ってきて、敵から見られないように隠し、夜になるのを待って運搬を継続した。

その他の器具材料は野戦砲兵連隊の輓馬に繋駕して運搬したり、各師団の輜重のうち、たとえば架橋縦列のような要塞戦においては用がないものの人馬車両を利用して、運搬させた。

海軍陸戦重砲隊の牽制砲撃

陸軍の攻城砲の弾薬が乏しいため、出征前に海軍軍令部と打ち合わせ、海軍から援助を受けることにした。その結果、十二糎速射砲二門、十二斤砲若干をもって、海軍陸戦重砲隊なるものが編成され、黒井悌次郎海軍中佐が指揮官となって、攻城砲兵司令官に隷属された。この火砲材料は大連から営城子までは汽車で輸送し、それから後備歩兵第九連隊第七中隊を補助兵として配属し、その援助と海軍兵とで、曳綱を付けて運搬した。

十二糎海軍砲に、攻城砲兵の展開が終わる前から射撃を開始させることにしたのは、わが攻城砲兵が展開しつつある方面以外の方向に敵を牽制しようとしたので、日露戦史には威嚇砲撃と称しているが、牽制砲撃といったほうが適当である。陣地は野戦重砲兵連隊に命じて構築させ、八月六日には火砲を据え付けた。

八月七日朝、射撃を開始して、攻城砲兵の射撃開始までの間、日々旅順市街、港内、艦船、船渠などを砲撃して、八日には旧市街の貯油倉庫に、九日には戦艦「レトウィザン」の後部に火災を起こさせ、かつ船首喫水線下を穿孔して浸水させた。また戦艦

（上）二十八糎榴弾砲の砲身運搬作業中、小休止する補助輸卒隊。
（下）火石令子西方約３００メートルに位置する海軍陸戦重砲隊陣地。
火砲は十二糎海軍砲と思われるが、鎖栓が付いていないので組み立て中か。

「ツェザレウィッチ」に数発命中し、商船一隻を撃沈し、戦艦「ペレスウィート」に多数の死傷者を生ぜしめた。その結果ついに敵艦隊はウラジオに向かって逃げだそうとし、黄海海戦の動機もこの砲撃にあったということができる。露国側の戦史にも、七日の午前十一時頃には旅順市街で祈禱式があって、多くの市民が式場に集まっていたが、突然多数の砲弾が群集の頭の上を掠めて南の方に飛び、港内で爆発した、と書いてある。これが海軍陸戦重砲隊の第一撃であった。コンドラチェンコ少将は、この砲撃が日本軍が水師営方面から強襲してくる前触れだと判断して、兵力をこの方面に増加した。牽制の目的は確かに達成したといえよう。

黒井中佐が後に大将になってから、陸軍の将官にあてた手紙にこのように書いている。「……およそわが国古来の遺跡といえば何もかも弘法大師もしくは弁慶の所為のごとく口碑に伝えられると同様に、旅順の戦跡についてもエライことは何もかも陸軍一手でやり、とくに二十八糎榴弾砲が一人で働いたようにばかり言い伝え……」つまり、緒戦は海軍陸戦重砲隊が大きな功績を挙げたことを忘れてもらっては困ると言っている。

第五章　日露戦争に参加した兵器

一　攻城兵器

明治三十六年六月下旬、陸軍省砲兵課長山口勝大佐から技術審査部長有坂中将に電話があり、誰か将校を至急陸軍省に遣わされたいとの要請があった。当時は自動車や電車の便がなかったので、審査部長の命を受けた山縣少佐が人力車で三宅坂に赴くと、山口課長から「目下露国が満州に関し容易ならぬ態度をとっている。これに対し帝国もまた強硬態度にでるはずである。しかし軍備なき外交は滑稽に類するから、至急兵備を整えるつもりだ。野戦兵器はほぼできているが、攻城兵器については寒心にたえないものがある。技術審査部は急速にこの整備に努力されたい」との指示があった。

これを聞いた有坂中将をはじめ技術審査部員一同は、去る二十三日に御前会議があって、伊藤、山縣、松方、大山の諸元老と内閣から桂首相、小村外相、山本海相、寺内陸相が出席しているが、山口課長の指示もその結果であろう、ともかく事態は非常に重大であると直感した。

当時攻城砲として外国から購入してあった最新式火砲はわずかに次の数種であった。

克式十糎半速射加農　四門
克式十五糎榴弾砲　一八門
克式十二糎榴弾砲　三二門

ほかに保式機関砲が二〇二門あったが、これは野戦軍の方でも使用するので攻城砲兵が独り占めすることはできない。それでは旧式火砲で攻城に使用できるものはどうか。明治三十五年一月の調査では次の火砲があった。

十二糎加農　六六門
九糎加農　三五門
十五糎臼砲　九〇門
九糎臼砲　三九門

これらの火砲はすべて伊国式青銅砲で、傭教師伊国砲兵少佐グリローの創製に係り、まさに半世紀前の老武者であった。九糎加農は威力が小さいので除外し、九糎臼砲の一部と克式十二糎榴弾砲をもって野戦重砲隊を編成し、他の各種火砲で攻城砲兵隊を編成することに定め、この方針で整備にあたることになった。

野戦重砲および攻城砲にも無煙装薬を使用することとし、これらの旧式青銅火砲についてもすべて初速試験を実施した。そのうち九糎臼砲は火門孔が砲身の上面にあり、尋常門管を使用するので、その薬包に点火薬を装着するため苦心した。

日清戦争の経験から、わが国においても野戦榴弾砲および攻守城砲の必要を認め、明治三十一年から三十五年にわたり克式十二、十五糎榴弾砲を独国クルップ社から購入した。本砲はもとは三種の編合装薬であったが、わが国の無煙火薬では二号および三号装薬は火砲の腔圧が小さすぎ、信管に不発が多く発生することを発見した。ここにおいて遺憾ながら一号装薬一種だけとすることを決定し、明治三十六年十二月から急遽、射表編纂に着手した。ところがこの射撃間にまた容易ならぬ故障を発見した。すなわち複働信管に少なからざる腔発を生じることであった。その原因探求の結果、着発活機と支筒との微妙な関係に起因することを確認した。しかし時機がすでに切迫していたので如何ともしがたく、すべて着発部具を除去して曳火信管として使用することにした。

日露戦争には克式十二、十五糎榴弾砲は野戦重砲および攻城砲の主砲であって、鴨緑江の戦闘、旅順攻囲戦、奉天会戦に目覚しい功績をあげた。ことに鴨緑江の戦闘には克式十二糎榴弾砲は黔定島に陣地を占め、九連城付近の敵砲台を射撃し、ほとんどこれを破壊しつくして戦闘力を奪った。また九連城背後の谷底に敵の幕舎や馬繋場があるのを発見し、これを砲撃したときなど、目撃者の言によれば敵は驚愕狼狽し、馬匹は狂奔し、その惨状は眼もあてられないほどであったという。

日露戦争末期わが国は砲身後坐式の十二、十五糎榴弾砲を採用し、克式十二、十五糎榴弾砲は旧式として葬られた。ほどなく欧州大戦が勃発し、露国の懇望によりこれらの火砲はすべて露国に譲渡した。かつては大いに露軍を苦しめた火砲が、いまや露国においてご奉公することになったのは奇縁である。しかも露国は連戦連敗し、これら火砲も概ね独軍の鹵獲に帰し、独国に後送された。これら火砲は往年独国を出発し、地中海、インド洋を経て日本に到着し、さらに日本を出発し、日本海、ウラジオストック、シベリアを経て欧露にいたり、最後に故国ドイツに帰還した。本火砲は新式としてドイツを出発した後数回の戦争に従事し、一九年目に旧式として故国に戻ったのである。

十五糎臼砲は最大射程が三二七〇メートルと短かった。そこで無煙装薬により従来の一号装薬のうえにさらに一号を加え、最大射程を四三九〇メートルまで延長した。

しかし後になって問題が起こった。それはこの装薬では榴霰弾弾体は腔圧に耐え切れず、往々にして砲腔内において破壊腔発することにあった。始め審査部が本砲の初速試験および射表編纂を行なったとき使用した砲身は、不注意にもやや衰損していたものであった。このために腔圧も高くなく、したがって腔発などは一発も発生しなかったのだ。ところが他の砲身においては腔圧が高過ぎて、ついにこの事故を引き起こしたのである。その善後処置として、「一号装薬を以てする榴霰弾は友軍に危害を及ぼさざる場合にのみ之を用うべし」との通牒を出征関係部隊に発した。
従来、野戦重砲および攻城砲の弾薬車などについては何の準備も整っていなかったので、とりあえず在庫品で間に合わせることにした。弾薬車および予備品には七糎野砲用のものを充てることにしたが、このために積載運搬法が複雑となり、使用部隊の困難が予想された。そこで急遽「野戦重砲兵器提要」および「攻城兵器提要」を編纂し、直ちに関係部隊に配布した。

当時旅順要塞の模様は一向にわからなかったが、露国が東洋経営の根拠地として巨万の財を投じて築設した大要塞であるから、どう安くみても相当の備えをしているであろうことは想像できる。参謀本部から技術審査部に対し「目下旅順で砲身長七メートルくらいの中等口径火砲を多数陸揚げしているが、その火砲は一体何か」との質問

（上）駐退復坐機を備えた克式十糎半速射加農。三八式十糎加農の原型となった。（下）日出生台演習場における克式十糎半速射加農の射撃。

（上）克式十五糎榴弾砲の全金属製模型。筆者蔵。
（下）閉鎖機を開いた克式十五糎榴弾砲。車輪の間で伸縮機関の頭部を砲床に固定し、砲架後部に連結して後坐圧力を吸収する仕組み。

（上）九糎臼砲は遮蔽陣地から敵の暴露砲台、堡塁を攻撃した。
（下）運搬車上の鋼製九糎臼砲。近距離の移動には鋳鉄製小輪を用いる。

（上）旅順攻囲戦における十二糎加農の射撃。（下）弾丸を装塡する十二糎加農。枠内は十五糎臼砲。当時の絵葉書から。

（上）日露戦に間に合わなかった三八式十五糎榴弾砲。支那事変頃の写真。（下）三八式十五糎榴弾砲の接続砲車。

（上）十五糎臼砲。昭和50年頃まで銀座の中華料理店「第一楼」の入口前に置いてあった。（中）この火砲がその後どうなったか、日露戦争を戦った唯一の生き残りであるだけに気がかりである。（下）砲尾上面には「大阪砲兵工廠明治廿八年製造」と刻されている。

があり、早速技術審査部で調べてみると、この火砲は露国が一八九六年(明治二十九年)に制定した斯加式四五口径十五糎加農であった。開城後の調査によれば、この砲は海岸砲に一九門、海軍砲として一六門備え付けられていた。日本には四五口径などという長大な火砲はまだなかったので、旅順要塞が難攻不落の金城鉄壁であることは疑いのないところだった。それにしてもこれに対するわが攻城火砲はいかにも貧弱であった。

明治三十七年二月六日、ついに日露国交断絶し、同月十日には宣戦の詔勅が渙発された。問題の攻城砲兵も一応編成できたが、技術審査部ではいかにしてもその兵器が露国のものに劣ることを慮り、ここに二十八糎榴弾砲の攻城使用を企て、山口砲兵課長に提言した。同砲については第六章に詳述する。

二 三十年式銃

明治三十四年、欧州において露仏両国が攻守同盟を結んだ。その条約中に「将来露国が軍備拡張および兵器製造のため費用を要することがあれば、仏国はその外債に応じる」という一項があった。露国は巧みにこの条項を利用して、仏国で外債を募り、これを流用してシベリア鉄道の敷設に着手した。この鉄道敷設は東洋とくにわが国にとっては一大脅威であり、その竣工期は明治三十三年の予定であった。

志士はこれをもってわが国の独立を危うくするものと絶叫し、欧米人にも日本に同情を寄せる者が多かった。当時砲兵大尉であった島川文八郎が欧州に留学し、始めてベルギー国にプリヤルモン大将を訪問したとき、大将の第一の言葉はシベリア鉄道に対する日本の決心であったという。

ほどなく日清戦争が勃発し、わが軍は連戦連勝して世界を驚倒させた。戦後には軍備拡張が行なわれ、ここにおいてわが国はシベリア鉄道開通までに兵器の改良および軍備の拡張を終わらせることが必要となり、さしあたり野戦兵器を開発した。このような理由で三十年式銃と三十一年式速射野砲が急遽制定されたのである。

三十年式銃は砲兵大佐有坂成章の創製に係り、三八式銃の原型となった。有坂大佐は口径七ミリ、六・五ミリ、六ミリの三種を試製し、これを試験に供した。試験の結果は六・五ミリを最も優秀とした。砲兵会議議員井口省吾大佐は、口径六・五ミリはあまりにも小さすぎ、いわゆる不殺銃であるとの異論を唱えたが、大勢は六・五ミリに決し、三十年式の名称をもって制式となった。本銃は村田銃と交代し、日露戦争間後備軍の一部を除いて、ほとんど全部に使用された。

後備諸隊には当初村田単発銃を、国民歩兵にはスナイドル銃を引き当てていたが、開戦前になるべく威力のある銃を支給することになり、海軍が保有する村田連発銃と三十年式銃実包を交換して、これを陸軍所有のものに加えて、後備諸隊には村田連発銃を、俘虜収容所の警備などに任ずる国民歩兵には村田単発銃を支給した。屯田歩兵隊は明治三十六年度動員計画において従来支給のピーボジーマルチニー銃を使用することになっていたが、後備歩兵四大隊にならって村田連発銃を支給することになった。この後戦争の進捗にともない、後備歩兵隊を第一線に使用するようになり、効力上および弾薬の補充の面から、銃種を統一したほうが有利であることから、砲兵工廠の全力を挙げて三十年式歩兵銃および同実包を製作し、後備歩兵第一旅団およびこれに関連する歩兵連隊、補充大隊保管の村田連発銃および連発騎銃を三十年式と交換した。以後逐次交換を実施し、三十八年七月の後備第一師団の交換で全部終了した。

この数値に現われた効力は、軍隊の熟練および勇敢さに負うとともに、銃の優良さによるところが大きいといえよう。

本銃は明治三十一年頃から逐次製造されて、戦争初期には日製三〇〇梃くらいに達していた。しかしいざ戦争になるとこんなことでは話にならない、どうしても日製八、九〇〇梃以上なければ間に合わないというので、早速バラックを建て、倉庫の物は外に出して古い機械などを全部動員して据え付け、また民間にある機械を購入するなどの臨機の処置を講じ、一方大々的に職工の募集に着手した。しかしその大部分は素人なので養成に骨が折れたが、当時はまだ労働問題もなく、赤化職工もいなかった。

素人職工はこれを数班に分け、まず使用する機械器具の取扱要領を教えた後、数日間は見学させ、数人毎に熟練職工を配置して、各人を指導しながら就業させた。当分の間は刃物の取り換え、刃研ぎなどは熟練工にやらせ、製品の誤造を予防した。ことに銃身腔綫のような精度を要する刃具の研磨はほとんど最後まで熟練工にあたらせた。

三十年式銃の戦争間における効力の一例

区分＼戦場	敵1人を殺傷するため射撃した実包数	
	日本軍	露軍
遼陽	650	1373
沙河	300	1334
奉天	427	833

職工補充の中で最も困難だったのは銃身矯正工である。銃身の孔の曲がったのを真っ直ぐに正すのが銃身矯正工の役目であるが、それには二、三メートル先に水平に横たえた板の上縁を銃身の孔から覗き、その板上縁の影が銃身腔内に筍のように映る形状と位置とによって銃身の曲がりを確かめ、その外部を鎚で打って真っ直ぐにするのだが、これは昔から鉄砲鍛冶の行なった方法でなかなか難しく、一朝一夕の練習ではとうていできない。今から養成していたのではものになるときは戦争がすんでしまうかもしれないと困ったあげく、

昔鉄砲鍛冶が多くいた江州や信州地方へ人を派遣し、探した結果かなり得るところがあった。

一方、材料の方は不足がちで、不十分なものを間に合わせに使用したものが多く、ことに銃身と銃床に苦労した。銃身は試放（組立前に銃身の抗堪力を試すため、多少火薬量を増加した弾で射撃すること）の際縦裂を生じるもの、金質に傷があるもの、あるいは金質が硬すぎて作業が困難なものなどが多かった。銃床は胡桃材が無くなり、代用材としてぶな材を使用した。ぶなの補給はいつでも容易にできたが、狂いが多くてできあがるまでに何度も曲がりを直すなどの手数を要するのみならず、いよいよ銃となった後も少し日がたつとまた狂いがでる始末だった。

このように鉄砲の製造だけでも大きな困難と闘わなければならなかったのに、途中から思わぬ注文が飛び込んできて、本分の小銃製造を阻害することが夥しかった。ことに戦争の最初に蹄鉄の裏に螺着する鉄臍（氷上で滑らないように付けるもの）の大製作を命じられたときはせっかく準備してきた銃器類の大製作を頓挫させられてしまった。しかし戦争になれば騎兵が一番先に出征することを考えれば致し方なく、このような困難を切り抜けて、小銃は日製一〇〇〇梃という能率を示すようになった。そこで小銃はもはや安心だからと代わりに砲弾を作ることになり、砲弾を旋削するための急造旋盤を注文して据え付け、小銃製造所が砲弾製造の大工場に早変わりした。職工数も一万二〇〇〇人くらいになり、大小砲弾を製造する粗製旋盤の歯車が食い合う音が遠くまで聞こえたという。

さていよいよ開戦してみると、小銃の口径がやはり小さ過ぎることが欠点であった。当時口径六・五ミリの三十年式銃は口径七・六ミリの露国小銃にくらべて不殺銃といわれていた。菊地軍医監が戦争中松山において二〇〇〇名以上の露国の俘虜傷者を治療した際の報告によれば、その多数は第一軍方面の者であったが、数ヵ所の創傷のある者が多く、なかには二、三発も撃たれている者がいて、菊地軍医監は最初露兵はよほど勇猛で、一発では倒れないのか、あるいはわが軍用銃があまりに人道的に過ぎるのかと思ったという。銃創俘虜の予後経過がわが同負傷者にくらべて非常に良好であるので、結局傷口は早く癒えて、敵兵は再三再四戦線に立つことになる。倫理人道を別とすれば、これはわが国にとって不利であったことは否定できない。しかし小口径銃には利益もあった。小銃の目的は敵を惨殺することではなく、戦闘力を奪えばよいとの論理からみれば、口径を縮小することにより弾丸の重量が減少するから、それだけ多くの弾数を携行できる。また兵卒自身戦場においては弾丸に頼るほかはないのであるから、できるだけ多くの弾丸を携行することを望み、その数が多いほど心強く

三十年式歩兵銃

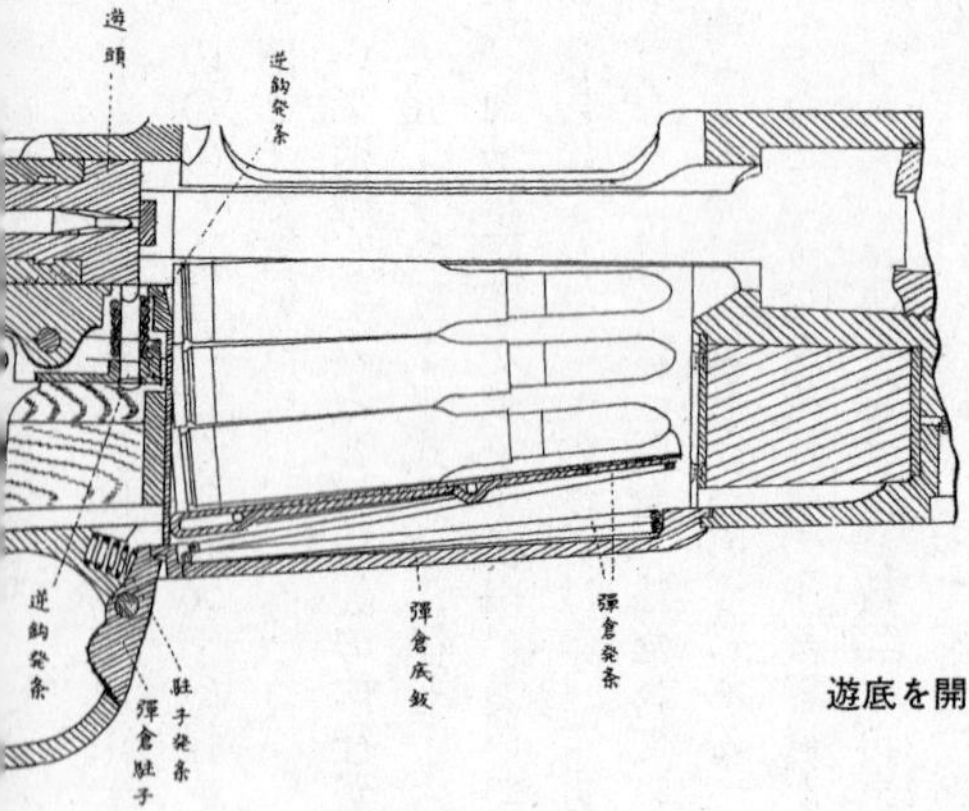

遊底を開いた断面

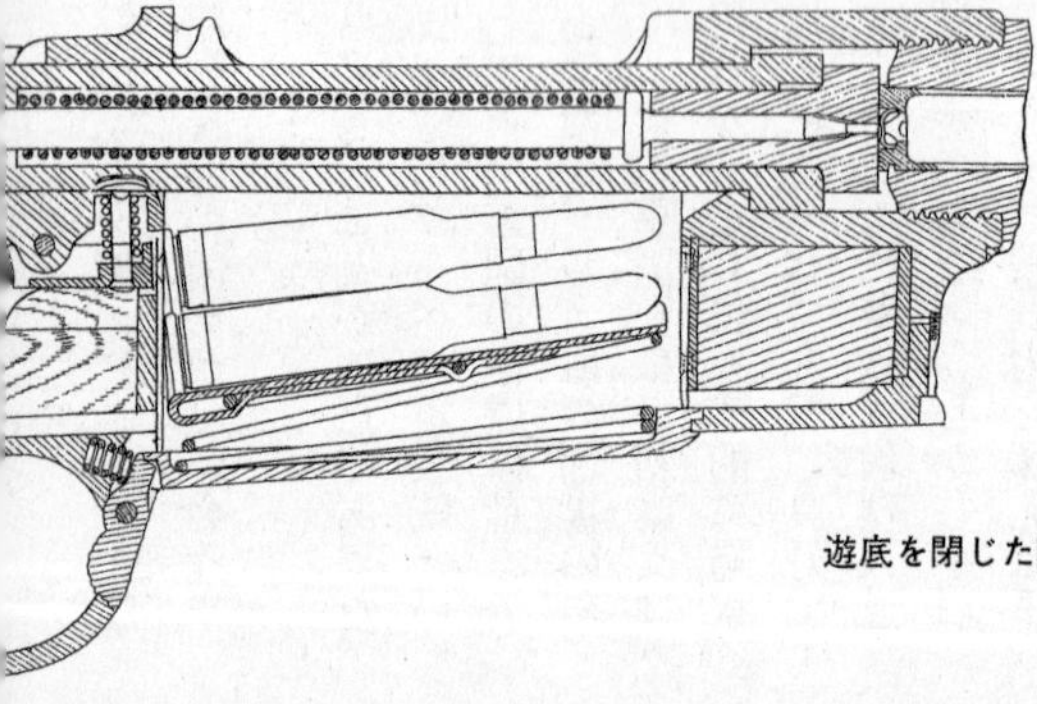

遊底を閉じた断面

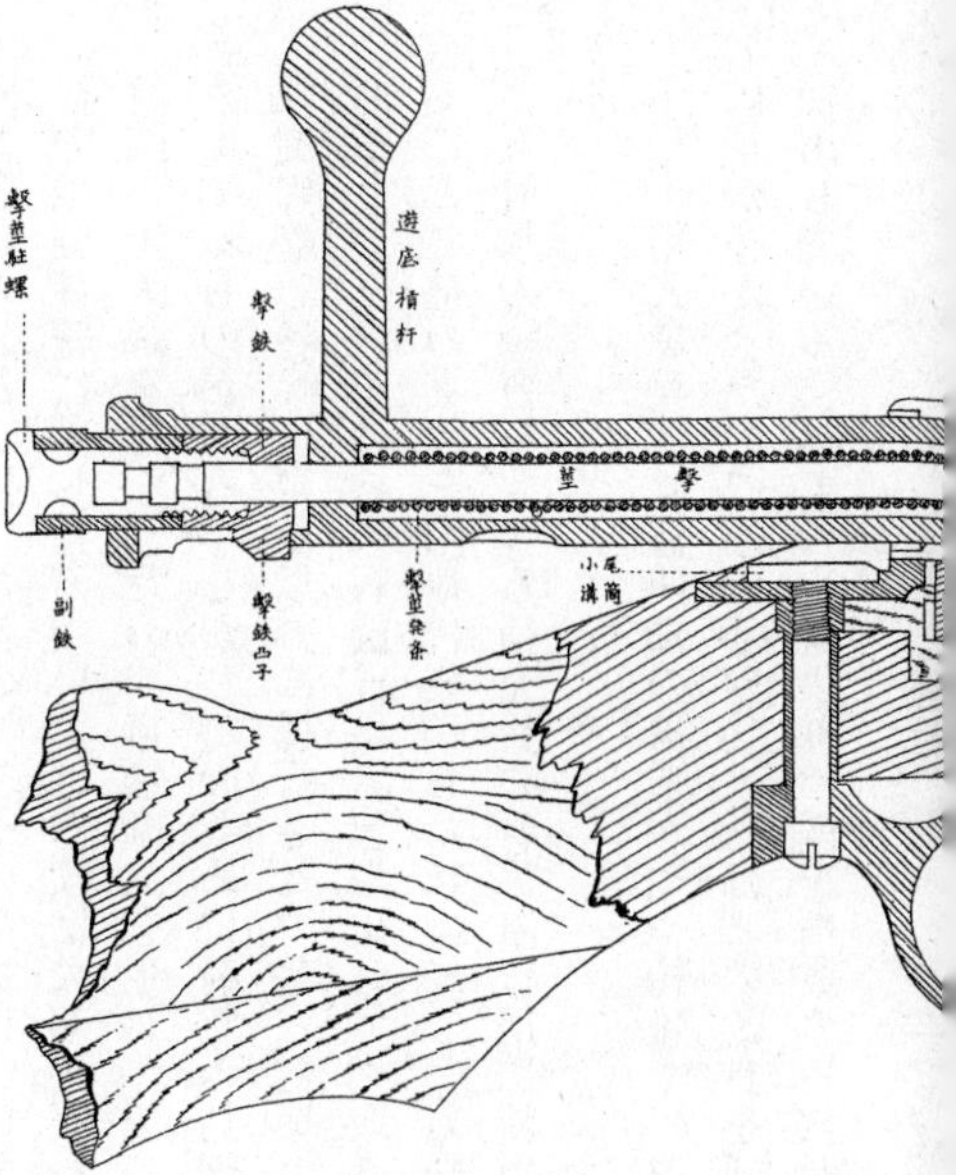
撃茎駐螺
撃鉄
遊底槓杆
撃茎
副鉄
撃鉄凹子
撃茎発条
尾筒小溝

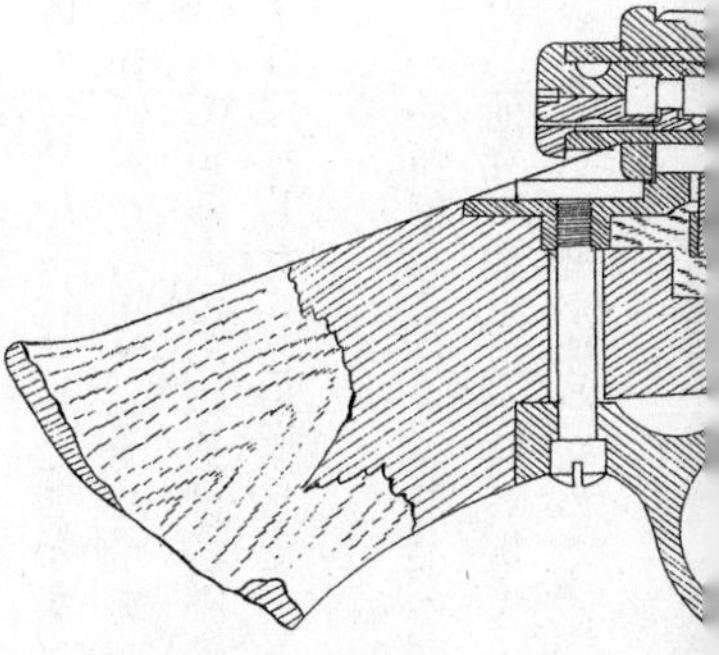

思う傾向がある。これらの利点は、弾径が小さいために一発で倒れるところが二発を要する場合が稀にあったとしても、その危惧を償ってあまりあるということである。

戦争中に軍務局長が戦地を視察した報告によると、三十年式小銃は多少破損した箇所があるが、重要な機関部は故障が少ないので実射に差し支えない、かつ小銃は戦闘間死傷者の分と交換できるので、その命数についてはとくに顧慮する必要はなく、今後の戦闘継続に差し支えない。さく杖は大部分が多少の屈曲を生じているが、これで銃腔の手入れを行なうため、自然摩滅を生じ、銃口部から六、七センチの間は弾丸が滑走するものがある。しかしこのために射撃の精度を減少するほどではない。実包は戦闘に際し各兵に定数以外に携行させ、甚だしいときは四五〇発を携行させたことがあるという。その結果戦闘後に紙包が破れて、取り扱い保存に困った隊があった。すでにこの種の実包を内地に後送した数は二〇〇万発にのぼっているので、以後は各隊とも射撃の練習を要する補充兵の射撃演習用に使用するよう注意した、と指摘している。

三十年式歩兵銃は機関部の構造がやや複雑で、取り扱いが不便であるうえ、部品の破損が多かったので、南部砲兵大尉はこの改良を研究した。研究の要点は当時各国で使用しているすべての小銃より機関を構成する部品数を少なくし、堅牢性を高めて、分解結合の取扱法を簡単にすることにあった。明治三十六年六月には東京砲兵工廠から南部砲兵大尉考案の試製銃の採用方申し出があり、三十七年四月には試製銃のまま二万梃の製造が令達され、三十八年十月からは令達済みで未完成の三十年式もこの様式で製作することになった。これが明治三十九年五月に制定された三八式歩兵銃である。

三八式歩兵銃では他国の小銃や三十年式以前の小銃のように、遊底を分解する道具はいらなくなった。ねじ回しさえ用いないですぐに分解できる。ことにその撃茎を中空円柱体となし、発条をその中に入れた構造は独特である。遊底覆も満州の黄塵に対する純日本式経験から生まれたものだった。

三　保式機関銃

わが国における機関銃の採用は最初マキシム式を購入し、これを多少製作したが、機能がよくないためホッチキス式に変更した。しかしこれも故障が多く、部品の破損などもあってその研究中に戦争に入った。マキシム式は弾丸が銃身を飛び出すときに銃が後方に退こうとする反動を利用して、銃身を少し後坐させて機関部を開閉し、また銃身の外部を水筒で包み、発射によって生じる銃身の熱を冷却する方式である。これに対しホッチキス式は銃身の前方に小さな孔をあけ、弾丸がこの孔を通過するとともに、これから漏出するガスの一部を活塞の頭部に作用させて機関を開閉し、銃身の冷却のためにはその外面に連珠形環を緊装して外面積を増大することにより、十分に空気と接触させる方式であった。

このホッチキス式機関銃の銃腔内をわが国制式の三十年式銃弾薬を使用できるよう改正したものが保式機関銃で、明治三十五年に制定された。制定時から戦役にかけては制式名称を保式機関砲と称したので、以後その名称を用いる。

明治三十七年一月、陸軍省は保式双輪式機関砲および馬式機関砲を一馬曳に改造する研究を技術審査部へ指示。

同年二月、保式機関砲（繋駕式、三脚架式、双輪式）使用法草案を作成。

同月、保式三脚架式機関砲二〇〇門分、保式双輪式機関砲二〇〇門分の材料輸入を決定。購入価格は約二万七〇〇〇円。

開戦前には機関砲は要塞防御用の補助兵器程度にみなされていて、これを野戦に用いようと考える者はなかった。しかし露国では機関砲隊を編成し、これを極東軍に送ったとの情報があり、わが軍でも出征軍に機関砲を配備することになった。しかし当時制式機関砲の準備数はまだ要塞備付定数の半分に達しておらず、東京砲兵工廠において製作中のものも約七〇門に過ぎなかったため、砲兵工廠の製造を督励するとともに、要塞備付機関砲交換用として、多少機関部に故障があるため兵器本廠倉庫に格納してあった馬式機関砲一四八門を至急整備することになった。

明治三十七年二月、騎兵旅団配属用として保式繋駕式機関砲砲車および同弾薬車各一二両の製作を東京砲兵工廠へ指示。同年四月、騎兵第一旅団に六門よりなる第一繋駕機関砲隊を編成。同年五月、騎兵第二旅団に四門よりなる第二繋駕機関砲隊を編成。この第二繋駕機関砲隊は一馬曳繋駕式だったが、運動性が悪く転覆の危険性が高かったため、七月には四馬曳機関砲と交換した。

同年三月、第二軍第一、第三両師団上陸地の防御用として、保式機関砲八隊分の至急整備を指示。第一機関砲隊は第一師団に、第二機関砲隊は第三師団に配属。一隊の砲数は二四門で、二四両の徒歩車（俗称荷車）に積載し、三六万発余り（一門あたり約一万五〇〇〇発）の弾薬も二四両の徒歩車に積載携行して、南山などに転戦し、その後全部旅順攻囲軍に配属された。

同年十月、第三軍の戦闘力増加のため、保式三脚架式機関砲一〇門を送付。これは東京湾、由良、広島湾、舞鶴、佐世保、長崎要塞備付の機関砲から抽出したものであった。各要塞にはこの後馬式機関砲を兵器表外として備え付けた。

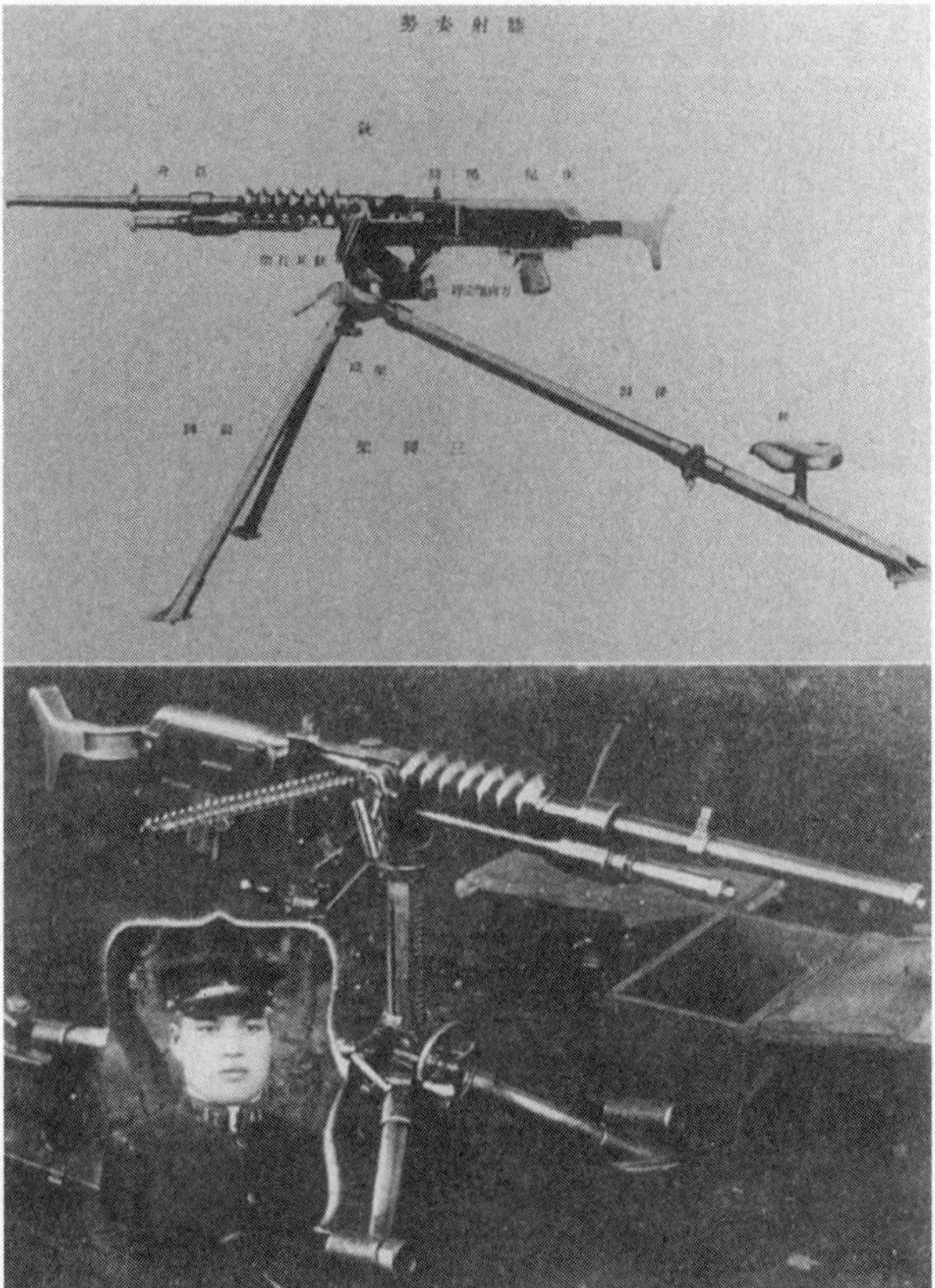

（上）保式機関砲の取扱説明書に掲載されている写真。（下）後に制式化された三年式機関銃の三脚架に搭載された保式機関砲。

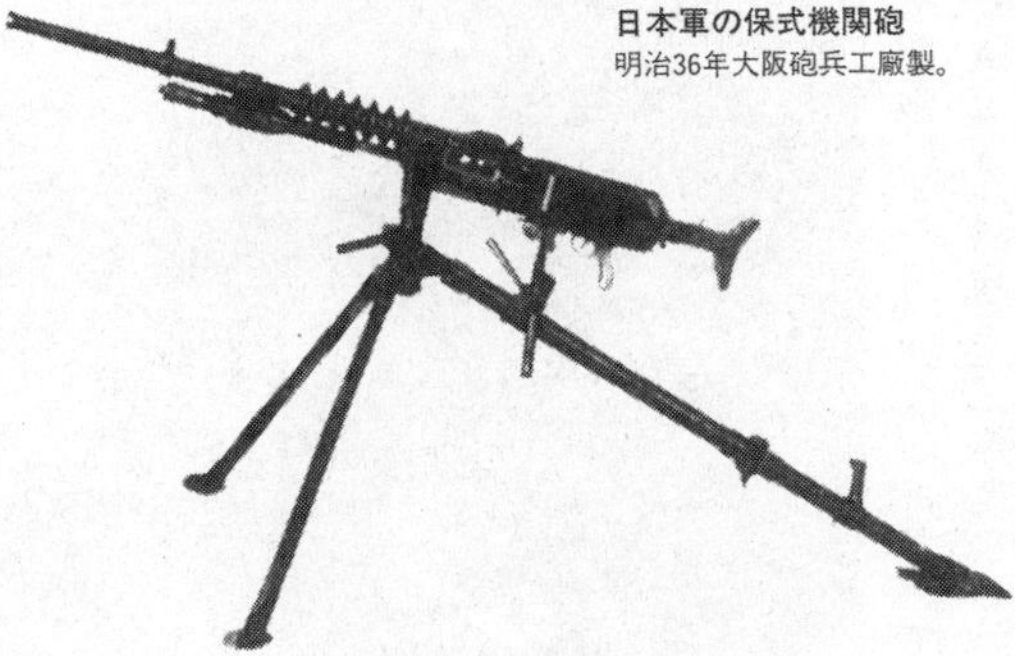

日本軍の保式機関砲
明治36年大阪砲兵工廠製。

露国1901年式マキシム機関銃。
日本旅順攻囲軍の将卒は、その発射音を葬式の行進曲と呼んだという。

同年十二月、保式双輪式機関砲三五門、保式三脚架式機関砲二五門および同実包九〇万発を満州軍総司令部へ送付し、適宜各軍に配付するよう指示した。

明治三十八年一月、保式三脚架式機関砲をさらに満州軍へ六〇〇門、韓国駐箚軍へ一〇〇門配備する必要を認め、実包一〇〇〇万発とともに製作方、東京砲兵工廠へ指示した。

同年二月、機関砲に関する工術教育のため、各師団の銃、鍛工卒から適格者を選抜し、東京砲兵工廠において教授することになった。

保式機関砲と機関砲隊の将校。戦地における戦勝記念撮影か。

機関砲はまだ研究段階において戦争が始まったため、多数を製作する準備が整わず、職員職工もその製造に熟達していなかったにもかかわらず小銃以上に製造が急がれた。小銃式に準備をする余裕がないので、工具類の完全な準備は後回しとして、直接機関砲を組み立てることとし、ようやく最初の要求に間に合った。騎兵旅団が使用する繋駕式機関砲は制式も何もなかったため、工廠へ至急設計製造が一任された。小銃製造所所員の南部麒次郎少佐は砲具製造所長の松浦善助少佐と数日にわたり議論し、その結果いわゆる逆櫓式の機関砲車両を作ることになった。それは繋駕行進中にも後方および側方に射撃ができる設計で、万一退却するような場合、機関砲隊は殿となり、追撃してくる敵に対し後退しつつ急射を浴びせ、敵の意表に出て戦機を一転し、少なくとも友軍の退却を容易にすることにあった。しかし連戦連勝の日本軍にはついにその機会はなかった。本砲の砲架は野砲と同じように前車と砲車からなり、砲車には機関砲を載せ、その架尾後方に射手の褥座を設け、また車軸の上部で砲の側方に弾薬装填手の褥座を設けた。装填手はこの位置で砲に弾薬を供給するようになっていた。さていよいよ試製車が完成したので、千葉の下志津原で砲兵射撃学校の馬と馭者を借り、南部少佐は射手となり、野尻大尉が装填手となって射撃を開始したところ、車両は急角度に回転し、射弾は陸軍省参謀本部などからの見学者の方に飛び出したから驚いた。射撃を中止してみれば、砲兵射撃学校の馬は大砲の音にはなれているが、機関砲の音は聞いたことがない。突然尻尾のあたりで機関砲の妙な音がしたので驚いたということだった。

四　三十一年式速射野山砲

当時の野山砲は旧式な伊式七糎野山砲であった。ちょうど日清戦争後は欧米各国において野戦速射砲熱の最高潮に達したときであった。わが国においても一足飛びに速射砲の採用を企て、陸軍大臣は英、仏、独の六大会社に速射野山砲各一門ずつ（克式野山砲のみ二門ずつ、保式山砲はなし）を注文した。同時に国内でも有坂式（砲兵大佐有坂成章）、秋元式（砲兵中佐秋元盛之）および栗山式（砲兵大佐栗山勝三）の三野砲が試製され、砲兵会議はこれら十種の火砲について、明治二十九年九月より翌年十月にわたり大々的比較試験を実施した。試験の成績は有坂式が第一位を占め、大勢は有坂式採用に傾いた。

明治三十一年三月、砲兵会議において野山砲選定会議が開かれた。議員中には速射砲は目下過渡期であるから、今日これを採用するのは時期尚早である、「急がずば濡れざらましを旅人の、後より晴るる野路の村雨」の例えもあるではないかとした。これも一応もっともな説ではあるが、しかし時勢が許さない。これに反し参謀本部の議員は、東洋の形勢は累卵の危うさだ。シベリア鉄道は二年で完成する。わが国はたとえへの字なりにも、この時期までには兵器の改良を成し遂げなければならない。有坂

比較試験前における各種速射野砲の既知諸元

諸元 砲種	砲身金質	口径(mm)	砲身全長(mm)	砲身重量(kg)	砲耳軸の高さ(mm)	高低射角(度)	放列砲車重量(kg)	初速(m/s)	全備弾量(kg)
有坂式	銅	75	2250	316.5	700	11~19	846	500	5
秋元式	鋼	75	2100	314.6	938	5~18	894.4	515	5.5
栗山式	銅	75	2100	233	1055	5~18	723	490	4.28
保式(ホッチキス)	鋼	75	1770	166	757	8~16	450	400	4.51
安式(アームストロング)	銅	76.2	1829	264	889	5~18	602	491	5.71
克式(クルップ)(その1)	ニッケル鋼	75	2200	305	900	10~18	797	450	6
克式(クルップ)(その2)	ニッケル鋼	70	1800	254	815	10~18	627	440	5
加式(カネー)	鋼	70	1610	238	880	5~16	834	470	5
達式(ダルマンシェー)	鋼	75	2200	348	1050	5~18	920	516	6.5
斯式(シュナイダー)	鋼	75	2500	329.4	750	5~20	946.4	570	6.5

式野砲はなるほど優秀ではあるが、構造上最も困難である山砲には何ら手がついていない。せめて一年内くらいに山砲も完成するというならともかくだが、今はそんな当てにならないことを当てにして、国家の大切な兵器を決定するのは無謀である。したがって現在に対応するには当然外国製の中で最良と認められた独国クルップ式を採用し、さしあたり数百門を購入して、焦眉の急に充てるべきである、との急進的意見を吐いた。これに対し有坂大佐は、一年内には必ず山砲を完成すると確言した。これによって議論は尽き、有坂式が三十一年式速射野砲の名をもって採用されることに決定した。このとき某議員は「有坂が一年内に山砲を完成したら首をやる」と冷笑した位である。とにかく有坂大佐は重大な責任を負ったのである。

山砲は重量の制限を受けるから、野砲にくらべて設計が困難であるが、大佐は豊富な学識と経験とをもって山砲の設計に着手した。「もし功成らずんば一死あるのみ」という悲壮な覚悟でこれに直面したのである。しかし審査の進捗にともない、その成績の多くは意のごとくならず、成功の目途がたたない有様で、あるとき大佐は長大息していわく「人間でも長男は温順であるが、次男はとかく粗暴である。わが火砲も初めの野砲はスラスラとできたが、次男の山砲はどうも余の意に従わないので困る」と。

当時大佐は憂慮のあまり、ほとんど熟睡することができなかった。そこで就寝にあたっては酒を飲み、酔いの力を借りて睡眠した。後年大佐は人に語っている。「余がもし真の下戸だったら、神経衰弱にかかり、結局発狂でもして死んだことだろう」と。しかし山砲は予定期日内に完成した。砲兵会議議員はその最終の試験に列してこれを確認した。

当時、東洋の形勢は極度に切迫してきたので、わが国は新式火砲すなわち三十一年式速射野山砲の完成を急いだが、砲身地金はまだ輸入品に頼っており、鋼砲製作の経験もなかったので、とりあえず仏、独両国に製作を注文した。注文にあたっては監督将校を派遣し、わが制式を厳守させた。独国クルップ社の砲身鋼は優良であったので、後にいたるまで購入した。そして火砲が到着するにしたがって諸隊に支給し、明治三十三年十一月から三十六年二月までに全軍に支給を終わった。超えて明治三十七年二月には日露戦争が起こったので、わが軍は少なくとも一年以上本砲の練習を積んで露軍に対したのであった。戦争が始まると後備砲兵中隊が続々と派遣されることになったが、火砲は当初青銅製七糎野砲を充当していたので、これを全部三十一年式速射野山砲に交換することになり、呉海軍工廠に三十一年式速射野砲々身材料七〇門分および同山砲々身材料三〇門分の調整を依頼したこともあった。

三十一年式速射野山砲は鋼砲で、榴弾と榴霰弾を用い、これを金属製薬筒に填実し

（上）三十一年式速射野砲。車輪下部にみえる金具は靭履（じんり）といい、駐退索で伸縮機関に連結し、駐退復坐の働きをする構造だが、実用性には乏しかった。
（中）堡塁内における三十一年式速射野砲小隊。分離弾薬筒の弾丸と薬莢がみえる。
（下）三十一年式速射野砲の繋駕接続砲車。運動時の砲手の乗車位置がわかる。

（上）三十一年式速射野砲の操砲訓練。場所は下志津の野戦砲兵学校で、日露戦争後の絵葉書。（下）三十一年式速射野砲の方向照準は車輪を支点として照準梃により砲尾を左右に動かすことにより行なう。

た無煙砲薬で発射した。

わが国が速射砲を採用すると、もっとも狼狽したのは露国であった。わが国の兵器改良は露国の威喝政策に障害となるからである。露国は一九〇〇年（明治三十三年）、三吋野砲を採用した。そして竣工するにしたがい逐次これを東洋に送ってきた。

日露戦争間に旅順要塞で鹵獲した火砲がすべて砲身番号百号以下であったことが証明している。三吋野砲は三十一年式速射野砲より二年あとに登場した新型であった。ちょうどその頃は世界における野戦速射砲の過渡期であったから、この二年という研究開発期間が両者の威力のうえに著しい隔たりを来したのはやむを得ないところであろう。だが、三吋野砲もまたわが三十一年式速射野山砲と同じく真の速射砲とはいえず、いわゆる単発砲と速射砲の中間物にすぎなかった。当時仏国においてはすでに砲身長後坐式野砲を制定していた。仏国の同盟国である露国がこれを知らないわけはないのであって、日本の速射砲採用に刺激されて、他を省みる余裕なく、あわてて三吋野砲を採用したのであった。

明治三十七年七月、技術審査部は下志津原において、第一軍から送付された露軍の一九〇〇年式野砲の射撃試験を行なった。この試験は敵砲兵の威力を明らかにして、作戦上の参考に供し、あわせて戦利砲およびその弾薬を利用するための利害を調査するものであった。試験の結果、砲身は毎発自動的に復坐し、砲車全体は少しも後坐することがないので、三十一年式速射野砲のごとく一々これを復坐させる必要がなく、また弾丸と薬筒は一体で完全弾薬筒をなしているため、その射撃速度は三十一年式速射野砲にくらべて著しく大きかった。ただ毎発砲架頭が仰起するので、火砲の軸心が砲車の両輪の中央にない場合は次第に方向躲避を生じることがわかった。

　ともかくわが砲兵が敵砲兵に対し劣るということは戦闘上重大な問題であり、なおかつ軍の志気にも関わることであるから、技術審査部はただちに三十一年式速射野砲を改修する研究にとりかかった。この改修は戦地において容易に実施できる程度でなければならず、まず第一に最大射程を敵砲と同一程度に延伸することであった。そこで明治三十七年十一月には大射角射撃のため、砲架を修正し、かつ砲身には弧形照準機を装する遠距離用履板を仮制定した。次いで同年十二月には防楯を装着し、砲手および材料の掩護を確実にした。遠距離用履板千個の製作は東京砲兵工廠へ、歯弧等他の部品各七三〇個の製作は大阪砲兵工廠へ令達し、その改修には大阪砲兵工廠から職工を派遣して、まず戦地に現存する三十一年式速射野砲から実施することになった。修理班は四班編成とし、十二月末に戦地へ到着後、遼陽方面三九〇門、旅順方面一二〇門、元山方面六門、合計五一六門の改修を行なった。このようにしてわが砲兵は少なくとも敵砲兵と威力伯仲するにいたったのである。

　明治三十七年末には満州での作戦もいよいよ拡大し、作戦当局者間には出征軍に野戦砲増加の内議があった。砲兵隊の増設を要する場合に、万一砲兵工廠の製造力が十分でないため、兵器の準備に欠けるところがあれば戦争の前途に大きな障害を起こす

（上）三十一年式速射山砲。野砲と同じ靭履に鍬状の歯止めが付属された。山砲は重量が軽いため反動が大きく、陣地が狭い場合もあることによる。（下）分解された三十一年式速射山砲。それぞれの部品を駄載運搬する。

ことになる。また、兵器当事者間にはわが野山砲に早晩、根本的改良を加える必要を認めていた。

当時独国に滞在していた田中弘太郎中佐は、もはや三十一年式速射野砲は砲身後坐式に改造すべきときに至ったと報告してきたので、明治三十七年十月に兵器会議を開いたところ三十一年式速射野砲に固執する者もいたが、結局単に砲腔の経始を日本式にするという一点のみを要求し、クルップ社

（上）戦利加農中隊は孤家堡子東方に陣地をしめ、遼陽停車場を目標として、退却中の敵に大損害を与えた。（中）戦利加農中隊の射撃。砲身にロープが二列巻きつけられているのは、弾薬の装塡時に砲口を下げるためか。（下）戦利十糎半加農はわが軍の十二糎加農と同じ構造のクルップ式火砲であった。

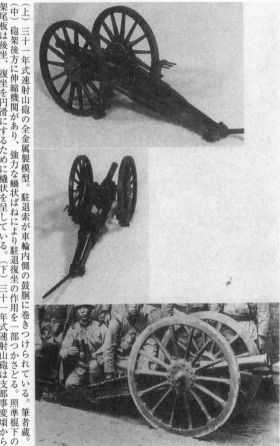

（上）三十一年式速射山砲の全金属製模型。駐退索が車輪内側の鼓胴に巻きつけられている。筆者蔵。（中）砲架後方に伸縮機関があり、強力な蝸状ばねにより駐退復坐の作用を一部つかさどる。照準棍下の架尾板は後坐、復坐を円滑にするために橇状を呈している。（下）三十一年式速射山砲は支那事変頃から「三一式山砲」の名で歩兵用火砲として再登場した。写真では靭履がない。

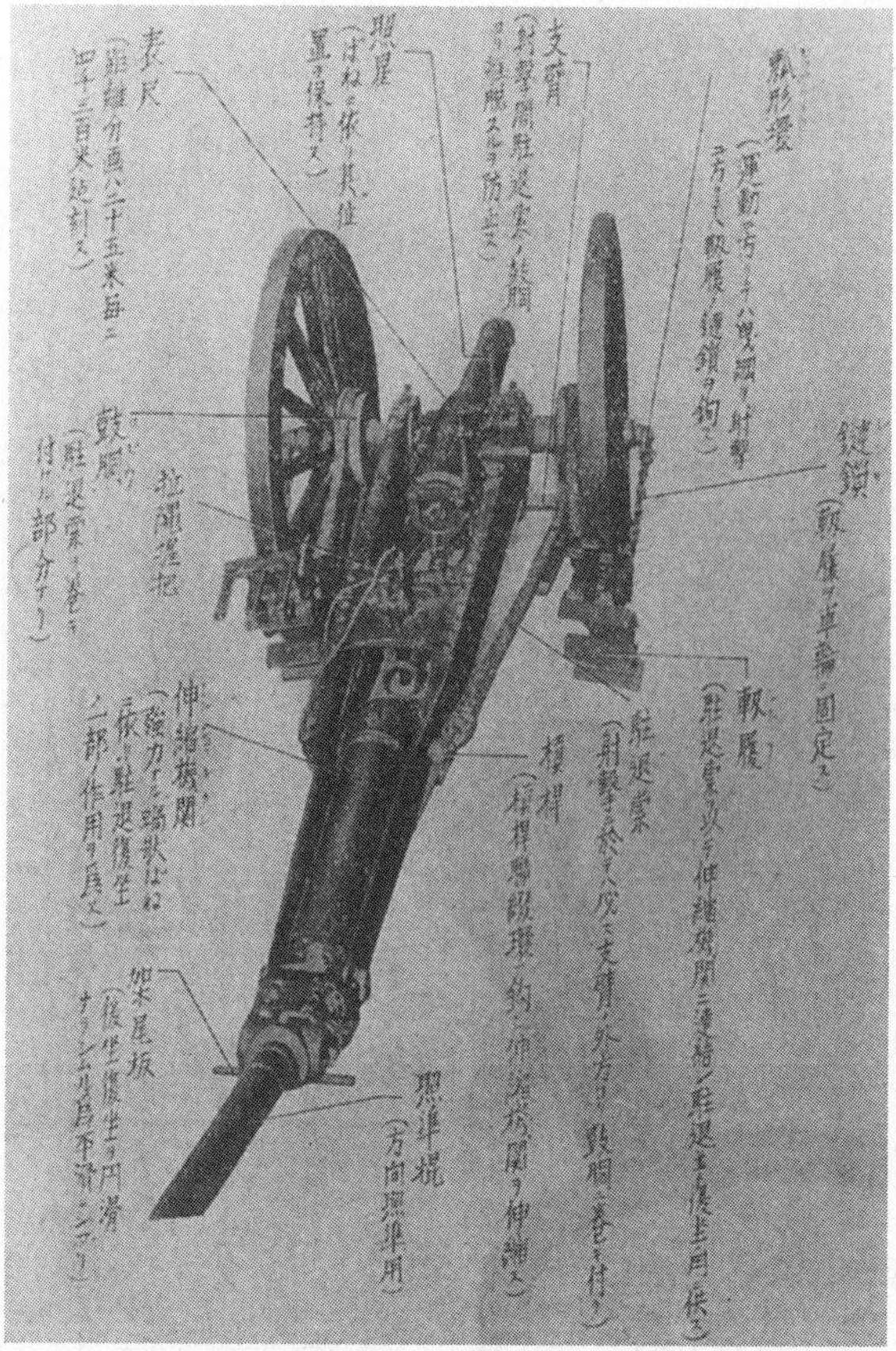

三十一年式速射山砲。

製砲身後坐式野砲を採用することに決定した。

ここにおいて寺内陸軍大臣は世界の趨勢に鑑みて砲身長後坐式火砲を購入することを決め、明治三十七年十一月二日、砲身長後坐式野砲四〇〇門および同素材四〇〇門分を独国クルップ社に注文した。協定書には陸軍兵器本廠長押上森蔵とクルップ社の派遣技術員シンチンゲルおよび横浜のイリス商会が署名し、その第一項には「……砲身長後坐式速射野砲四百門ノ供給ヲ受ケタル後ハ爾後永久ニ自国用品トシテ同制式火砲ヲ製造スルコトヲ得ルモノトス」と製作権の譲与について定めている。当時の条件は三十一年式速射野砲弾薬をそのまま使用するはずだったが、翌三十八年夏には戦争もすでに平和の曙光を認め、野砲の受領もあまり急がなくなったので、火砲威力の増進を求め、弾量を六・五キロとし、初速を五二〇メートルに高めることをクルップ社に要求した。

明治三十八年八月、同砲一門が到着し、各種試験を実施して、完全弾薬筒を採用することにした。当時は三十八年式野砲と呼ばれていたが、明治四十年六月十日、本砲を制式として制定した際に三八式野砲と命名し日露戦争には間に合わなかった。

わが国が三八式野砲を採用した年、すなわち一九〇五年頃には欧州の多くの国はすでに砲身長後坐式野砲を採用していた。まだ試験中だったのは英国、伊国など六ヵ国にすぎなかった。要するにわが国は少々立ち遅れの感なきにしもあらずであったが、わずか七年前に三十一年式速射野砲を採用したばかりであったことを想えば、経済上やむを得なかったのである。

出征軍に火砲を増加する手段の一つは戦利野砲の応用である。幸い多数の火砲を鹵獲し、その弾薬も十分に確保していた。これに加えて、ちょうどその頃露国が米国の民間会社にその野砲用の弾丸を大量に注文しており、技術審査部はその製作図を入手していた。これによって内地当事者は大いに戦利野砲を応用することを計画し、出征軍においても極力この流用に努めた。実際奉天の会戦には次のように多数の戦利野砲が使用された。すなわち第一軍に一大隊（四門編成三中隊）および一小隊（二門）、第二軍に四中隊（六門編成三中隊、四門編成一中隊）、第三軍に一中隊（六門）、第四軍に二中隊（一中隊は八門、一中隊は六門）、合計する五六門になる。この他第二軍に戦利十五糎臼砲四門からなる戦利臼砲中隊一個、第四軍に戦利十糎半加農四門からなる戦利加農隊一個が編成された。

当時、後備軍には常備軍と同じ兵器を支給する余裕がなかった。動員計画上、小銃は村田連発銃、火砲は七糎野山砲が引き当てられていた。後備隊はこれらの兵器に満足して勇躍出征した。その理由はこういうことである。一〇年前の日清戦争において

（上）敵陣地を落とし、戦利兵器を興味深げに見る日本兵。属品車、洗桿、弾丸などが見てとれる。（下）露軍が遺棄した大量の野砲弾。このおかげでわが軍は弾薬が底を突いたことを露軍に悟られないですんだ。

は満州出征軍の小銃は単発式の十八年式村田銃であった。戦争末期において近衛と第四師団は村田連発銃を携帯していたが、両師団とも満州作戦には参加しなかった。また火砲はすべて青銅製の七糎野山砲であった。

わが軍はこれらで清軍を朝鮮満州の野に打ち破ったのであるが、その頃の常備兵が日露戦争における後備兵であり、彼等はこれらの兵器に深い馴染みがあったということだ。しかしこの懐かしい兵器も今はすでに旧式と化していた。

村田連発銃は前床弾倉式で、銃床の前部に長い弾倉を備え、その中に歩兵銃では八発、騎銃は五発の弾薬を装塡する様式であった。しかし弾倉に弾薬を装塡するにはかなりの時間を要し、とっさの場合には間に合わない。危急存亡のかかる大事な刹那において単発銃になってしまうのである。このため兵器当事者は一刻も早くこれを新式銃に交換することが緊要と認め、三十年式歩兵銃の製造を急いで、ようやく沙河会戦の後から逐次交換することができた。

七糎野山砲は明治十六年の採用後長い歴史をもつ火砲で、日清戦争および明治三十三年の北清事変には大きな勲功をあげた兵器である。しかし日清戦争当時においてもすでに本砲は決して新式とはいえなかった。当時清国は克式八糎および同七糎半野砲、同七糎半山野兼用砲、同六糎山砲を有し、いずれもわが野山砲にくらべて著しく優秀だった。ただ清兵の射撃術が拙劣であったことと日本軍の士気の高さにより、清軍兵器の優勢をはねかえしたのである。日清戦争後名古屋砲兵連隊において、試みに下士官から「実戦の経験による兵器改良意見」を集めたところ、異口同音に「射程を著し

各種野山砲の諸元（1）野砲

項目＼名称	四斤野砲	克式八糎野砲	克式七糎半野砲	七糎野砲	三十一年式速射野砲	三八式野砲
採用年	元治元年	明治14年	明治14年	明治17年	明治31年	明治38年
口径(mm)	86.5	78.5	75.0	75.0	75.0	75.0
砲身の金質	青銅	鋼	鋼	青銅	鋼	鋼
砲身長(口径)	18.5	22.2	26.7	23.6	29.3	31.0
腔綫数	6	12	24	12	28	28
閉鎖機	ナシ	鎖栓式	鎖栓式	鎖栓式	螺式	鎖栓式
砲身重量(kg)	330	閉鎖機除く 285	300	297	327	333
轍間距離(mm)	1430	1530	1530	1360	1200	1400
車輪中径(mm)	1400	1560	1400	1260	1400	1400
砲架重量(kg)	輪を除く315	503	503	402	570	616
接続砲車重量(kg)	1300	1800	1800	1270	1652	1724
弾丸重量(kg)	4.035	4.200	4.200	4.280	6.100	6.410
初速(m／s)	343	355	473	423	490	535
最大表尺射程(m)	4000	3500	5000	5000	7450	8250
戦歴	維新、西南	西南	日清（戦利品流用）	日清、北清、日露	日露	青島以降

く増伸するを要す」との答えであった。これは彼等が戦闘において痛感したところである。しかもまして一〇年後の露国三吋野砲に対しては推して知るべしであろう。わが後備砲兵隊が悪戦苦闘した状況は想像に難くない。兵器当事者は何とかして寸

各種野山砲の諸元 (2) 山砲

項目＼名称	四斤山砲	七糎山砲	三十一年式速射山砲	四一式山砲
採用年	元治元年	明治16年	明治31年	明治41年
口径 (mm)	86.5	75.0	75.0	75.0
砲身の金質	青銅	青銅	鋼	鋼
砲身長(口径)	11.1	13.3	13.3	19.6
腔綫数	6	12	28	28
閉鎖機	ナシ	鎖栓式	螺式	螺式
砲身重量 (kg)	100	109	99.0	99.0
轍間距離(mm)	740	710	700	1000
車輪中径(mm)	956	956	1000	1000
砲架重量 (kg)	118	148	228	107
接続砲車重量(kg)	218	255	327	540
弾丸重量 (kg)	4.035	4.280	6.100	6.410
初速 (m／s)	237	255	261	342
最大表尺射程 (m)	2600	3000	4600	6400
駄馬表	3	4	5	6
戦歴	維新	日清、北清	日露	青島以降

時も早く新式野山砲に交換するべく焦慮し、努力した結果、ようやく戦争末期において在満軍のものはほぼ交換することができた。当時後備砲兵隊の歓声が満州の野に響いたことであろう。

五　弾薬

欧州大戦において交戦各国は

弾薬補給に関して非常なる困難をなめた。しかしわが国はこの大戦に先立つ一〇年、すなわち日露戦争においてすでにこの困難を十分味わっていた。当時わが国における民間工業は極めて幼稚であっただけでなく、兵器の製造を禁止していた関係上、民間製造業者は兵器製造についてまったく知識技能をもっていなかった。軍工場の技術は民間工場にくらべてはるかに優秀で、兵器の秘密保持上民間に対して軍工場の見学などはまったく許可されなかった。これがわが国と欧米各国とが大いに状況を異にしたところである。わが国の弾薬欠乏の苦痛は欧州にくらべて一層深刻であった。

日露戦争における弾薬補充に関する苦心は、戦争に参加した兵器を省みるなかで最も痛切で重要な問題である。明治三十七年八月、旅順第一回総攻撃の失敗直後、東京砲兵工廠の八田作業課長が陸軍技術審査部に来て、コンニャク版摺りの満州補充要求弾薬を示して次のように話した。「出征軍の弾薬要求は日とともに増加してくる。この後も作戦の拡大にしたがってこの員数はますます増加することであろう。しかし東京砲兵工廠の弾丸製造力（十五糎未満の鋳鉄弾丸を製造）は目下その極度に達し、なお民間製造力もすでに使用しつくして余力がない。このような状態なのでこれ以上の要求にはどのように努力しても応じることが困難である。こうなればただ技術審査部の研究に期待するほかはない」

各種砲の弾薬

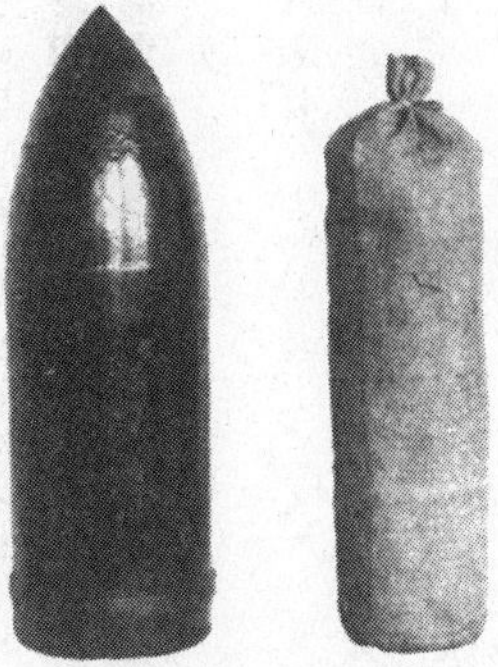

十二糎加農弾丸および薬包

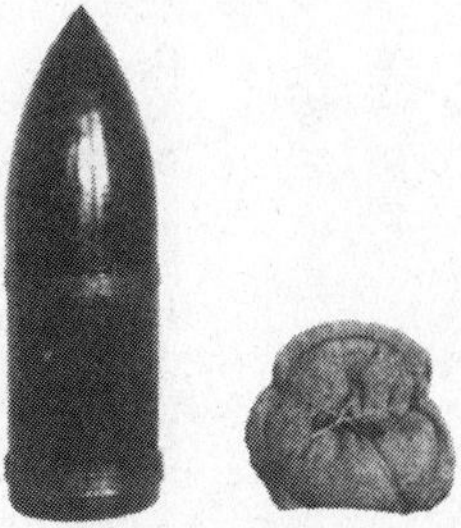

十五糎臼砲弾薬および薬包

三十一年式速射野砲
弾丸および薬筒

この痛言には技術審査部も同感であり、同憂であった。また明治三十七年十月、寺内陸軍大臣は兵器当局者を率い、大阪砲兵工廠に出張して、親しく弾薬製造に関して指示訓諭するところがあった。寺内大臣いわく「戦役が終われば、弾薬はすべて大連湾に投棄するから、保存性などは顧慮する必要はない。ただ刻下の急場に間に合いさえすればそれで結構である」と。

ここにおいて有坂審査部長は弾丸と信管の制式を根本的に改正し、威力を多少犠牲にしても、製造力を増大することを決心した。弾丸や信管の製造にあたり最も手数を要し、最も時間を費やすのは旋造作業である。すなわち内部部品の削成およびねじ切りである。しかし旋盤の数には限りがある。英米等から輸入する方法もあるが、これらはすべてインチ式であるからすぐに日本のメートル式には間に合わない。したがって制式を改正し、信管製造には全く旋造作業を省略する方針を定め、信管体はこれを鋳放しで弾体内部に嵌装することとした。旋造作業をできるだけ減らすことが弾薬増産の鍵と考えられたのである。

当時の各種着発信管の制式は複雑で、相互に応用することはできなかった。信管は主に機械作業で製作したが、ことに主要部品である活機と加量筒はその寸法に微妙な関係があって、優秀な機械と熟練工がいなければ作ることができなかった。すなわちこれらの要件が製造能率を増進するための最大障壁であるので、有坂部長は本来黄銅で旋造する活機および加量筒を一種の錫合金で鋳造することとし、活字製造機を応用してこれを製造することにした。この信管は実に無公差にでき、精度は理想的であるとともに、野山砲用はもちろん、加農、臼砲にも共用できることから、信管補充業務も楽になる。この製法は迅速、簡単かつ確実で、製造能率は優に従来の数百倍に達した。

この研究を直接担当したのは砲兵上等工長吉田嘉四郎であった。製造機械は築地活版製造所から購入し、いろいろと改造して使用したがどうも思うようにならない。一方には信管製造は日一日と切迫し、焦眉の急を告げてきた。吉田工長は余りにも熱心に研究に取り組んだため、極度の神経衰弱に罹り、一時精神に異常を来したほどであった。

しかし種々の不具合も次第に排除され、新式弾頭信管は明治三十七年十月に完成した。各種の火砲について試験したところ、その成績は良好であったので、翌三十八年一月十四日、仮制式を定められ、新式弾頭信管という名称で採用された。新式という名前では後日この信管が旧式となった場合に不都合ではないかとの説もあったが、技術審査部は本信管は後世においてわが国が再び大戦に遭遇するとき、必ずまた世に出るものであり、すなわち永久に新式であるとの理由で改称させなかったという。しかし後には三八式複働信管として制定された。

この信管にはいうまでもなく大きな欠点があった。それは活機、加量筒が錫の合金でできているため、酸化して白い粉を生じ、信管の機能を害することである。これに対しては後年油脂を塗ったり、あるいは締め直し作業をするなど、あらゆる手段を尽くしたが、年とともにその傾向がますます甚だしくなり、ついにこの信管を廃止することになった。長年貯蔵の結果こうなったのであるが、寺内大臣の「戦役終わらば弾薬は大連湾に投棄する」の論法どおりになったのである。

弾丸も信管と同様に極力機械作業を省くように設計し、弾体と弾頭との二部に分離、その間に新式弾頭信管を装着するようにした。この弾丸を野山砲用は銑製榴弾と称し、中等口径火砲以上では鋳鉄破甲榴弾と称して制定した。その威力は鋼製のものにくらべて劣るものの、三十一年式速射野山砲用複働信管の曳火距離以上の地点に対しては榴霰弾に代え、また同榴弾に併用して、人馬殺傷の威力と敵の防御物破壊の効力を兼ね備え、かつ製作容易、原料豊富にして目下の急をしのぐものとして制定されたのであった。

三十一年式速射野山砲榴弾は多量の炸薬によって破壊を主としたが、鉄製榴弾は多数の破片による殺傷を主用途とした。静止破裂の実験では有効破片の散飛は榴弾の比ではなく、効力があると判定されたのである。しかし実際はどうだったのか、前述の軍務局長の戦地視察報告に次のような記述がある。

「銑製榴弾は副雷汞装着の分は破裂の景況良好なりといえども、試験の結果その効力予想以下にして、これを以て敵に対すれば砲兵の威力を十分に発揚すること能わずとて、その交換を希望する軍少なからず。然れども我が準備弾薬の景況は各軍ともこれを承知するを以て、絶対的に交換を要請するに非ず」

戦争中に出征将校から弾薬の粗製濫造に関して様々な文句がでた。粗製はもちろんよくないが、国家総動員的な計画がなく、民間工場が幼稚だった当時にあって、全国の鍋屋が弾丸を鋳造し、時計屋が信管を製造する始末だから、濫造を咎め立てするのは内地の状況を知らないからとはいえ、むしろ野暮であろう。

三十一年式速射野山砲銑製榴弾は明治三十八年七月、製造を中止した。

六　迫撃砲

日露戦争では各軍において迫撃砲を考案し野戦兵器廠や旅団砲廠で製作した。口径は十二糎前後が多く、鉄板を接合したものと木砲の二種があった。第二軍工兵部が製作したものは射距離二〇〇メートルほどで、弾丸は缶詰のような形状をしていた。発射に際し缶外にある点火薬に点火すると、導火索に移り、弾着後少時にして缶内に装する雷管により、爆薬に点火する。爆薬はジナミットを使用し、発射の方法は滑腔臼砲の射撃法と同様であった。

明治三十八年四月、満州軍総参謀長児玉源太郎の名で、大本営長岡参謀次長に「奉天会戦の結果に基づく新兵器（迫撃砲・鉄楯・擲爆薬）改良意見」が提出された。これは第二軍工兵部が実戦の経験から作成した意見書で、わが軍が初めて使用した迫撃砲について次のように記述している。

奉天会戦における迫撃砲の応用は、野戦陣地攻撃に迫撃砲を使用する嚆矢となった。迫撃砲の構造は不完全で、それを使用する兵員は全く無経験であったが、数回にわたり応用した結果には見るべきものがあった。

目下の戦闘状態において、敵陣地の攻撃はすこぶる困難であり、将来にわたって何度も遭遇せざるを得ない難問である。奉天会戦の結果を精査すると、将来予想される困難な戦闘を有利に導くためには、迫撃砲の構造を努めて完全にし、数量を増加し、使用法に練達させることが目下最大の急務である。以下に迫撃砲の効用と改良すべき諸点をあげる。

奉天会戦において迫撃砲を使用したのは前後六回あったが、そのうち第四師団の小貴興堡攻撃、第五師団の王家窩棚など三回の攻撃においては迫撃砲の効果があり、攻撃を助けたことが少なくなかったが、他の三回、すなわち第三師団の李官堡、第八師団の揚士屯などの攻撃においては、迫撃砲を操作する兵員が損害を受け、その目的を達することができなかった。とはいえ、これらの攻撃戦は攻撃部隊全部の不成功に基づくもので、迫撃砲の効力を左右するものではない。実に迫撃砲はその構造を完全にし、その使用法に練達すれば、陣地攻撃に必要欠くべからざる兵器である。

急造迫撃砲。戦地の工兵部隊が試作したもの。

しかし、奉天会戦に使用した迫撃砲の半分は旅順で使用した木砲であり、残る半分は新たに支給された紙製砲であった。弾丸も多くは旅順攻撃に使用した残り物で、その構造には不完全な点が多かった。将来これを野戦的陣地攻撃に使用するには、次のような改良を必要とする。

一、砲身について

木製のものは耐久性に欠け、乾燥すると使用できなくなる。また、重量、幅員ともに過大で、野戦用に適さない。紙製のものは軽量で取り扱いは便利だが、構造が粗雑かつ薄弱で少し装薬を増やすとたちまち破壊してしまう。

したがって、砲身は薄い鋼板製または青銅製とするのが最良である。もし紙製とする場合は、紙質（現行のものはボール紙製）を美濃紙とし、内面の薄鋼板製底鈑の装着を完全にすること。最も必要なことは最大射距離が五〇〇メートルに達するよう堅牢にし、工兵一中隊に少なくとも四門を持たせることである。

二、砲架について

現行のものは構造が不完全で、携行に不便かつ重過ぎる。さらに軽便にし、一名で運搬できること、また、最小角度を変更できるようにする必要がある。

三、弾丸について

現行の爆裂弾はジナミットに鉄片を混ぜたものだが、ジナミットは冬期に不発が多く、夏期には危険性が高いため、少なくとも綿火薬に改良し、ことに鉄片と爆薬とは混合しないことを要する。また、点火具の保存はより確実とすることが必要。現行の尋常弾は必要ないので、将来これを廃止したほうがよい。

現行の光弾は不完全で、腔内破裂が多い。装薬にラカロックを応用すれば良好となるのではないか。一般に弾丸の外被が薄弱過ぎ、破裂する前に物体に衝突すればたちまち破壊してしまうことが多い。弾体を多少堅固にすることが必要。

四、装薬について

現行の装薬は五種あり、その量が一定していないため、使用が煩雑である。そこで距離一〇〇メートルの最少装薬を母嚢としこれに同一の子嚢若干を加えれば所望の距離に達するよう、さらには最大射距離五〇〇メートルに達するようにすること。なお陸軍省から送付された四十四粍鋳鉄製迫撃砲は口径が小さすぎて実用には適さない。

ここでいう四十四粍迫撃砲は、軍務局砲兵科が大阪砲兵工廠に命じて急遽製造した、日本陸軍で最初の金属製迫撃砲であるが、使用部隊からは不評であった。砲身は軟鋼管と青銅製の底部からなり、重量約二キロ、弾丸は重量約七〇〇グラムの鉄製爆弾で、

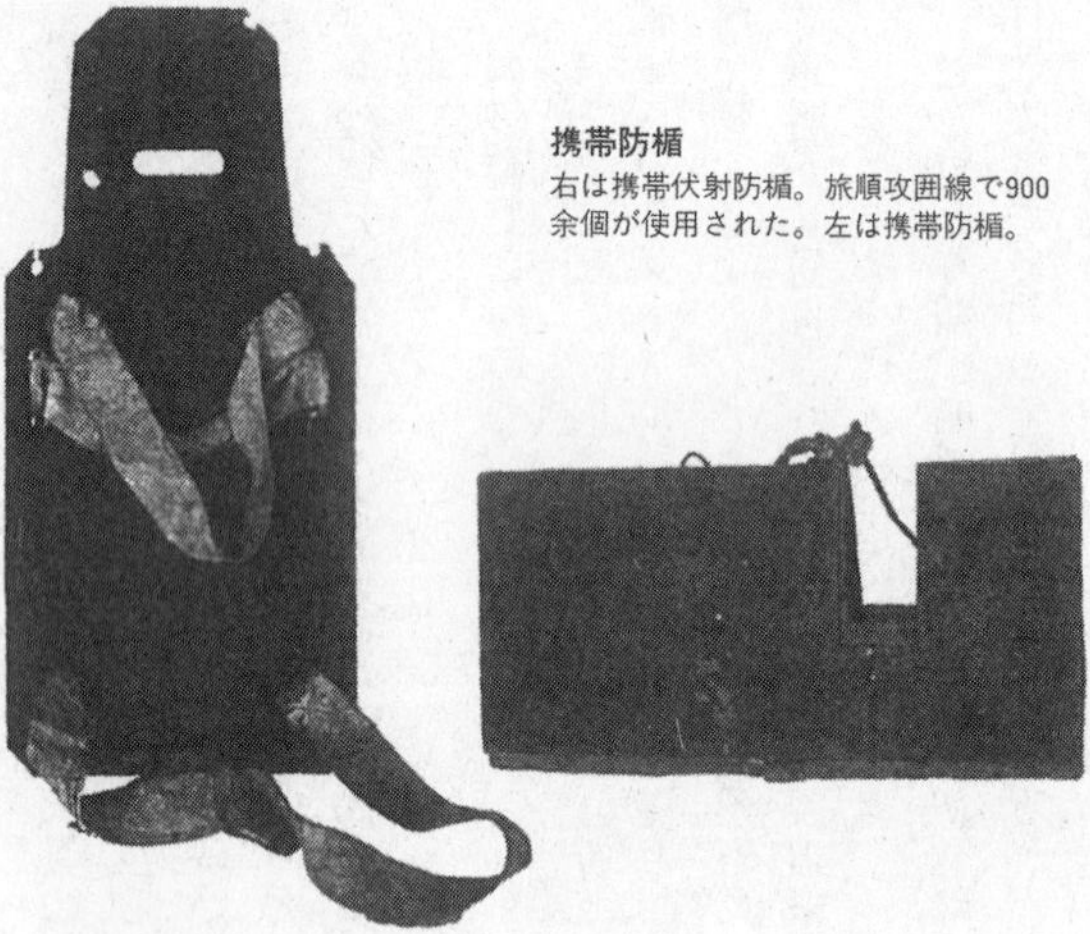

携帯防楯

右は携帯伏射防楯。旅順攻囲線で900余個が使用された。左は携帯防楯。

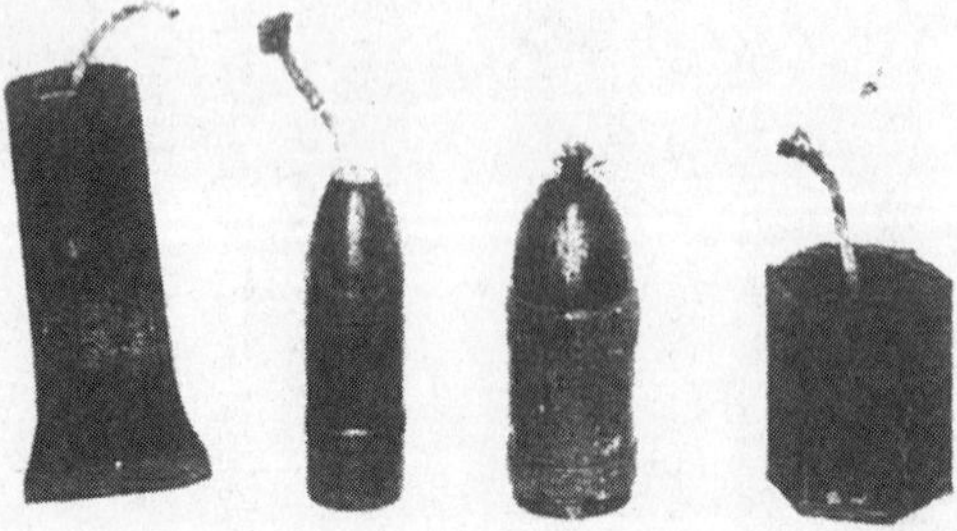

各種手投弾

明治37年 8 月22日、盤龍山堡塁攻撃の際、姫野工兵軍曹が初めて手投弾を用い、大きな効果をあげた。その後改良を加え、攻囲戦を通じて日本軍の手投弾消費数は 4 万5000に及んだ。

露軍の手投弾各種

十二糎迫撃砲

明治37年10月16日、第九師団の鉢巻山堡塁および二龍山中腹散兵壕の攻撃に初めて十二糎迫撃砲が使用され、攻囲戦中に十二糎迫撃砲100余門が弾丸約1万2000発を発射した。右は迫撃砲弾丸。

44ミリ鋳鉄製迫撃砲

砲撃迫

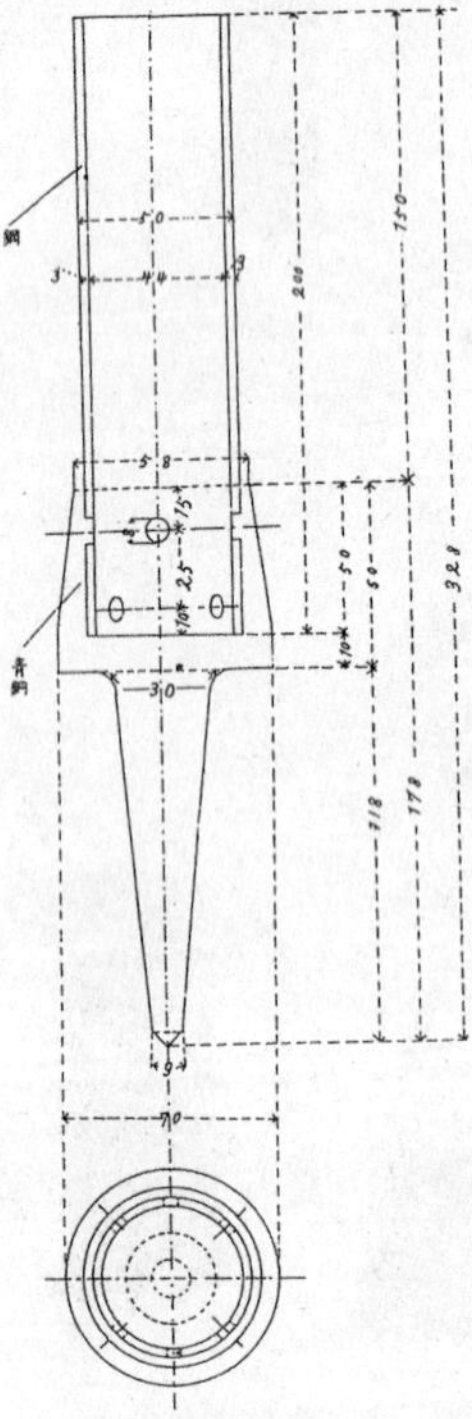

弾爆

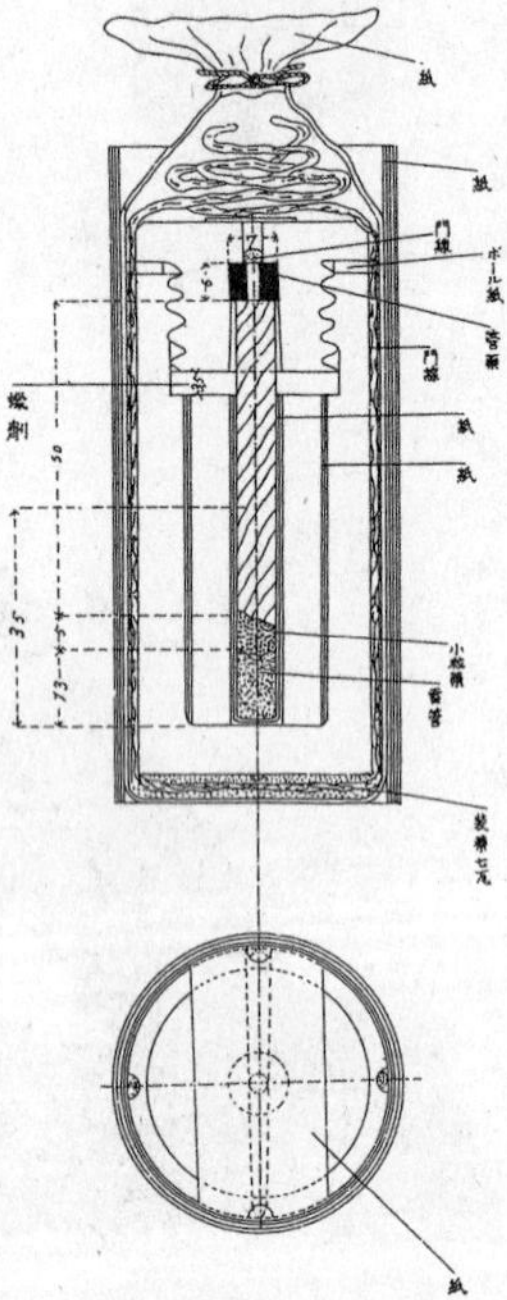

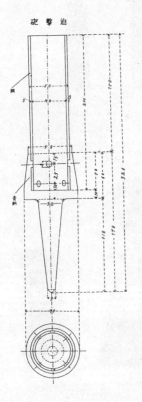

定量装薬と一包になっていた。

射撃の方法は、爆弾外包を括っている糸を解き、中から門線を取り出した後、爆弾を砲腔内に装塡し、門線に点火する。門線から弾側を経てまず弾底の装薬が発焼すると同時に他の二本の門線を経て弾頭の信管に点火する。信管は曳火信管で、五秒後に炸薬に点火し爆発する。装薬は七グラム、射角四五度で射程は約一〇〇メートルである。一〇〇メートル以上の射程を得るには別包の追加装薬を先に腔内に投入する。射角は砲尾を地中に挿入して調整する方式であった。

陸軍省が迫撃砲の製作に動いたのは、四回にも及んだ旅順の総攻撃が終わった明治三十七年十二月のことで、第一軍、第二軍、第三軍、第四軍に迫撃砲六門と迫撃弾一〇〇〇発ずつを支給するため、臨時軍事費一万三二〇〇円をあてて迫撃砲二四門、迫撃弾四〇〇〇発を製造し、兵器本廠へ引き渡すよう大阪砲兵工廠に命じた。これが四十四ミリ迫撃砲で、第三軍ひきあての六門は満州軍総司令部の希望により第四軍に増備された。その後東京砲兵工廠へも迫撃砲二五門、迫撃砲爆弾二六〇〇発などの追加製造を命じた。

明治三十八年七月、陸軍技術審査部から審査官が戦地へ出張し、迫撃砲の使用法を教習した。これは迫撃砲の使用法を誤ると危害を被るおそれがあるためで、技術審査部長有坂成章も試製研究中の迫撃砲は使用上若干の注意を要すると認めている。

戦争が終わった明治三十八年九月、大連兵站司令部から迫撃砲や手投弾などが陸軍省に献納された。これらは鴨緑江軍第十一師団野戦兵器廠および臨時野戦兵器廠において製作し、戦闘に使用したもので、十八糎、十二糎、七糎の三種の迫撃砲各一門とそれらに使用した霰弾、爆弾、導火素が含まれていた。木製迫撃砲の代表的な型式である。

明治四十年二月、第五師団は門司兵器支廠に保管されていた迫撃砲一八門、手投弾三〇〇個などを工兵隊の教育資料として備え付けた。

第六章　二十八糎榴弾砲

明治十四年、野山砲改良の議があった。大山巌陸軍卿は伊国式七糎野山砲を採用することを決意し、大阪砲兵工廠製造所監砲兵大尉太田徳三郎を伊国に派遣してその製造技術を習得させ、さらに明治十六年には製砲技術の指導を受けるため伊国砲兵少佐グリローを招聘した。

陸軍卿はグリローが来朝すると早々に呼び寄せ、わが国の海岸砲の種類とその製法について諮詢した。グリローは海岸大口径火砲として二十八糎榴弾砲、二十四糎加農、二十四糎綫臼砲および十九糎加農を選定し、これら火砲はすべて伊国制式にのっとり鋳鉄製とするとともに、弾丸もまた主として鋳鉄製を採用することとした。これは当時わが国では鋼が製造できなかったことによるもので、その製造にはグリローが自ら任にあたることを希望した。

ここにおいて陸軍卿は直ちに大阪砲兵工廠にこれら火砲の試製を命令した。グリローはわが国で製造する鋳鉄の性質を熟知していないので、鋳鉄はわざわざ伊国からグレゴリニー鋳鉄を取り寄せ、最初に二十八糎榴弾砲の製造に着手し、明治十七年、その第一号砲を竣工して、泉州信太山射場において試験射撃を実施した。

そもそもわが国においては弘化年間に蘭式二十九拇（ドイム、口径約二九センチ）を購入して海岸防御砲に採用し、また元治元年、水戸藩は百五十斤砲（口径二八・五センチ）という大口径火砲を製造したことがあるが、これらは皆青銅製、口装、滑腔の旧式火砲であった。今回完成した二十八糎榴弾砲は鋳鉄製、後装、施綫で、わが国が最初に製造した新式の大口径火砲であった。当時の評判は大変なもので、陸軍卿代理西郷従道も試験射撃には臨場するはずで、工廠ではその準備も整えたが、陸軍卿代理は何か公務の都合で臨場しなかった。信太山付近の住民は大いに恐がり、日本始まって以来の大砲を撃つらしいから大地も震動し、棚のものは皆落ちるだろうと大騒ぎをした。しかし試験射撃はそれほどの影響を与えず、成績は極めて良好であった。

大山陸軍卿が伊国制式二十八糎榴弾砲以下の各種火砲を採用し、ことにグリロー少佐を招聘して深く信任したことは、伊国の帝室、政府および国民をいたく感激させた。

明治十七年二月から兵制視察のため欧州に派遣された陸軍卿の一行は伊国帝室、政府、軍の将官から深甚なる歓待を受けたという。

明治二十年、大山陸軍卿は海岸砲制式審査委員を任命し、委員は海岸主砲として二十八糎榴弾砲を選定した。委員であった有坂成章砲兵大尉は一夜のうちに海岸砲制式審査意見を書き、これを委員長大築少将に提出した。「わが海岸の安全を依託できるものは二十八糎榴弾砲である。その一発の命中弾はよく敵艦の甲板を撃ち抜くことができる。大口径加農のごときは要撃、縦射など特殊な場合に用いるべきものであり、加農をもって確実に敵艦の帯甲を射貫することはとうてい望むことはできない」と、堂々たる海岸要塞曲射主砲論を述べ、当局を大いに動かしたことから、ついにわが国の海岸防御は二十八糎榴弾砲をもって主砲とすることになった。

明治二十年三月、明治天皇は内閣総理大臣伯爵伊藤博文を召し、次の詔勅を賜った。

『朕惟フニ立国ノ務ニ於テ防海ノ備一日モ緩クスヘカラス而シテ国庫歳入未タ遽カニ其鉅費ヲ辨シ易カラス朕之カ為軫念シ茲ニ宮禁ノ儲餘参拾萬圓ヲ出シ聊カ其費ヲ助ク閣臣旨ヲ體セヨ』

この大詔の聖旨を奉戴して、海防費の献金を願い出る者が少なくなく、その許可を得た金額の合計は二一三万九五二四円二〇銭一厘に達した。献金中、一万円以上は四

海防費を献金した者に与えられた記念メダル。

八口であった。そのうち五万円以上の者は表1のとおりである。

政府は御下賜金三〇万円にこれらの献金を合わせ、製砲費と名づけて明治二十年度より継続費として陸軍省に下付した。大山陸軍大臣はこの金額をもって火砲を製造し、国防主要点に備える計画をたて、明治二十年度から着手、明治二十五年度において完了した。その火砲の総数は二一二門で、そのうち海外から購入したものは二十七糎加農二門のみ、他はすべて大阪砲兵工廠において製造した。これらの火砲には砲尾面に「献納」のプレートを付けて、永く有志者献金の記念とした。なお献金者には同年五月制定の黄綬褒章を授けられた。製造火砲の種類員数は表2のとおりである。

参考として、明治十七年に大阪砲兵工廠において海岸砲の製造が開始されてから、明治二十五年九月までに同廠が製造した海岸砲の種類、員数をあげれば表3のとおりである。
　この両表をみると、二十八糎榴弾砲がいかに当時の海岸砲の花形であり、またいかに大山陸軍大臣がこの砲の威力を信頼し、その製造に努力したかが窺える。日露戦争の旅順の戦闘において本砲が大きな功績をあげると、大山満州軍総司令官は欣然として尾野参謀中佐に「二十八糎榴弾砲は余が努力して日本に取り入れた火砲であった。今や余の隷部にあってこの偉効を挙げるとはまことに奇縁である」と語り、感慨無量のようであった。

表1

金額	氏名
10万円	公爵　毛利元徳
10万円	公爵　島津久光 公爵　島津忠義
10万円	岩崎彌之助
10万円	岩崎久彌
7万円	三井三郎助 外同族七氏
5万円	侯爵　前田利嗣
5万円	住友吉右衛門
5万円	藤田傳二郎
5万円	鴻池善右衛門
5万円	原　六郎
5万円	平沼専蔵

表2

火砲の種類	員数
二十七糎加農	2
二十四糎加農	28
十九糎加農	2
十二糎加農	25
二十八糎榴弾砲	110
二十四糎綫臼砲	34
十五糎臼砲	11

表3

火砲の種類	員数
二十四糎加農	25
十九糎加農	3
十五糎加農	5
十二糎加農	49
二十八糎榴弾砲	100
二十四糎綫臼砲	36
十五糎臼砲	5

明治三十三年にいたり、大山陸軍大臣は時勢の進運にともない、明治二十年制定の海岸砲制式はこれを改良する必要があると認め、その審査を陸軍砲兵会議に下命した。砲兵会議は慎重審議の結果、同年九月二十八日、二十八糎榴弾砲他六種の火砲を選定し、これを大臣に覆申した。その選定砲の中で二十八糎榴弾砲以外の火砲は従来のものと砲種もしくは構造を異にしたが、二十八糎榴弾砲だけは依然としてその王座を占めて動かなかった。ただし最大射程を一万メートルに延伸する研究を要するとの条件付きではあった。

明治三十五年十一月、熊本地方において明治天皇が統監する特別大演習があった。そのご還幸の途中下関要塞に行幸になり、同要塞火の山砲台における二十八糎榴弾砲その他の実弾射撃を天覧になった。このとき侍医は天皇の耳を塞ぐために綿花を差し出したが、天皇はこれを用いることなく、終始泰然として天地を震動する巨砲の射撃をご覧になられたという。

明治三十七年、日露戦争が勃発した。わが国は第三軍すなわち乃木軍をもって旅順要塞を攻撃することに決し、攻城兵器材料の整備に着手した。当時陸軍技術審査部はいかにもわが攻城火砲の貧弱であることを憂いて、二十八糎榴弾砲をこれに参加させる必要を認め、同年五月十日、これを陸軍省山口砲兵課長に具申した。山口砲兵課長もこの案に同意し、ただちに参謀本部の当局者と攻城砲兵司令官豊島陽蔵少将に諮った。しかし両者ともにその運搬が困難であることに加えて、旅順もそれほどのことはあるまいと高を括って、ついにこの案に同意しなかった。当時技術審査部はひどくこれを遺憾としたことであった。日露戦争開戦前にも参謀本部で旅順攻城計画案に関する意見を徴したときに、第二部の由比光衛中佐は二十八糎榴弾砲を加えてはどうかとの意見を提出したが、当時においてはあまりに突飛な素人考えだとして、顧みられなかった。陸軍省の石本次官も開戦前に攻城砲の研究に着手したとき、二十八糎榴弾砲の出征を慫慂（しょうよう）したという。

同年八月下旬に行なわれた旅順第一回の攻撃は将兵に一万五〇〇〇を超える損傷をだす無残な大惨敗に終わった。わが軍の損害の大きさに反して、敵に対してはそれほどの損害を与えていないことが逐次明らかとなり、とくに正面の堅城鉄壁に対しては所詮無駄骨であったことも日を追って知れ渡った。二龍山堡塁が永久築城であるばかりか、その掩蔽部がベトンでできていることが分かり、わが攻城砲の中にはこれを破壊できる威力をもつ火砲は一門もなかった。ここにおいて問題は砲兵威力ということに集中した。

日露戦争前に撮影された二十八糎榴弾砲。各砲手の位置がわかる。閉鎖機は断隔螺式で、6分の1旋回すれば開閉する。

この後二十八糎榴弾砲の転用がにわかに現実味を帯びてくるが、ただ一つの問題は二十八糎榴弾砲の弾丸は被甲甲板を射貫するために作ったもので、土製掩体に侵徹して、はたしてどの程度の威力があるかであった。とにかくベトン製掩蔽部を破壊するためには効力があるだろうということで、使用することになった。二十八糎榴弾砲の転用の経緯については『機密日露戦史』に記録されている長岡参謀次長の話が詳しいので以下に要旨を引用する。

長岡参謀次長は八月下旬、陸軍省に赴き砲兵課長山口勝大佐を訪ねた。ちょうど陸軍審査部長有坂成章少将がい合わせ、話はすぐ旅順問題に及んだ。有坂審査部長は、今の火砲ではとても旅順は落ちない、二十八糎榴弾砲を送ろうではないかと、成算があるかのようにしきりに勧めた。長岡次長は、とてもあんな図体の大きい、大重量のものが、おいそれとは間に合わないだろう、とくに海岸の備砲を陸上の城攻めに転用するということが非常に問題だと、いろいろと論難したが、有坂審査部長の所信はますます固く、学理と経験から出た一々の説明に対し、とうとう長岡参謀次長は感服してしまった。しかしそのために内地海岸の防備が手薄になるがそれはどうする、との反問に対しても、観音崎由良要塞からこれこれのものを下ろすが差し支えはないということであった。山口課長も側からしきりに勧めたから、長岡参謀次長は大乗り気で帰り、早速参謀総長に話したところ、有坂がそう言ったら間違いはない、よく寺内陸軍大臣と相談したまえということであった。

陸軍大臣もこれに同意して、まず六門を送ることが決定された。長岡参謀次長は第三軍を喜ばせるために早速次の電報を発した。

第三軍参謀長宛　次長　八月末日

旅順戦における戦利品の一部。魚雷まである。当時のわが軍には見るものすべてが珍しかったに違いない。

太陽溝南砲台から撮影した旅順全市街。

攻城用トシテ二十八糎榴弾砲四門ヲ送ル準備ニ着手セリ。二門ハ隠顕砲架、二門ハ尋常砲架ニシテ、九月十五日頃マデニ大連湾ニ到着セシメントス。意見アレバ聞キタシ。

ところが伊地知参謀長からは、巨砲はとうてい間に合わないから送らないでよい、という返電があった。すでに火砲の取り外しに着手しているというのに、現場からは要らないと言ってきたとは言えるはずもない。仮に不用になっても構わないから、大連に陸揚げしておくようにと長岡参謀次長は折り返し電報で命令した。これに対し伊地知参謀長から返電があった。

次長宛　第三軍参謀長

二十八糎榴弾砲ハソノ到着ヲ待チ能ワザルモ、今後ノタメニ送ラレタシ。

この電報に関しては、第三軍の機密作戦日誌に次の記事がある。

二十八糎榴弾砲の大連湾到着後、運搬および据付などに少なくも三週間を予定せざるべからず。然るときは之を使用得べきは早くも十月上旬なり。軍はたとえ正攻法を併用して爾後の攻撃を継続せんとするも、かく長時日を期待するの意無し。然れども尚次回攻撃後の状況特に港内敵艦船に対する顧慮を以って返電を発せり。

占領直後の小案子山。小案子山第一砲台の備砲やベトン掩兵部はほとんど完成していたが、わが軍の攻撃により遺棄された。

長岡参謀次長が後で聞いたところによると第三軍司令部はまず本件について攻城砲兵司令官豊島少将の意見を聞いたところ、とてもそんなものが間に合うものか、ベトンが乾くためにも一、二ヵ月は要するとの素っ気ない返事であったために、不要論に傾いたということであった。

大本営陸軍参謀部はとりあえず鎮海湾防備

用として箱崎砲台から撤去し、輸送準備中であった六門をこれに引き当てることとし、八月二十七日、左記のごとく大元帥陛下の上聞に達した。

作戦ノ必要上鎮海湾ニ備砲スヘキ二十八糎榴弾砲六門及之ニ属スル材料並据付ニ要スヘキ人員ヲ一時第三軍ニ配属ス

弾薬についても鎮海湾へ送付するため準備した弾薬のうち、二四〇〇発をとりあえず大連湾に送付することになった。その弾底信管は延期装置を外していたため、兵器本廠から至急大阪砲兵工廠へ送付し、同工廠において修正完了後、運輸通信長官部へ引き渡した。

輸送のため九月一日頃砲運丸を横須賀に回送し、九月十四日に大連湾に到着した二十八糎榴弾砲六門は、わずか九日の後、すなわち九月二十二日には早くも射撃準備を完了した。これは有坂技術審査部長自ら伊国式の複雑な連畳式木石重畳砲床を廃して考案した、臨時特設砲床による据え付けの省力化と、砲床構築班長横田砲兵大尉の指揮のもと、熟練した砲兵上等工長および下士諸工長などが寝食を忘れて従事した、非常なる努力の結果であった。

なお、二十八糎榴弾砲の転用については、次項「要塞戦備の一端」に、該砲の本来の所属である第三臨時築城団側からみた経緯を記述した。また最初の計画にあった隠顕式二十八糎榴弾砲二門は最後まで送られていない。

大本営は当初二十八糎榴弾砲は主として敵艦撃破にあたらせることを考えていたが、第三軍はこれを陸正面の鉄壁破壊に向けた。その ため、大本営は陸軍省と協議の結果、同砲六門を増加することとし、九月二十八日、その旨を第三軍に通知した。最初の予定では四門だったが、六門に増加され、それがさらに一二門に増加された。増加分は鎮海湾送付用六門と対馬送付用六門であった。

この白銀山砲台はほとんど戦わずしてわが手に帰した。

当時第三軍は全く攻めあぐみ、ほとんど手も足も出せない状況であった。しかし満州軍の作戦は一刻も早く旅順を陥落する必要があり、また海軍は露国のバルチック艦隊を邀撃する準備のため、寸時も早く旅順を引き上げることが必須であった。大本営の憂慮、満州軍の苦心、第三軍の焦燥は募

東鶏冠山堡塁は地の利がよく、旅順攻囲戦中、わが軍は大きな犠牲を強いられた。写真は敵が退却にあたって破壊した火砲。

っていた。このとき満州軍総参謀長児玉源太郎大将は自ら旅順に出向き、彼我の状況を視察したうえで、この際いかなる犠牲をも忍んで、一刻も早く旅順を奪取すべきことを乃木司令官とその幕僚に慫慂した。もちろん児玉大将をはじめ第三軍側にもなんら自信はなかったが、唯一の頼みとするのが新たに到着した二十八糎榴弾砲であった。児玉大将が大山総司令官に送った書簡がよくこの消息を物語っている。

拝啓（中略）サテ当地ノ滞在甚ダ長引恐縮ノ至ニ御座候又何分弾薬補給等ノ為メ困難不少幾分カ前途方針ヲ定メ度又十月一日ニハ二十八サンチノ砲撃ヲ始メ候予定ニ付一日ナリトモ其結果ヲ見テ帰リ度奉存候此段御免シ被下度何レ書余ハ帰遼之上可申述候

草々

九月二十八日

大山元帥閣下

源太郎

(上) 東鶏冠山北堡塁の内側。わが攻撃部隊は続々とこの壕内に飛び込んだが、厚いベトンの中で待ち構える敵兵に狙い撃ちされた。(下) 明治37年12月18日午後2時、4000メートルの壍壕の先端にしかけた2トン強の爆薬に点火、同年8月21日から4ヵ月に及んだ東鶏冠山北堡塁の戦闘は終結した。

王家甸子、団山子および鄧家屯の三ヵ所に二門ずつ据え付けられた二十八糎榴弾砲は、十月一日午前十時に射撃を開始し、まず東鶏冠山北堡塁を、次に二龍山堡塁を射撃した。その命中の正確さと、いかにも大威力を発揮したように見えたので総参謀長、軍司令官をはじめ皆大喜びであった。全軍の将卒も射撃の効果に注目していたから、弾着の景況を見て全線いたるところに万歳の声が起こった。露国側戦史によると、東鶏冠山北堡塁ではベトン製の掩蔽部を貫通し、一発で露兵四人を殺傷、二龍山堡塁では砲台長と砲手四人を傷つけたとある。この後本砲は衆人の期待に背かず着々と偉効を奏し、堡塁砲台を破砕撃滅した。

二十八糎榴弾砲の運搬据え付けは、第三軍司令部が考えていたよりも案外容易であり、逆に効力は大きいことがわかったので、大本営と陸軍省は協議の結果、十月五日さらに同砲六門を増加することを決め、第三軍に通知した。このように二十八糎榴弾砲が増加されたのは早晩爾霊山を奪取して、この高地上から観測して西港にいる敵艦を攻撃するには、従来の三ヵ所の砲台では距離が少し遠過ぎるので、どうしてもう少し西方に別の二十八糎榴弾砲を据え付けなければならないとの結論に到達したからであった。

二〇三高地の砲撃では友軍に被弾の危険性があるとして、重砲隊副官奈良少佐は反対したが、児玉大将はあえて同士討ちを恐れずと肯んじなかった。第七師団の二〇三高地攻撃は十一月三十日から始まり、十二月六日まで一週間にわたり死者六二〇〇人を超える死闘をくりひろげた。奪取した二〇三高地の言語に絶する惨状を、乃木大将が漢詩に残している。

鉄血覆山山形改

万人斉仰

爾霊山

（上）わが軍の決死隊が爆薬と土工具を携行して二〇三高地に向かう光景。（下）8月21日早朝から開始した盤龍山堡塁の攻撃は不成功に終わった。掩蔽の下に休憩するわが軍兵士。

第三軍がいよいよ二〇三高地を占領すると、児玉大将はただちに二十八糎榴弾砲を前進させて、旅順港内の艦船を砲撃するよう命じた。豊島少将はこれに対して、必ず敵の回復攻撃の集中砲火を浴びるだろうから、徐々に鉄板を置いて、砲床を準備した後攻撃すると答えたところ、児玉大将はこれを聞き入れず、即刻射撃開始を命令した。ここにおいて第三軍司令部は攻城砲兵司令官に対し、旅順港内の敵艦を射撃し、港内に安居できないようにせよと命令した。

だが南山坡山の海軍観測所からは十分な観測をすることができないため、同砲の艦船射撃の効果を疑う声があった。繋留気球から海軍将校が観測した見取図で、敵艦停泊の概況が分かっていただけで、南山坡山から敵艦が見えるといっても、それほどはっきり見えたわけではなかった。敵艦を射撃する方法として一番困ったのは、仮に鄧家屯の砲台から射撃するものとして、南山坡山の上にある観測所からその砲台の位置は一里半も左の方にあったのである。だから観測所で射撃しようとする敵艦から左の方に見えた弾着は、砲台からいえば近い弾着で、これに反するのは遠い弾着であるはずであった。射撃板を用いて地図の上で測ってみると、およそ何百メートル遠いとか、何百メートル近いとかを知る方法があった。中隊長が観測所にあって何百メートル遠く、何百メートル近くと号令してまず射弾を観測所から見る方向の中に導いてくるのであった。それからまた弾着が敵艦から何百メートル遠く見えたか、何百メートル近く見えたかを眼で測って、砲台からいえば何分画右へ、あるいは左へ修正したならば射弾が敵艦へ導かれるのであった。いろいろ研究した結果、こういう方法で射撃するほかはなかった。

大本営が二〇三高地の占領を勧めたのは、二〇三高地に観測所を設けて、一日も早く敵艦撃破の目的を達するためであった。総計一八門を数えるにいたった二十八糎榴弾砲は旅順背面において表4の各地点に配備された。

十二月五日、二〇三高地の占領が確実となると、攻城砲兵司令官豊島少将は同高地西南部の山頂にいち早く観測所を設けた。その結果旅順市街および港内の射撃が著しく正確になり、敵を震駭させた。同日午後二時には早くも戦艦「ポルタワ」に命中した二十八糎砲弾は甲板を貫通し、弾薬庫に炸裂して火災を起こし、上甲板まで浸水させた。戦艦「レトウィザン」にも八発命中し、坐乗する提督ウィーレンを負傷させた。同六日には戦艦「レトウィザン」を沈没させ、七日には巡洋艦「パルラダ」を、八日には巡洋戦艦「バヤーン」、水雷敷設艦「アムール」を破壊した。九日以後においては「ギリヤーク」「ポピエダ」「ペレスウィート」「カイダマーク」「フサドニック」「ボーブル」などの艦船および駆逐艦、小艦艇、雑種船の大多数を破壊または沈没させた。また旅順港岸に沿う造船所工場ならびに市街を粉砕しつくした。この結果敵の旅順艦隊は「セバストーポリ」を除くほかは全滅した。これをもってわが海軍はバル

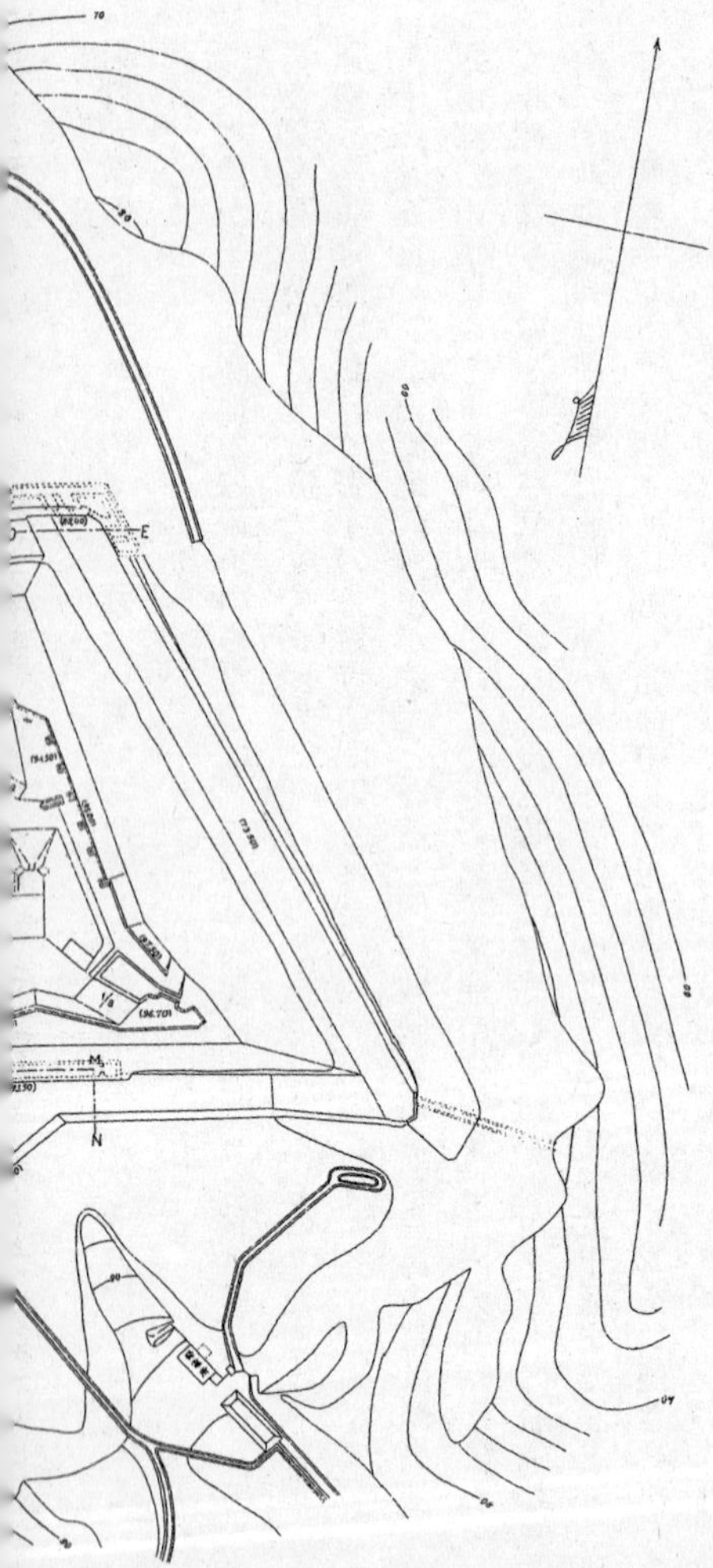

E
N
(96.70)
1/5

二龍山堡塁

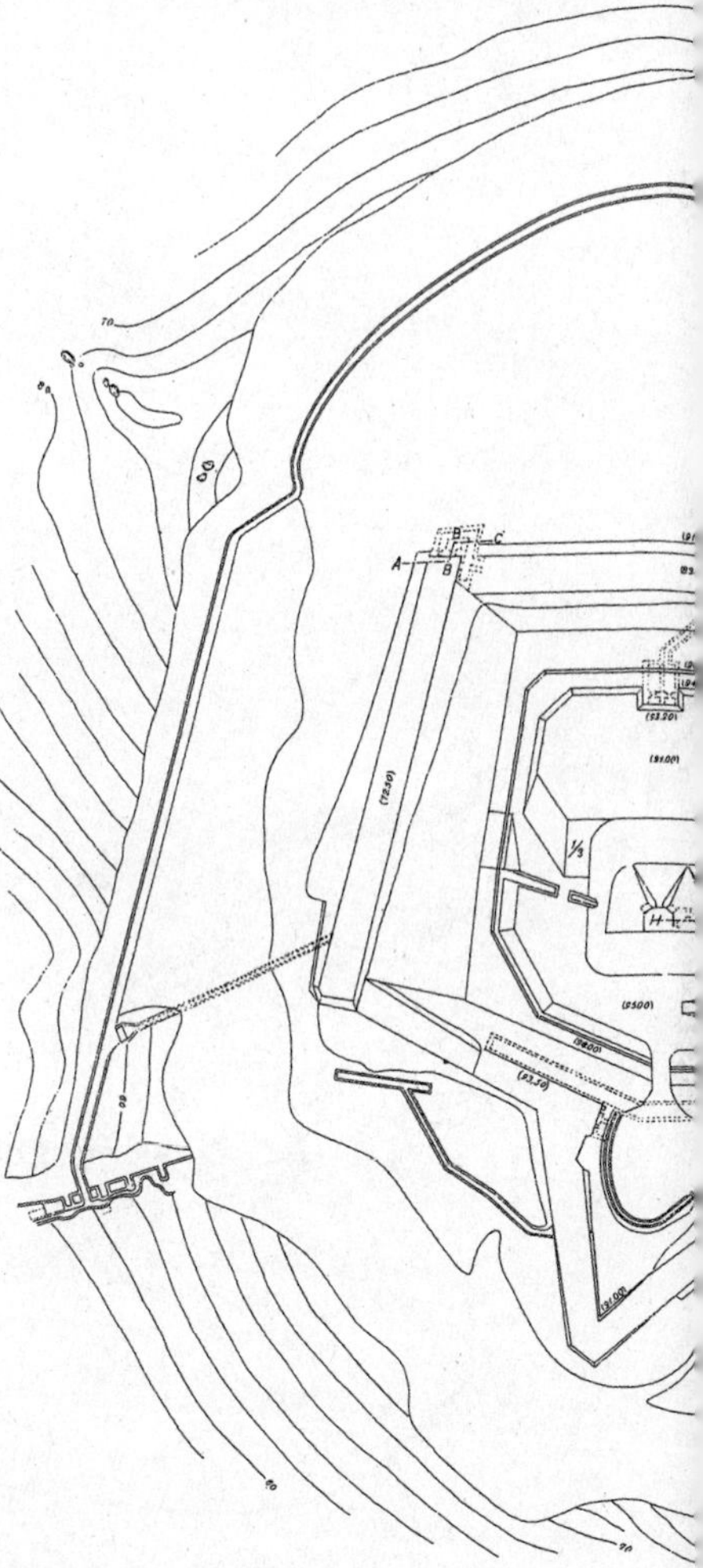

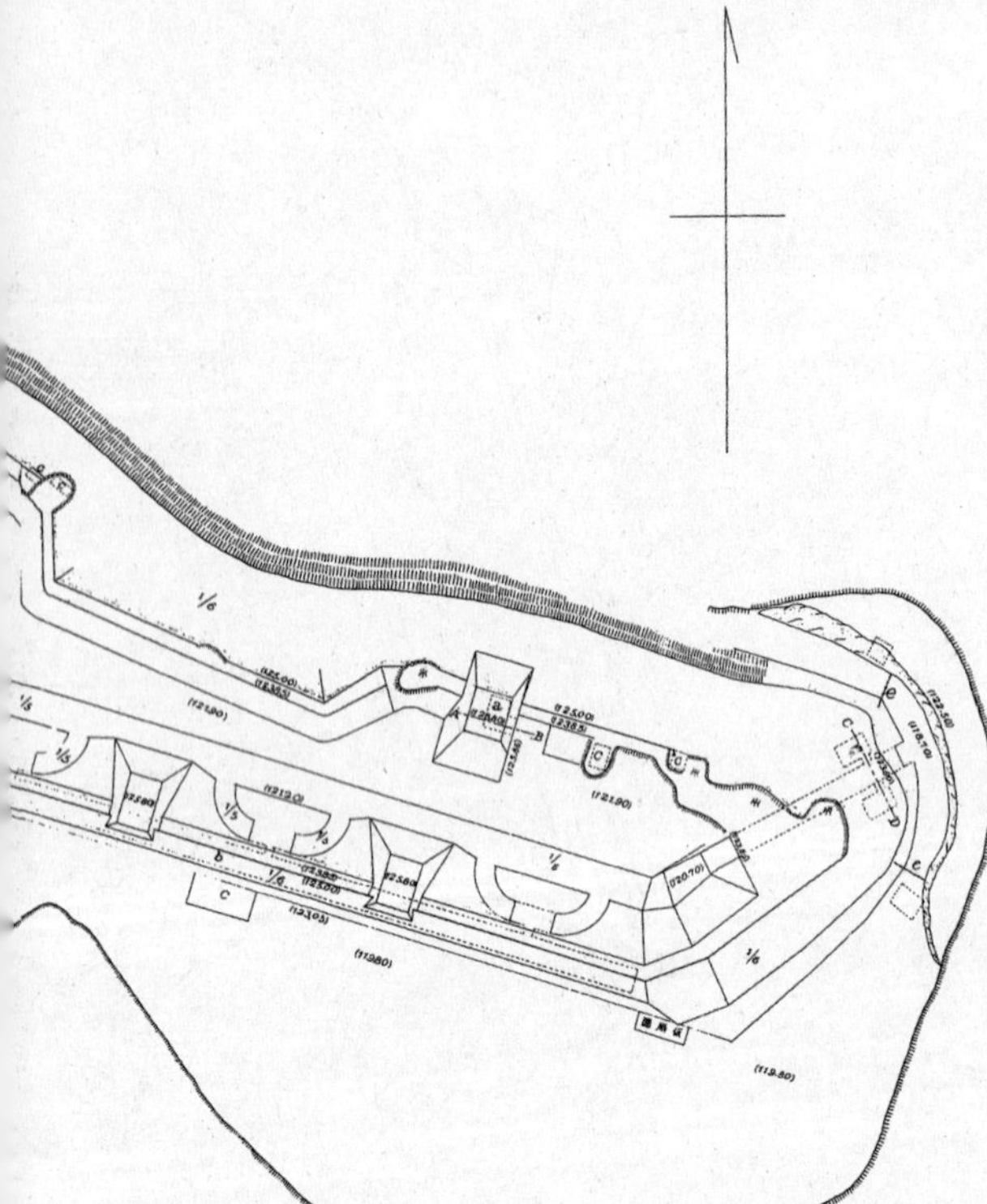
1/6
(125.00)
(123.85)
(121.90)
1/5
1/5
(125.00)
(123.85)
(121.20)
1/5
(121.90)
(120.70)
1/6
(123.05)
(119.80)
(119.50)
(122.50)
(118.70)

椅子山堡塁

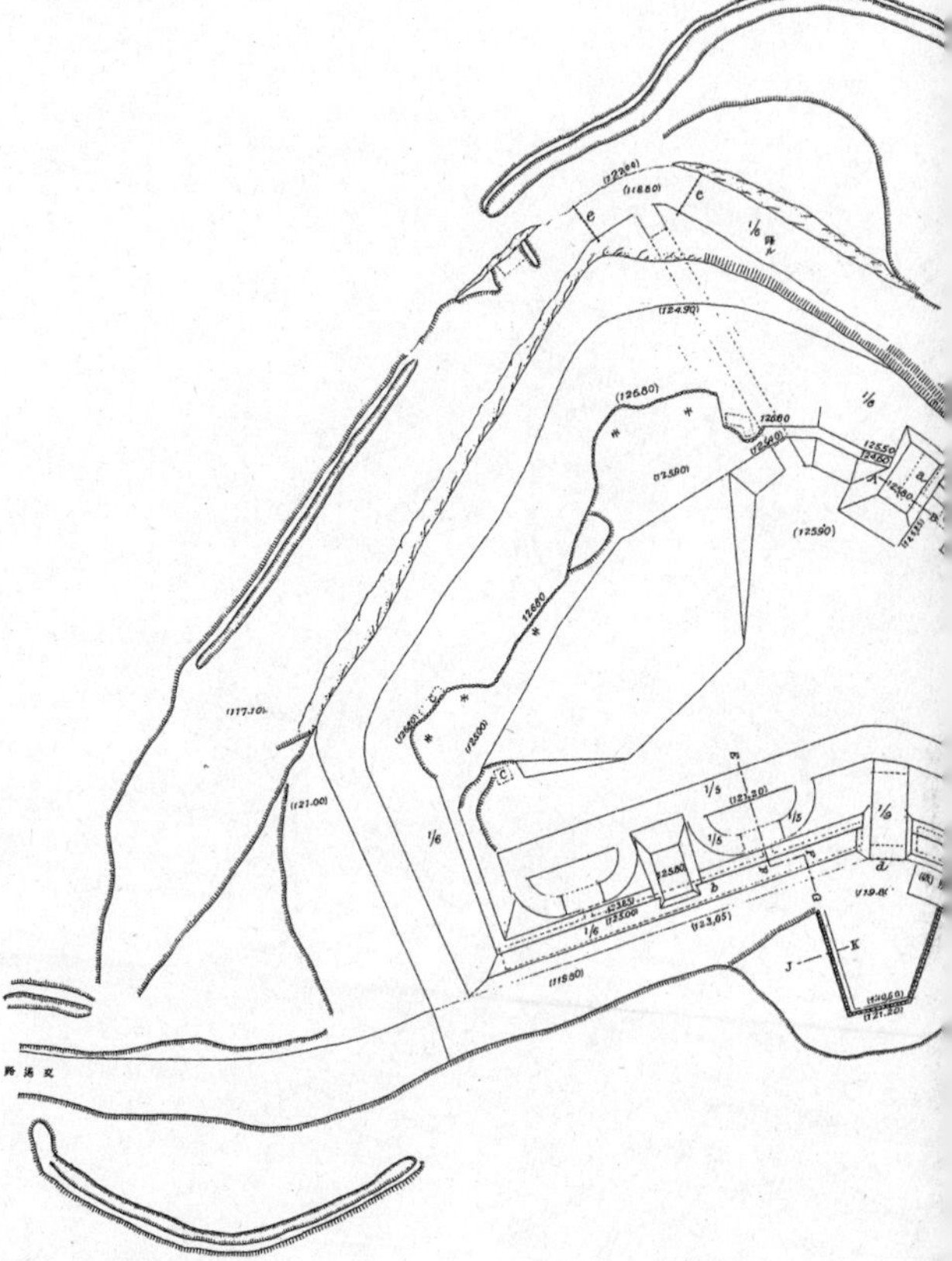

東鶏冠山北堡塁

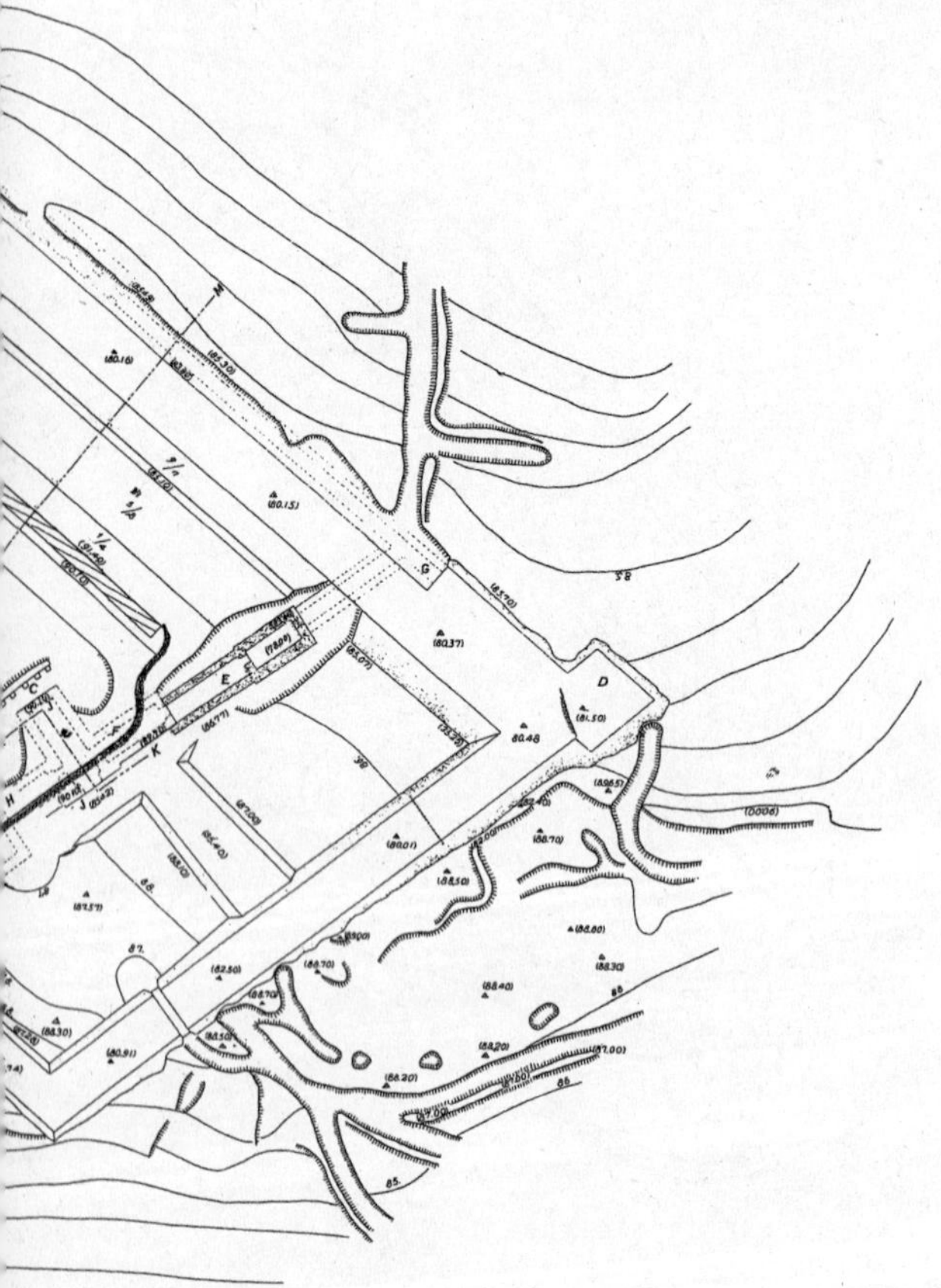

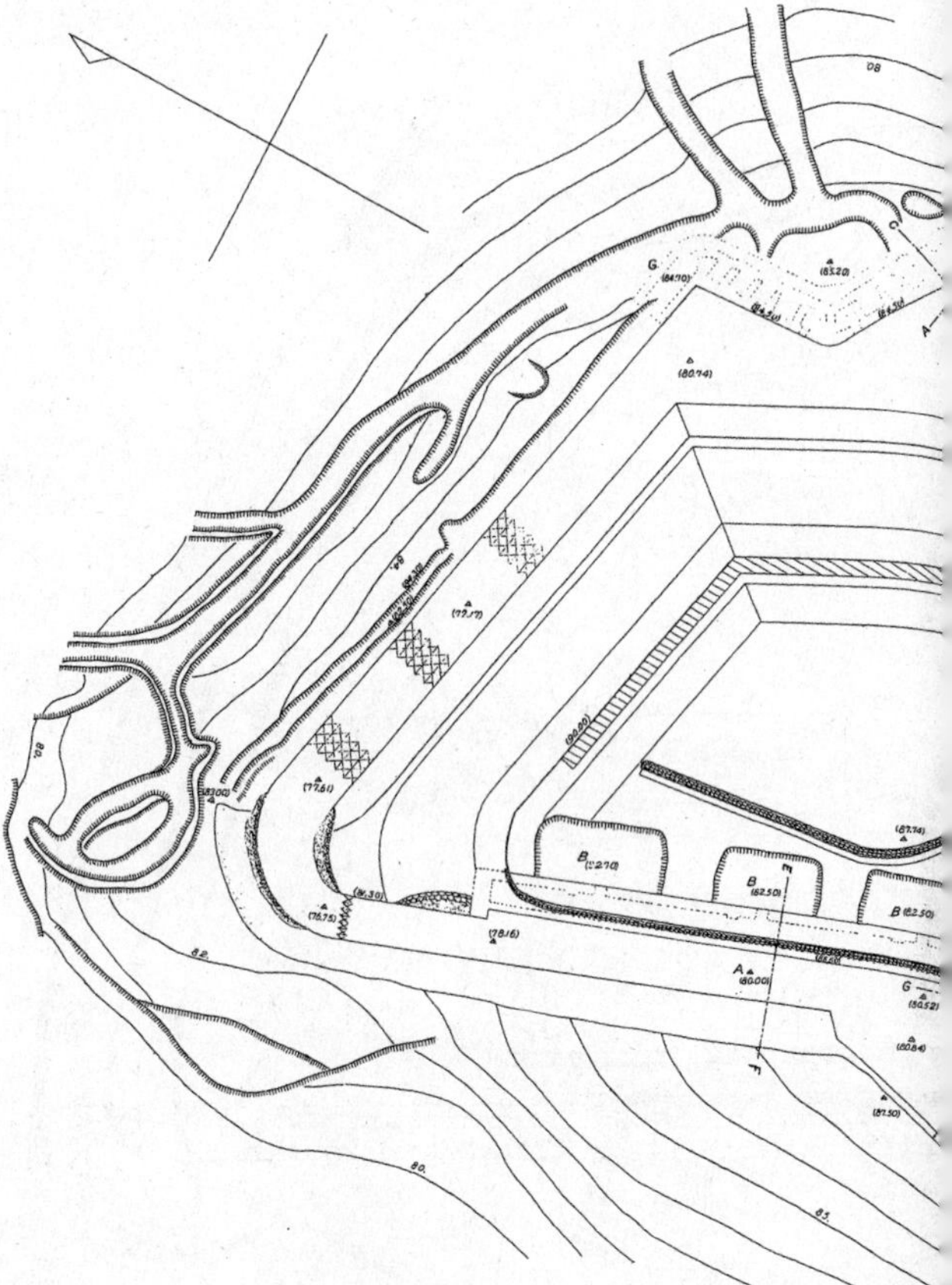

G
(84.70)
(83.20)
C
A
(80.74)
(77.17)
(77.61)
(76.75)
(78.16)
(90.00)
B
(62.50)
(87.74)
A
(80.00)
G
(80.52)
(80.84)
(81.50)
80
82
85

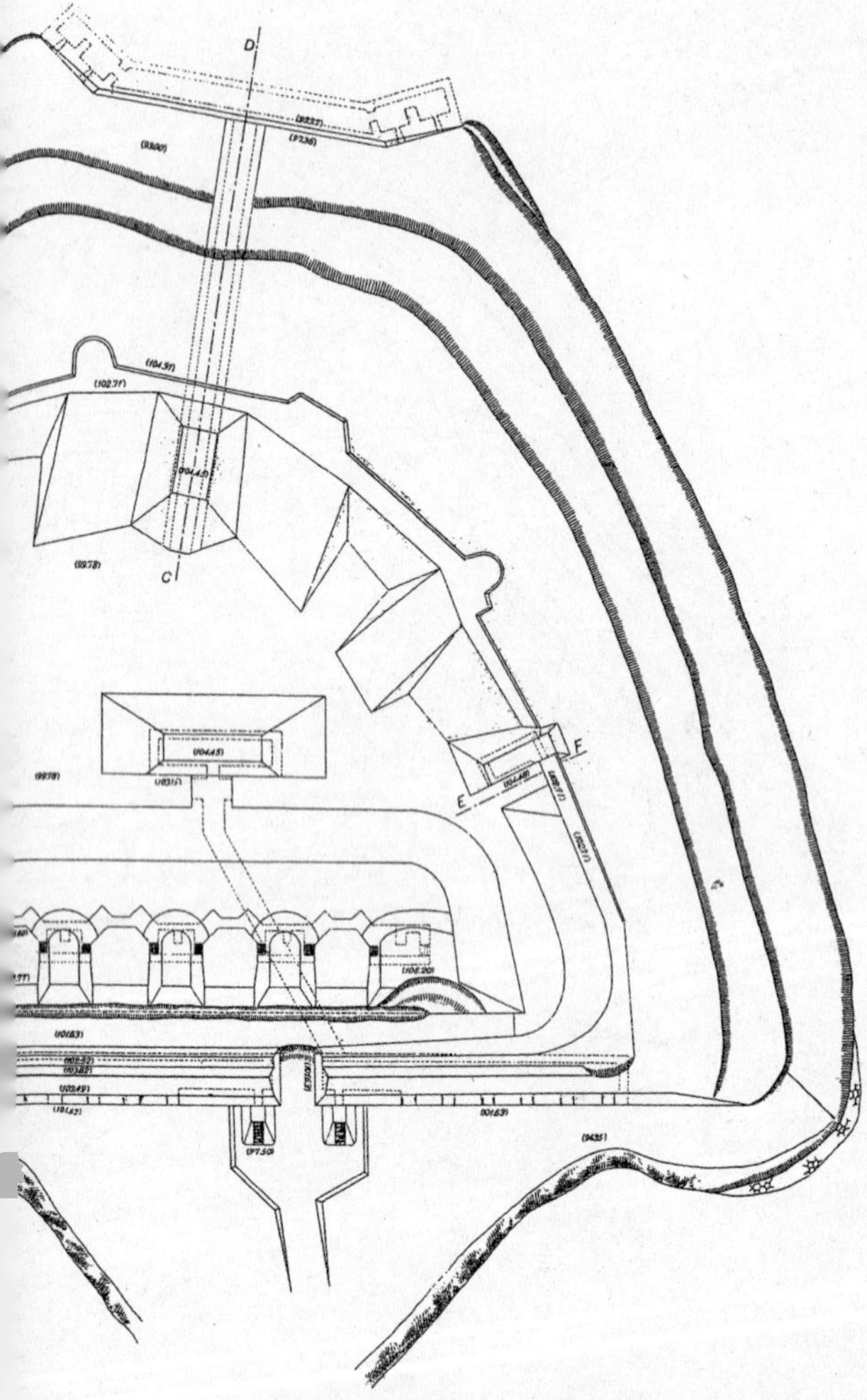
D
(93.00)
(92.36)
(102.71)
(99.78)
C
(104.45)
E
F
(106.20)
(101.83)
(97.50)
(101.63)
(94.35)

大案子山堡塁

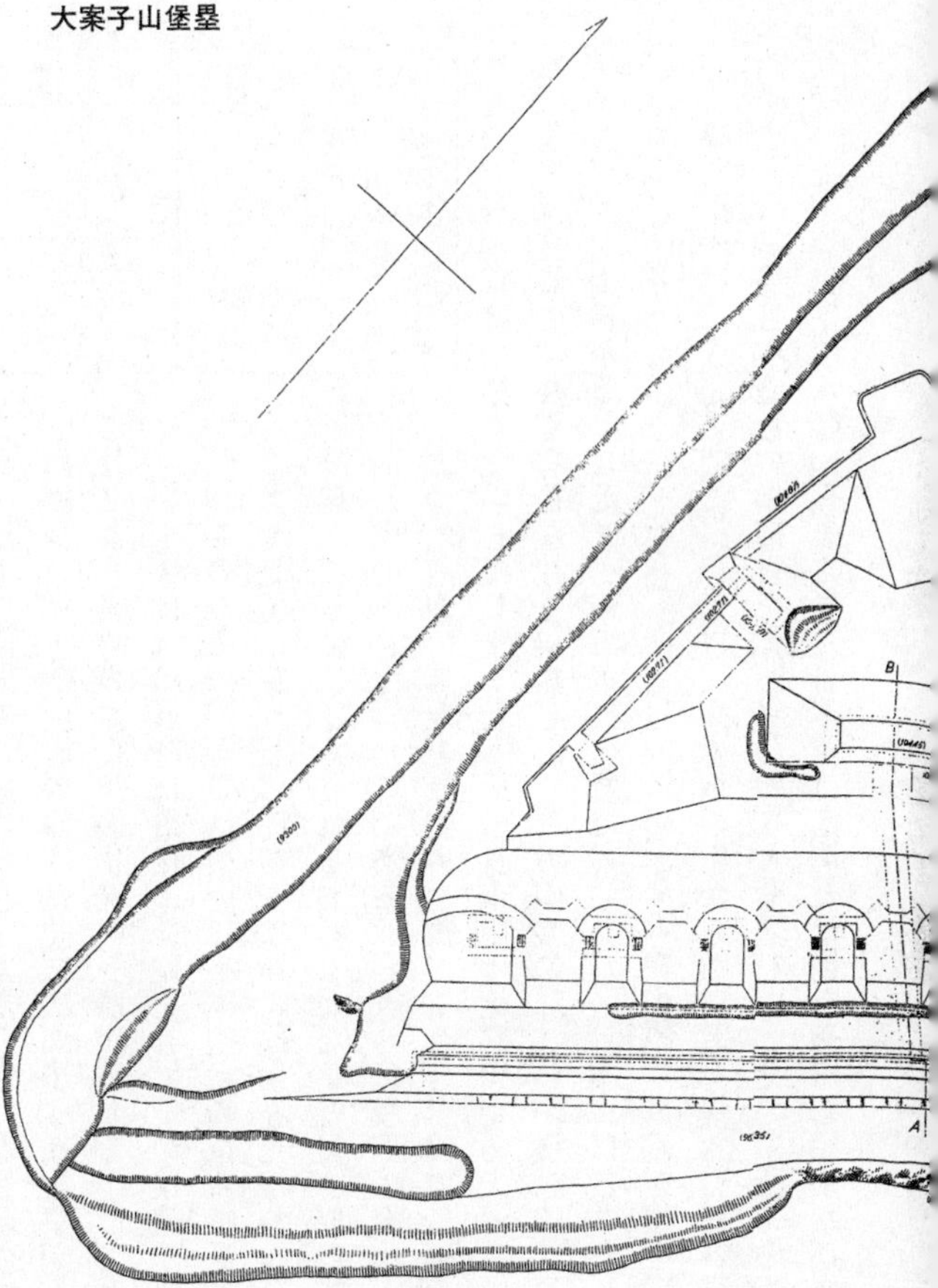

チック艦隊を迎える準備に専心できるようになったのである。

露軍レンガード中尉の籠城日誌に次のような記事がある。これにより当時の露軍側の状況の一端がわかる。

「……敵は晩の五時に最後の発砲をしてその後砲撃を止めた。そのためにわが軍はついに日本砲台の位置を探知することができなかった。日本軍は昼間は太陽光線の作用で、発砲しても敵に認められるおそれがないと見て取って、昼間射撃のみをやったのである。われらは夜間の発砲の光によって敵砲の陣地を見定めた後、これを全滅するつもりだったが、日本軍は素早く沈黙してしまった。その日市中は砲撃のため大混乱を惹起し、住民は狂気のごとく右往左往と避難した。この砲撃の際、わが艦隊では司令官ウィトゲット少将が負傷した。夕刻海軍集会所で、いったい日本軍はどこから砲撃したのかということについて議論が始まった。『支那人の小屋に大砲を据え、そこから撃ち出す』『山の背面からである』『高粱畑の中からだ』と、異論百出容易に結論が出ず、結局日本砲台の指揮官を『お尋ね者』と命名して、その争論を中止してしまった。翌日午前八時からまたまた日本軍は港湾と市街を砲撃し始めた。経理部

表4

砲台地名	砲数
姜家屯	4
団山子	2
鞠家屯	2
田家屯 東砲台	4
田家屯 西砲台	2
碾盤溝	4

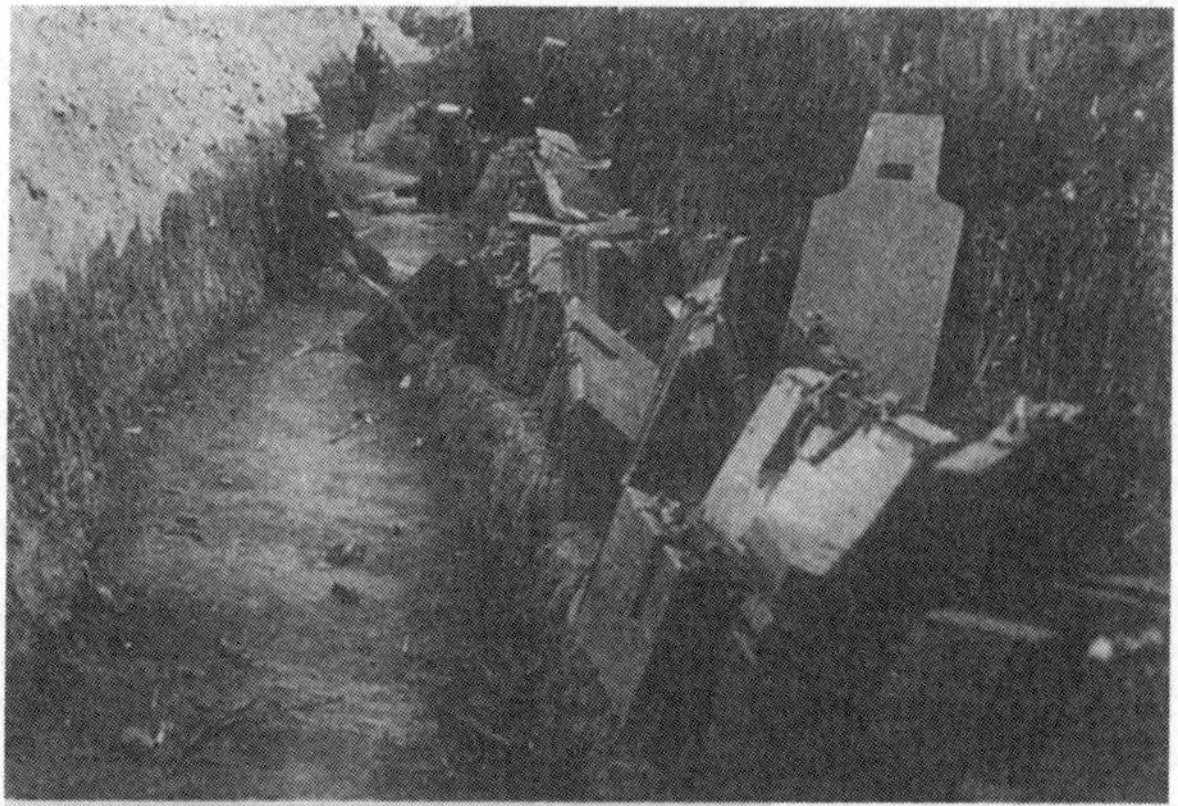

（上）東鶏冠山北堡塁に向かって掘られた塹壕。歩兵用の急造防楯が立てかけられている。（下）二十八糎榴弾砲昇降砲架。通常砲架とは異なり、液圧および空気圧で後坐圧力を吸収する構造。明治30年から東京湾要塞第一海堡に据え付けられたが、日露戦争には送られなかった。

倉庫所在地付近へ雨のごとくに弾丸が注がれた。たまたまわれわれの作業地より程遠からぬ石油倉庫に数個の弾丸が落下してたちまち油に燃え移り、一大火災を引き起こした。炎々たる烈火は全市をなめつくし、その光景は惨たんたるものであった。この火災を見つけだした日本軍は、その地点に向かって砲火を集中した……』

旅順開城後、敵の将軍ステッセル中将は驚異の語調をもって二十八糎榴弾砲の威力を激賞したという。

二十八糎榴弾砲の旅順敵艦撃滅の状況については、露国艦長の書簡などからも窺うことができる。

「スタートヌイ」艦長コシンスキーの書簡

（一九〇五年三月七日　ノウォエウレミヤ所載）

十二月五日、二十八糎ノ大重砲弾「ポルタワ」ノ倉庫ニ命中、コレヲ撃沈シ（中略）翌六日、二〇三高地モ敵手ニ委スルノヤムナキニ至リタリ、但シ同高地ヨリハ旅順市街モ港内ノ碇泊場モアタカモ手ニトルガ如ク観望シ得ルナリ、今ハ万事休セリ。七日ニハ「レトウィザン」撃沈セラレ、八日ニハ「ポピエダ」及「パルラダ」撃タレ、「ペレスウィート」ハソノ夜自ラ爆沈シ、九日ニハ「バヤーン」撃沈セラ

レタリ。撃チ洩ラサレシハ唯一アリシノミ、該艦ハ其ノ夜ノ間ニ白狼山ノ陰ニ遁レ行キタリ。（後略）

「セバストーポリ」艦長海軍大佐フォン・エッセンの談話

（一九〇五年四月六日　ノウォエウレミヤ所載）

二〇三高地ノ敵手ニ落チシ以来、旅順港内ハ残ル隈ナク、アタカモ手ニトル如ク敵軍ノ眼眸ニ入リケレバ、今ヤ日本軍ハ毎発ソノ照準ヲ修正シ得ルコトトナレリ。ヤガテ敵ノ二十八糎榴弾砲弾丸ハ雨ノ如ク注ギ来レリ、コレガ第一ノ犠牲ニ挙ゲラレタルハ戦闘艦「ポルタワ」トナス。ソノマダ高地ノ占領ガ全ク遂ゲラレザルノ内、早クモ敵ノ一弾ハ偶然ニモ同艦ニ命中シ、甲板ヲ貫通シテ火薬庫ヲ爆発シ、艦内ニ火災ヲ起サシメ、遂ニ同艦ヲ沈没セシメタリ。コノトキ汽艇「レラーチ」マタコレニ殉ゼリ。カクテ十二月七、八日ノ間ニ日本軍ハ西港ニ碇泊セル総テノ軍艦即チ「レトウィザン」「ポビエダ」「パルラダ」「ペレスウィート」ヲ撃チ果シ、八日ヨリハ更ニ東港ノモノニ撃チ掛リタリ。ココニハ「アムール」「バヤーン」及「セバストーポリ」ノ諸艦碇泊シケルガ、前二者ハ高地ヨリ明カニ照準シ得ルモ「セバストーポリ」ノミハ東港北岸ニ繫留シケレバ隠レテ見エス、僅ニ其ノ檣頭ノミヲ現セリ。

（上）二〇三高地全景。乃木将軍が爾霊山と名づけた。
（下）二〇三高地山上の記念碑。今もなお戦死者の霊を供養する。

日本軍ハ同日早朝ヨリ二十八糎榴弾砲弾丸ヲ雨注シ、ソノ夕刻ニハ「アムール」甚シク損害ヲ蒙リ、「バヤーン」ハ沈没セリ。モットモコノ日「セバストーポリ」ノ咫尺ニモ砲弾ノ落下シタルモノ多カリシモ、幸ニ命中スルモノナカリキ。

（「セバストーポリ」はこの夜密かに港外に出て、老鉄山沖で自爆沈没した）

（上）ロシア人が撮影した旅順港内の艦船。（下）二十八糎榴弾砲の巨弾に斃れた敵軍の通信部長コンドラチェンコ少将は名将であった。その死は旅順の落城を数旬早めたといわれる。

旅順攻城間における各攻城砲の発射弾数とその鉄量は表5のとおりであるが、いかにも二十八糎榴弾砲の奮闘振りが際立っ

表5

項目／砲種	砲数	発射総弾数	1門の平均発射数	鉄量（トン）
十糎半速射加農	4	2525	631	10
十五糎榴弾砲	16	11080	692	25
十二糎榴弾砲	28	18425	658	13
十二糎加農	30	42040	1401	23
十五糎臼砲	70	30490	428	13
九糎臼砲	24	21886	911	7
二十八糎榴弾砲	18	16940	940	205

ている。

なお一つ二十八糎榴弾砲の大功績は旅順陸正面防御司令官コンドラチェンコ少将の爆殺である。同少将は工兵科出身の将軍で、高名な築城家にして戦術家であり、旅順陸正面の防御はすべて少将の設計になるものであった。日本軍が前後半年にわたって悪戦苦闘を重ね、多大な犠牲を払わされたのも少将に負うところが大きかったといえよう。

明治三十七年十二月十四日、コンドラチェンコ少将は東鶏冠山北堡塁の守備兵から、日本軍が投入した有毒ガス発生物に苦しんでいるとの知らせを受け、その実状を視察するため午後八時頃ナウメンコ中佐、ラシェフスキー中佐らとともに同堡塁に到着し、咽喉部の窖室に入った際、たまたま日本の二十八糎榴弾砲の弾丸が同所に落下し、堆土一メートルとベトン一メートルを侵徹して室内で爆発、コンドラチェンコ少将ほか多数の将兵を倒したのである。少将の死はロシア軍の士気を著しく沮喪させ、旅順要塞の開城を早めることにつながった。

なお上記の有毒ガス発生物とは、旅順の敵兵が頑強に抵抗し、わが軍の攻城が思うように進まないため、陸軍技術審査部が製造したガス弾のことで、臭気を発するが無毒無窒息性であった。これを瓶詰めとし掩壕もしくはカポニエール内に放擲し、その激しい臭気によって敵を駆逐するというのが目的であり、一八九九年のジュネーブ条約に抵触するものではなかった。

旅順の攻囲戦において、敵が二十八糎榴弾砲の不発弾を一部改造し、自軍の二十八糎臼砲で日本軍側に撃ち返してきたことがある。元来わが国の二十八糎榴弾砲は伊国式であり、その伊国式は独国のクルップ式を採用したものである。また露国の二十八糎臼砲の始めも独国のクルップ社から購入したもので、元を正せば両者とも同じ腹から生まれた兄弟である。そのために腔内諸元は全く同一であった。ただわが国の二十八糎榴弾砲は腔綫が左転で、露国臼砲は右転であり、この点が砲弾の流用が可能となった重要な理由である。露軍はこれに着目し、わが不発弾を収集して、海岸弾底信管を除去し、その代わりに露式四十七粍速射砲用着発信管を取り付けた。小口径砲用の信管を大口径に使用するときは安全であって、腔発や過早発のおそれはないことを露軍は利用したのである。この改造弾丸はわが軍に相当の損害を与え、鞠家屯の二十八糎榴弾砲砲床などはこの弾丸のために一部破壊された。

旅順要塞攻撃のため第三軍へ送付した二十八糎榴弾砲は要塞陥落後も他に利用することになり、一二門を大連湾に備え付け、残り六門は分解して、弾薬一八〇〇発とともに鉄道停車場付近に運搬し、野戦兵器本廠青泥窪支部において一時保管した。また、二十八糎榴弾砲の修理と据え付けのため、大阪砲兵工廠において修理班を編成し、第四臨時築城団へ派遣した。

一時保管した二十八糎榴弾砲六門はこの後奉天に転送し、第四軍の後方に配備して、二月二十八日をもって砲撃を開始した。このような大口径砲を野戦に使用したことは実に破天荒であり、当時露軍に従軍した米国合同通信員マコーミックの奉天戦実見記には次のように記されている。

（一九〇五年七月八日コーリアス誌所載）

戦闘第四日ニ（戦闘ハ尚十日間続キタレドモ）露軍ハスデニ将来ニ対シテ悲観ノ念ヲ生ジヌ、ソハ日本軍が二月二十八日、旅順ヨリ運ビ来タレル匹敵ナキ攻城砲ヲ以テ中央部ノ砲撃ヲ開始セルニ因ル。ソノ附近ノ露軍将官等ノ胆ハ全ク落チタリ。蓋シ彼等ハイマダカツテ経験セザル事態ニ遭遇セルナリ。

日本軍ハ三日前ヨリ萬寶山ヲ砲撃セシガ、今二十八糎榴弾砲ヲ発射シ始メタリ。四ヵ月ヲ費シテ成リタル築塁ハ、十二時間ノ内ニハ破却セラルル也。同時ニ此ノ砲弾ノ四個ハコレヨリモ東方ナル「エルタクー」ニモ落下シ、露兵ハ必ズ日本軍ノ夜襲アルベキヲ期シテ用意セリ。コレラ巨大ナル破壊ノ機械ガ初メテ落下セシハ、沙河堡ノ線ニ於ケル最大事件ナリ。如何トナレバ、コレミカドノ常勝軍ガザールノ大軍ヨリ沙

（上）クルップ社製造の二十八糎榴弾砲。伊国の二十八糎榴弾砲の原型となったもので、わが国の二十八糎榴弾砲の祖父にあたる。（下）二十八糎榴弾砲は旅順戦が終わると直ちに第四軍に配属されて鉄路で北行、沙河付近の五里街に到着後、人力で蛇山子に運ばれ、2月23日に据付完了、奉天会戦に参加した。

（上）炸薬を填実する二十八糎榴弾砲の弾丸。当時外国のカメラマンがこのようなパノラマ写真をたくさん撮影した。（下）二十八糎榴弾砲の弾丸に弾底信管を取り付ける。

ズラリと並べられた二十八糎榴弾砲の弾丸。

二十八糎榴弾砲
弾丸および薬包

河堡ノ偉大ナル築塁及支那ノ第二ノ帝都ヲ奪ヒ去ル準備成レルコトヲ発表セシモノナレバ也。(中略)「エルタクー」ニ落チタル二十八糎榴弾砲弾底部ノ士官集会所ニ持チ来ラレシトキ、一人ノ士官ハコレヲ検シ、恐怖ノ色ヲ為シテ曰ク「此ノ物今ニモ此処ニ落下スルヤ知ルベカラズ」ト、又他ノ一人曰ク、「此ノ戦線今ヤ保持シ得ジ、吾等ノ位置ハ最早留マルコト難シ」。

奉天における二十八糎榴弾砲は旅順のときとは違い、たいした効果は挙げなかったが、敵の士気を甚だしく沮喪させたことだけはこの記事を見ても明らかである。

旅順開城に際してただちに起こった疑間は沈没した敵軍艦ははたして二十八榴弾砲の砲弾によって撃沈されたのか、あるいは軍艦自ら自沈したのかということであった。海軍当局者は後者の説に傾きつつあったが、陸軍でも海軍大臣の承諾を得て、海軍が旅順港内に沈没した軍艦を引き揚げる際に、艦内の被害の状況を実際に見て、弾丸の威力を調査することになった。この命を受けた技術審査部審査官武田砲兵大佐は、明治三十八年六月、舞鶴および佐世保港において戦利艦「アリヨール」など三隻について実地調査を行なった。その結果、良好な帯甲および砲塔は弾丸が命中した痕跡があるが、一つも射貫されたものはなく、ただ帯甲以外の防御が薄弱な部分においては弾丸の破壊力はやや大きいと認められるのみで、この点から海岸要塞の主砲を三〇センチ以上の口径にする必要があると同時に、効力の大きい弾丸を発射する中口径速射砲を多数備え付ける方が有利であるとする調査報告を提出した。

また同年八月、旅順港内において二十八糎榴弾砲のために撃沈されたとされている巡洋艦「パルラダ」について、各射弾の実際上の威力を調査するため、武田大佐を旅順口に派遣した。その調査結果は次のとおりである。

「各弾の効力を審査するに、その損害の状況はいまだ艦体の致命傷たるを認定し難し。したがって沈没の原因はこれを他に帰せざるを得ず。いま引き揚げ当時における海軍当事者の言によれば、各艦とも艦底における『キングストン』はことごとくこれを開放しありという。これに依ってこれを観ればわが砲弾の命中漸く精度を加え、艦内の起居益々困難なるに及んで、百計苦心の末、艦体を水底に沈没せしめて砲弾の命中を避け、もって婆艦隊来援の時機にいたるまで艦体の無事を僥倖せんことを企図したるの結果、彼自ら『キングストン』を開放して沈没せしめたるものにして、命中弾の効力はこれを間接なる沈没の原因と認むるをもって適当なる判断となさん」

だが、武田大佐はこれを最終的な結論としているわけではなく、他の艦船における命中弾の効力を精細に調査して、なるべく多数の研究材料を蒐集したうえで、二十八糎榴弾砲の弾丸効力について解決を与えることが必要であるとしている。

同年九月には横須賀に回航された戦利艦「相模」(「ペレスウィート」)を調査し、その報告書でも二十八糎榴弾砲命中弾の効力は小さかったとしているが、二七発の命中弾の実際の効力について現在の学理では検証できないと述べている。海軍から出た自沈説はいわば伝聞に過ぎないものの、砲弾の威力によって撃沈したことも証明できなかったのである。確実に言えることは二十八糎榴弾砲の砲弾の威力ではこれからの海岸要塞には不十分だということであった。

明治三十八年十二月、兵器本廠長は二十八糎榴弾砲の堅鉄弾を改正するよう技術審査部に次の意見書を提出した。

「……客年末旅順港内に於ける露国艦隊に対する攻撃は、二十八糎榴弾砲の猛射により遺憾なく戦闘の目的は達し得たりといえども、戦利艦に就き弾丸効力を実視せしめしに、弾痕無数にして中甲板以上の各部においては驚くべき破壊力を呈したりといえども、艦の生命部に大打撃を加えたるの少なきを見れば、尚進歩しつつある新式戦闘艦に対しては従来の弾丸は平射、直射いずれの種類を問わず、将来大いに改良せざるを得ず。なかんずく国防砲の大部を占める二十八糎堅鉄弾の改良は最も切要を感ずるなり。参考のため戦利艦弾孔略図を添え別紙の通り改正意見書を提出す。

（別紙）

二十八糎堅鉄弾改正条項

一、現制海岸砲弾底信管の延期装置は時限の延長を必要とす。

（理由）堅鉄弾が最上甲板に命中し、艦の内部に向かって穿入するに際し、若干間隔を有する諸甲板および最も抵抗強き防御甲板を貫通する間、鉄板に衝突する毎に速率の減耗を生じ、弾丸の目的とする機関部若しくは艦船底部に達する前に信管の延期装置燃焼し尽し、多くは中甲板付近にて炸裂し、防御甲板を貫通するものは弾着の景況極めて良好にして、抵抗薄弱なる時か或いは不発弾のものに限るがごとし。これ現制の信管に延期時限を延長するの必要を認める所以なり。

延期装置は信管体と分離し得べき螺着式として、目的に応じ螺脱容易なるごとく構造するに便とす。

二、弾量を増加すること。

弾丸艦船に命中するや、艦内の複雑なる諸鉄板を縦横に突破しつつ穿徹する間弾丸の有する活力は鉄板に衝突する毎に減殺せられ、防御甲板を貫通せば最早弾丸は非常の疲労を来たし、活力はほとんど衰亡するもののごとし。故に弾丸炸裂するも

伊良湖射場には二十八糎榴弾砲の291号砲と314号砲の二門が、発射可能な状態で備え付けられていた。

静止破裂とほぼ同一の状態なるをもって、多くの工程を望むべからず。故に弾丸を保有せしめ、しかも尚よく轟爆の活力を保有せしめんには、活力の衰損をなるべ減ぜざらしめん為最大限に弾量を増加するを可とす。このため火砲の経始に影響を及ぼすは自然の結果なり。戦利艦に就き実見するに現制の銑鉄弾丸といえども、防御甲板を貫通し得られざるにあらずといえども、成し得る限り炸薬の多量を希望するをもって、炸薬室は大なるものならざるべからず。弾量増加は銃弾によっても得らるべきも尚炸薬を多量に増加する為には弾丸の金質は将来鋼製を避けざるべからず。

三、炸薬は黄色薬を採用す。

黄色炸薬の有利なるは今更喋々の必要なし。二十八糎堅鉄破甲弾（黄色炸薬）に就きては未だ確実なる実験なしといえども、戦利艦に就き実見するに命中弾中破壊の程度著しく異なるものあり。これを以て推測するに、黄色炸薬によること疑いなし。然れども未だ現制炸薬量を以て満足すること能はず。故に弾量増加の目的の範囲内に於て増量するの必要を認む」

以上のような、二十八糎榴弾砲堅鉄弾改正に関する、兵器本廠長からの要求に対し陸軍技術審査部は明治三十九年三月、次のとおり回答した。

要塞重砲兵による二十八糎榴弾砲の操砲訓練。

「……現時および将来の戦闘艦に対し現制式二十八糎堅鉄弾の威力を以て満足し能はざるは、兵器本廠長と感を同じうする処にこれあり候得共……如何なる改正を加うるも、口径二十八糎砲に在りては到底現時および将来の戦闘に対し、満足すべき威力を付与すべからざるが故に、二十八糎弾の改良は先ず現制の火砲砲架に影響を及ぼさず、且現在の射撃精度を保持すべき範囲内において修正を加うることに止め、別に海岸防御の主勢力として三十糎半榴弾砲を制定するを得策と存じ候……

（別紙）

海防用二十八糎堅鉄弾改正要領書

一、弾形及弾量を変更せざること。

（理由）

一、現制二十八糎堅鉄弾の命中精度の良好なるは、腔内経始とあいまって弾丸の形状適好なるに拠る。然るに今若し弾量増加の目的を以て濫りに弾長を増大する時は、現在最も適好なる状況に在る弾軸の凝静を損じ、従って命中精度を不良にし、且甲板穿洞後に於ける偏角を増大すべし。

弾丸の各層甲板を穿洞する毎に偏角を生ずるや、之が偏角のいよいよ大なるに従って速率を減耗すること益々大なるが故に、現制の弾丸を以て侵徹し得べき甲板も弾長を増加するときは、或いは終に侵徹し能はざるの不利を生ずるに至らん。

攻城に在ては目標物の構造、軍艦を構成する各層甲板とは其趣を異にするが故に、命中後に於ける偏角の顧慮を要せざるを以て、弾長若干を増加せる地雷弾を制定するは有利なりと思考す。

二、弾量を増加して現在の最大射程を保持せんとする時は、勢い装薬量を増加せざるべからず。然るに火砲の抗堪力は現在の装薬量にて殆ど其最大限に達するが故、此以上装薬量を増加することを得ず。則ち弾量を増加するも之が為に現在の最大射程を短縮する時は将来の海岸戦に於いて却って不利なりとす。

二、弾丸の金質を変更せざること。

弾丸の金質を鋼に改正し、炸薬室を拡大して黄色薬を塡実するの利益は、十分之を認むといえども、今日国防砲の大多数を占むる二十八糎榴弾砲に悉く鋼製弾を充実するは容易の業にあらず。特に戦時に於いては到底之を補充し得るの見込なきが故に、単に効力の一点にのみ着目して、直ちに現制式の金質を変更するは不得策なり。而も現制式即ち堅鉄を以て戦艦に対し全

二十八糎榴弾砲の砲架に螺着されていた銘板。明治35年にはすでに206号砲まで製造されていたことがわかる。筆者蔵。

二十八糎榴弾砲の金属製模型。陸軍技術本部出身の故大前肇氏の手作りになる全可動精密模型。筆者蔵。

く無効力なりとせば万難を廃するも之が改正に躊躇せずといえども、その実効力はすでに戦利艦に於ける命中弾に依って証明せられたるが如く、各種上層甲板を穿徹後尚防御甲板を穿洞せし射弾少なしとなさず。不幸にして不発信管の多きと黒色炸薬なるとにより、之が爆破効力の微弱なりしは頗る遺憾とする所なりといえども、将来黒色炸薬を黄色炸薬に改正せば其効力を増加するは明らかなり。故に弾丸の金質は目下の状況に於いて之を変更せざるを得策なりとす。尤も当時大阪砲兵工廠に於いて研究中に係る堅鋼の研究にして成功せば、該弾の金質を堅鋼に改正するは補給困難ならずして、而も弾丸の効力破片の形状を有利ならしむるの益あるなり。

攻城用地雷弾に在りては弾量を同一にして成るべく多量の黄色炸薬を填実する為、自然金質を鋼になすの必要あり。

三、黒色火薬を廃止し黄色炸薬を採用すること。

（理由）

侵徹後に於ける爆破効力を増大する為、黒色炸薬を廃止して黄色炸薬を採用す。但し黄色炸薬と黒色炸薬とは比重を異にするが故に、現制の全備弾量を変更せざる為、弾丸の内肉を若干削除し、黄色炸薬約十六キログラムを塡実し得る如く弾肉厚の少修正を行う。

攻城用地雷弾に在りては、弾体効力の許す限り肉厚を薄くして、炸薬量を増加するを要す。

四、弾底信管を改正し延期作用を改修すること。

（理由）

一、従来使用の弾底信管は戦利艦に於ける不発弾の多きに依って、着発作用の不確実なるを確認し得たり。依って信管の構造を修正して、着発作用を確実ならしむるの目的を以て既に試験を行いたるに結果良好なりしを以て、該修正信管を採用す。

二、戦艦に命中後各層甲板を射洞し、機関部若しくは艦底部に達して炸裂せしむる為、信管の延期装置は長きに失するも害なきを以て、信管の修正と同時に延期装置の改正を行う。

要するに二十八糎榴弾砲ではどのように工夫しても十分な威力の増大は不可能であり、より強力な三十糎榴弾砲の開発を進めるべきであるというのが技術審査部の結論であった。後に七年式として制式制定される三十糎榴弾砲の萌芽がやっと見えてきている。

日露戦争後、二十八糎榴弾砲の功績を長く記念するため、本砲の一門を遊就館に交付し、これを靖国神社庭内に据え付け、広く公衆からその偉勲を称えられた。また二門を陸軍士官学校内に据え付け、生徒の精神教育の資料にするとともに演習の用に供した。この二門には次の略歴が付けられていた。

一、本火砲ハ本邦大阪砲兵工廠ノ製造ニ係リ、第一砲車ハ明治二十二年、第二砲車ハ明治二十三年ノ竣工ニシテ、共ニ最初ハ東京湾要塞ノ備砲タリ。

二、明治三十七八年戦役中旅順要塞攻囲軍ニ参加ノ為、明治三十七年九月遼東ニ輸送シ、一ハ西八里庄東北姜家屯、他ハ王家甸ニ据付ケ、同十月一日ヨリ開城ニ至ル迄九旬、間断ナク大小ノ戦闘ニ参与シ、東鶏冠山北砲台、二龍山、松樹山、白玉山及機器局等ノ堡塁砲台ノ最モ堅固ナル防御物ノ攻撃ニ絶大ノ効果ヲ挙グ。

（上）日露戦争直後、靖国神社遊就館前に展示された二十八糎榴弾砲。（下）この写真は同じ砲の昭和期の撮影と思われる。来歴を示す銘板が取り付けられた。

三、次デ奉天戦ニ参加ノ為北進シ、更ニ第四軍ノ右翼ヨリ三角山西方及樹林子ニ在リテ、明治三十八年二月二十八日ヨリ三月七日ニ亙リ、敵ノ拠点タル萬寶山、海鼠山、沙河堡、大孤山等ニ対シ至大ノ威力ヲ呈セリ。
四、発射弾数前後ヲ通ジテ、第一砲車ハ一三一七発、第二砲車ハ一二七六発ノ多キニ達ス、然モ其ノ精度ニ大ナル変化ヲ呈セズ。
明治三十九年二月

日露戦争後、二十八糎榴弾砲の偉勲に鑑み、本火砲の産みの親であった伊国将校グリローに勲章昇叙の議があった。同氏は帰国の際勲三等に叙し旭日中綬章が授けられていたが、今回これを勲二等に昇叙しては如何との議であった。当時氏と最も親交が深く、むしろ師弟の間柄であった太田徳三郎中将はすでに亡くなっており、氏のために尽力する人はなかった。そればかりかグリローが創製した火砲は改良修正の結果、昔のおもかげを留めないものもある始末だった。そのせいかいまさらグリローを崇め奉るにも及ぶまいとの議論が多く、ついに昇叙の議は沙汰止みとなった。

大正三年に勃発した青島戦役にも二十八糎榴弾砲六門が参加した。当時は新式の有力火砲が各種採用されていたので、本砲は諸方面から老骨視され、軍司令部でも二十八糎榴弾砲は開戦までに陣地に到着しなくても差し支えなしなどと、継子扱いにされた。しかしいよいよ開戦になると新式火砲には弾丸の腔発が続出し、一時射撃を中止したことさえあった。ところが二十八糎榴弾砲は昔ながらの鈍重な体で巨弾の雨を敵陣に降らせた。

旅順戦数字上の比較（1）兵力

国別／兵種	日本軍		露軍	
歩兵大隊		60		35
騎兵中隊		11		1
野砲兵中隊		20		8
山砲兵中隊		14		
攻守城砲兵隊	中隊	33	要塞砲兵大隊	3
			五十七粍砲中隊	1
工兵中隊		14		3
海軍隊	火砲23門をもつ陸戦隊		中隊	10
その他			電信隊、徒歩隊 自転車隊	各1隊

　戦後陸軍省鈴木砲兵課長は、未来の戦争において本砲が再び使用されることがあると考え、当時の攻城廠長に命じ、二十八糎榴弾砲の揚陸運搬据付法を編纂させ、これを関係部隊に配布した。

　第一次世界大戦の際露国から懇望されて二十八糎榴弾砲二四門、二十四糎加農四門、二十四糎臼砲二〇門、二十糎榴弾砲二門、他に中小口径の火砲若干門を露国に譲渡し、さらに日露戦争の旅順で鹵獲した二十三糎加農を全部無償で返還した。このとき火砲据え付けおよび取扱法説明のため、宮川砲兵大佐以下二十八名を露国に派遣した。二十八糎榴弾砲はポーランドのグロドノ要塞に一四門、フィンランド

旅順戦数字上の比較 (2) 火砲

日本軍			露軍	
砲種	砲数	発射数	砲種	砲数
野砲	120	67640	二十八糎臼砲	10
山砲	84	44100	二十五糎加農	5
二十八糎榴弾砲	18	16940	克式二十四糎加農	1
十五糎榴弾砲	16	11080	二十三糎加農	12
十二糎榴弾砲	28	18425	二十三糎臼砲	31
十二糎加農	30	42040	安式六吋加農	1
十糎半加農	4	2525	十五糎速射加農	19
十五糎臼砲	72	30490	同(海軍砲、以下同じ)	16
九糎臼砲	24	21886	克式十五糎加農	1
十五糎海軍砲	4		十五糎加農	39
十二糎海軍砲	10	78760	十五糎臼砲	15
十二斤海軍砲	19		十二糎加農(海)	6
四十七粍速射砲	14	19180	四十七粍速射砲(海)	102
			保式四十七粍速射砲	2
			三十七粍速射砲(海)	42
			十糎七加農	12
			十糎七野砲	18
			八糎七野砲	67
			七糎半加農(海)	59
			克式七糎半野砲	22
			三吋野砲	37
			六糎山砲	10
			五十七粍速射砲	31
			同　穹窖砲	6
			保式三十七粍速射砲	23
			その他各種砲	9
合計	443	353066		596
備考	露軍火砲は日本側の整理委員が調査した数字。ただしこの他に第三軍の北上にあたり携行したもの、その他海中に投じたものまたは地中に埋没したものがある。 明治37年8月14日の露側調査によれば645門、また同年11月14日の調査によれば638門となっている。			

湾のクロンスタット要塞に一〇門据え付けの予定で、グロドノの分は至急を要するため、とりあえず全部の材料を当該地に集積し、うち四門は日本の派遣将校以下の指導により据え付けに着手したが、独軍が来襲し露政府から即時引き揚げを要望してきたので、一行は遺憾ながら工事未完成のまま露都に引き揚げた。一行引き揚げの後一週間でグロドノ要塞は陥落し、これらの火砲はすべて独軍の鹵獲するところとなった。このとき二十八糎榴弾砲とともにグロドノで独軍に鹵獲された火砲は二十四糎綫臼砲一〇門であった。

第七章　要塞戦備の一端

明治三十七年二月、砲兵監豊島少将は陸軍大臣の命により全国の要塞戦備を視察した。これは当時のわが作戦が、敵が攻勢に出るときは守勢をとることもあり得るとされていたため、全国の要塞火砲の状況を点検し、注意を促すためであった。二月二十六日に新橋駅を発ち、まず臨戦地境の佐世保に入った。一行は豊島少将のほか、教育に関する事項を担当する筑紫砲兵少佐、戦備作業に関する事項を担当する松井工兵少佐、兵器、火薬、火工具などに関する事項を担当する上田砲兵少佐および砲兵上等工長二名であった。一行は佐世保、長崎、下関、呉、芸予、鳴門、由良、舞鶴、東京湾の諸要塞を巡検し、五月中旬帰着復命した。

この間、大本営においては戦地に派遣するため臨時築城団数個を編成した。第一築城団は中村工兵大佐の指揮で鴨緑江畔に、第二築城団は田村工兵大佐の指揮で普蘭店付近に派遣されることになり、両団は逐次内地を出発した。

この頃、露国はバルチック艦隊を挙げて東洋に派遣するとの知らせがあった。これに対しわが軍は朝鮮海岸の要港に至急防備を施す必要を認め、八月二日、第三臨時築城団を編成した。団長に任命された松井工兵少佐は同五日、大本営より訓令を拝受し、その趣旨に基づき次の処置をとった。

一、陸軍部参謀と協議し、臨時兵力を要する場合はこれを韓国駐劄軍に請求できることを決めた。

二、海軍部に対し、本団が任地に到着したら、海軍仮根拠地防備隊司令部よりなるべく便宜を与えられるよう依頼した。

三、砲床、弾薬庫などの築設用器具材料および廠舎倉庫などの築設用器材の種類員数を調査し、急送を要するものを請求した。

四、陸軍省山口砲兵課長と協議し、大口径砲据え付けに必要な砲兵科人員の配属および砲兵材料、桟橋材料などの交付を申請した。

五、編成担任の留守師団参謀長に職工、軍役夫の所要人数の積算と募集を依頼した。

六、築城部本部および技術審査部より、所要の図面、とくに大口径砲砲床特設図および仕様書を受領した。

第三臨時築城団は極めて急速に編成されたので、配属の将校はほとんど東京にはいなかった。築城班長の松村工兵大尉は広島の運輸部にいたし、副官の玉井工兵中尉は陸地測量部員だったが、当時地方に出張中だった。また備砲班長の横田砲兵大尉は函館要塞にいた。ただ抜群の才能をもつ技手を築城部からもらい受けることができた。同松井団長は部下に広島に集合するよう命じ、八月八日、編成地広島に到着した。同日第五師団後備工兵第一中隊が配属された。その後次の処置をとった。

一、編成担任留守師団より工兵器具、測量器具を受領し、これを梱包して乗船地に送った。

二、同司令部より人馬、兵器、被服ならびに軍役夫一〇〇名、各種職工六五名を受領した。この職工には井戸掘工、電気工が含まれていた。

三、野戦糧秣二ヵ月分および予備品ならびにこれに要する雨覆の交付を野戦経理長官に申請した。

八月十二日、編成を完結した。ただし備砲班の人員器材は横田大尉のほかは未到着であった。また厰舎倉庫用木材類は十五、六日、セメントは二十日に調達の予定であった。当時は運送船が欠乏していたため、諸会社および運輸部と交渉の結果、ようやく「日之丸」に決定したが、この船は機関修理のため門司にいた。「日之丸」の容積は一四〇〇トンに満たず、火砲を除いた団の輸送人馬材料は約二五〇〇トンに達するため、二回ないし三回に分けて輸送する計画を立てた。

その計画にしたがい、十四日、築城班長松村大尉と陸地測量手一名を釜山を経て大連湾に向けて先発させた。その後備砲班要員が続々到着し、二十日には砲床材料もすべて到着したが、船積の関係上、工兵の主力および備砲班は第二回以後に輸送することとし、横田大尉をその指揮官として広島に残した。

八月十八日、宇品碇泊場司令部より「日之丸」入港の知らせがあり、この日から翌十九日にわたり糧食、器具材料を同船に搭載し、人員および馬匹は十九日午後二時から乗船した。

八月十九日乗船終了。これを大本営、韓国軍司令部、編成担任師団長および先発官に打電し、午後五時三十分、宇品港を抜錨した。

八月二十二日、終日人馬器材の揚陸、宿営の設備、地形の測量、井戸の掘設に従事し、その間、防御営造物の位置を偵察した。

（上）長嶺子に貨車で到着した二十八糎榴弾砲の砲身と、卸下に用いる30トン巻揚機。（下）貨車で輸送される二十八糎榴弾砲の架匡4門分。砲架を搭載した貨車が続く。

八月二十三日、団は材料の陸揚げを続行し、揚陸を完了したので、第二回目の輸送のため「日之丸」を宇品に帰した。

これより後、団は全員一致して奮励努力し、昼夜兼行で所定期限までに築城、兵備を完了することを期した。防御営造物は戦闘に耐えることを第一の目的とし、時日の余裕を得るにしたがって、逐次これを強固にして永久的とするよう計画した。

このため重要ではない建

（上）王家甸子の陣地に穿たれた二十八糎榴弾砲４門の砲床壕。
（下）砲床組立作業。

築物は請負に出し、また韓国人の人夫数百名を傭役した。
しかし、その後旅順方面の戦況が予期したように進まず、そのため広島に残しておいた横田大尉の備砲班は二十八糎榴弾

（上）完成が近づいた碾盤溝砲台の二十八糎榴弾砲砲床と、火砲組み立てに用いる50トン巻揚機。
（下）30トン巻揚機で吊り上げた砲身を、砲架上に降ろそうとする光景。

（上）組み立てが終わった二十八糎榴弾砲。
（下）碾盤溝西方６００メートルにある陣地から旅順に向けて巨弾を発射する二十八糎榴弾砲。

砲とともに当団配属のまま、一時旅順の攻城軍に属することとなり、その後戦争が終わるまで、ついに団には復帰できなかった。前田工兵大尉は工兵の主力と下関で搭載したセメントを持って、第二回目の輸送で当団に加わった。

土地買収に関しては馬山浦の三浦領事と交渉して処置した。海軍から敵艦来襲の際の信号その他の通報を受け、地上には電線を架設し、回光通信を開き、後には海底電線を敷設した。また陸地測量手に広地測量を実施させた。逓信省と交渉し、郵便取扱所を本部所在地に開設した。

十月十日、第三軍横田大尉から次の電報報告があった。

十日　周家屯発

「下官一行ハ昨夜更ニ四門ノ砲台築設ヲ命ゼラル。本月中カカル見込。据付ケタル砲台ニテ昨夜初メテ砲撃各二十前後ヲ発射シ、敵数砲台ニ損害ヲ与ウルコト少ナカラズ。今モ続イテ砲撃中。我ニ異常ナシ、安心アリタシ」

十一月十六日、松井団長は陸軍工兵中佐に進級。工事は着々と進捗し、ほぼ予定の目的を達したので、第三臨時築城団は新たに北韓方面の松田湾要塞の建設に任じることになった。

第八章　各戦闘の特色

日露戦争最初の大会戦である鴨緑江の戦闘で消費した弾薬数は、本戦争における弾薬補給計画の基礎をなすものとして注目された。第一軍砲兵部長から軍務局長への電報によれば、小銃約一六七万発、野山砲六一八六発、野戦重砲一門につき約八〇発と予想より少なく、当局は今後の弾薬準備数に良い参考を得たと心を強くした。しかしこれが奉天会戦まで尾を引く弾薬欠乏の発端となったのである。

一　南山の戦闘

南山は半永久陣地であったが、その備砲の大部分は旧式の露天砲台で、火砲も発射速度の遅い旧式火砲であった。これを砲撃したわが砲兵は野砲兵のみで、第一、第三、第四師団および野砲兵第一旅団の計六連隊二一六門であった。これを第一旅団長内山少将の統一指揮に属し、五月二十六日午前五時を期して一斉に砲撃を開始した。全山ほとんど曳火弾の爆煙でおおわれ、わずか一、二時間後には敵の火砲はほとんど沈黙し、それ以後戦闘終了まで砲戦らしい砲戦はみることができなかった。ただ敵が退却を開始してからその野砲一中隊八門が南関嶺のこちら側斜面に放列を敷き、退却を掩護するため盛んにわが軍を射撃してきた。敵の射程はわが軍の野砲よりはるかに優れているうえ、高所から射撃しているので弾道が一層延伸し、わが砲兵も前進に前進を重ねて射撃したのであるが、到底射程が届かず、切歯扼腕いたずらに敵砲兵に名をなさしめたことがあった。

南山戦闘の前夜半から雷をともなう猛烈な雨に見舞われたが、その後払暁にいたるまで敵は警戒のため盛んに照明弾を打ち上げ、まだ照明弾などはなかったわが軍を驚かせた。その照明弾は空中に破裂して数十個の小火光となり、地上に落下する花火式のもので、雨後の暗夜に絶えず火光が出現し、静寂な戦場に一層凄惨な趣を添えたのであった。わが軍でもこれを見て早速三十一年式速射野山砲用試製焼夷兼光弾一〇〇〇発の製作を東京砲兵工廠に命じ、二〇〇個あまりを製作したが、明治三十八年十月に必要がなくなったとして製作を中止した。

南山の戦闘で消費した弾薬数は、小銃約二二八万発、そのうち機関砲が約八万発、速射野砲榴弾四〇〇〇発、同榴霰弾三万一〇〇〇発にのぼり、鴨緑江の会戦にくらべて砲兵弾薬の消費が遥かに増加した。五連隊半の砲兵が一四時間にわたり砲戦をしたわりには少ないが、すでに野戦兵器廠の弾薬を半分以上使ってしまったため、節約して発射した結果であった。

二　得利寺会戦

得利寺付近の戦闘において特筆すべきことは間接照準のことである。わが軍の野戦砲兵は当時方向鈑を持っていて、本来の表尺を抜いた跡に方向鈑を挿入して方向をとり、高低は砲尾上に置く弧形の照準器によって与えるようになっていた。当時の野戦砲兵の戦法は、複雑でむずかしい間接照準を避け、しかも敵からはなるべく遮蔽するという半遮蔽陣地であった。そのため純間接照準はあまり訓練もされていなかったから、開戦以来主として直接照準に終始してきた。これは露軍砲兵も同じことで、露軍の方向鈑は日本のものにくらべて円の中径はかなり大きいが、そこに刻まれている線は精密さに欠け、急造したものではないかと思うぐらいであった。

本会戦において騎兵第一旅団および第三、第五両師団は敵の左翼および正面に向かい、第四師団は最初西方復州街道方面を顧慮して、わが左翼で警戒の態勢にあったが、主力方面の戦闘がたけなわとなるに及び、約半分の兵力を割いて敵の左翼を包囲すべく前進した。これが得利寺会戦勝利の一因となったのである。このときこの旅団に配属された第四師団の砲兵一大隊が、地形上初めて間接照準により、敵の意表外の方向から射撃を開始したので、敵によほど衝撃を与えたものらしく、この後から露軍砲兵が間接照準を使うようになったのである。

得利寺付近の戦闘において消費した弾薬数は、小銃約一一三万発、速射野砲榴弾約一〇四〇発、同榴霰弾一万九八〇発、速射山砲榴弾二二〇発、同榴霰弾二四八〇発であった。この戦闘では砲戦が二日にわたったが、地形の関係から連続射撃は行なわなかったため砲弾の消費が少なくなった。

三　大石橋の戦闘

得利寺の会戦後わが軍は敵を追って蓋平を占領し、なお進んで遼東半島の北端に迫ったが、当時わが後方連絡は非常に困難な状態にあった。海上にはウラジオ艦隊が跋扈しており、陸上には鉄道もまだ開通していないので、もっぱら支那馬車によって補給を続けるしかなかった。鉄道は五尺の広軌で、内地の輪転材料は使用できず、急遽、

明治37年7月、わが部隊は前進を開始し、蓋平城東南約1キロの蓋州河渡河地点では工兵第六大隊による架橋工事が急がれた。

米国に注文して取り寄せた材料は不幸にもウラジオ艦隊の襲撃を受けて、「常陸丸」とともに海底に沈んでしまった。以後は支那苦力を使用して人力により鹵獲貨車を推進する方法をとったが、もとよりこんなことでは補給は意のごとくならず、とくに得利寺会戦後における補給の困難は最も甚だしく、あるときなどは砲兵一中隊に醤油エキス一缶（百二十匁）、各人に支那栗二合という日が続いたこともあるぐらいであった。

得利寺の会戦で間接照準をもって敵を苦しめたわが砲兵は、次の大石橋では仇をとられてしまった。敵は牛心山の後ろに二、三中隊の野砲を置き、わが第二軍の左翼を盛んに射撃した。ところが同方面のわが砲兵は高粱畑の真ん中に放列を敷き、携帯していた梯子でかろうじて観測するぐらいであったから、たちまち敵砲兵の間接照準に叩きつけられ、終日不利な状態のままで損害もかなり多かった。敵の観測所の一部は牛心山上にあったらしく、射撃指揮には信号を使用したらしい。その信号器というのは竹の先に色々な布を張った枠を付けたものであった。その中に円形の白地の中央に赤丸をつけたのがある。これを遠くから見ると、あたかも日の丸を掲げたように見えるので、敵は退却のときに日本の国旗を掲げてわが軍を欺瞞したなどという風評がたったのも、この信号を誤認したものと思われる。

要するに露軍は火砲、弾薬、方向鈑、射撃法、信号など、少なくとも野砲兵に関する限りにおいては、さすがに当時は欧州の先進国であっただけに、わが軍の砲兵に優った点が多分にあったということは事実である。

四　遼陽会戦

大石橋の戦闘後、砲兵としての大会戦は遼陽会戦であるが、ちょうど満州の雨期に入り、砲兵の運動性に関して最も苦しい経験をしたときである。砲兵一中隊の中で百貫をこえる輓馬は数頭に過ぎない状態であったのに加えて、数度の会戦で大分消耗し、補充された馬は素質が良好でなく、そのうえ管理が充分できないこともあって、運動性はかなり劣っていた。そのうえ雨期で通路は泥濘が車軸に達するところもあるくらいで、終日泥濘と戦って人馬ともに疲労困憊、いかに奮励努力しても師団の行軍に絶えず追随することは不可能であった。

遼陽会戦は従来の戦闘にくらべて、満州軍の各野戦軍を合わせる大兵力で、しかも十数日間継続した一大会戦を惹起したため、弾薬の消費が予想以上に大きかった。しかも敵は初めて頑強な抵抗を試みてきたので、消費弾数はますます増大し、砲弾の欠乏を告げるにいたった。当時は旅順の攻撃も盛んであったので、北方正面においても極力弾薬の節約を強要され、遼陽会戦前後には一日一中隊一〇〇発に制限された。いかに発射速度の遅い野砲でも、六門で一日一〇〇発ではなにもできない。本会戦の後、満州軍総司令官が各軍司令官を集め、訓示した中に次の一項があった。

「乱射を戒め、とくに砲台または肩墻内にありて、射撃中止中の敵砲兵に対して砲撃を継続するがごときは全く無効にして、いたずらに弾薬を消耗するに過ぎざるものとす」

と乱射を戒めているのだが、これに関して、井口満州軍参謀が長岡参謀次長に、乱射を戒めることは平素の教育結果を戦場においてにわかにただすことで、失敗につながる。乱射は免れないものと覚悟されたい。とにかく今後の供給には榴弾を多くしてもらいたい。堅固な工事を施した敵陣地に対しては榴霰弾は駄目の物に候、と反発している。

長岡参謀次長は井口満州軍参謀からの弾薬補充に関する緊急要求に対し、しばしば直接あるいは兵站総監部を通して陸軍省に要求したが、大本営も過度に陸軍省を信頼し、陸軍大臣は過度に砲兵課長を信頼し、砲兵課長は砲兵工廠を信用しすぎる感があった。その結果、出征当時の一門一ヵ月あたり五〇発の約束がそもそもの誤算を生じた根元であるとして不平と化し、この頃では一門一ヵ月あたり一〇〇発に増加しても間に合わない結果となっていた。長岡次長としても打つ手がなく、井口少将に「今となりては節約のほか致し方なし。やむを得ざれば製作を待つために二、三ヵ月の休戦をなさんのみ」と暴言を吐くにいたった。

五 沙河会戦

次いで発生した沙河会戦で、弾薬の欠乏が深刻な事態を迎えたことは第九章に詳述する。

沙河の滞陣は前後五ヵ月に及んだが、この間兵器に関係することが大分あった。まず第一に二十八糎榴弾砲を旅順から転用したこと。次に多数の徒歩砲兵が集団使用さ

前線歩兵の進撃援護のため、沙河付近の陣地から射撃する砲兵第三連隊。

れたことである。戦前の重砲兵は要塞砲兵と称して、主として要塞の守備に充てられ、一部だけが野戦重砲兵として十二糎榴弾砲をもって出征することになっていた。いよいよ戦争が開始されて間もなく、大部分の要塞砲兵は徒歩砲兵に改変され、各種旧式火砲を持ち出して出征したものである。これらの砲兵がズラリと沙河陣地とくに第四軍の正面に並べられたので、あたかも砲兵の展覧会のようであった。

沙河の滞陣中もう一つ記述すべきことは野砲の改造である。開戦後わが野砲の威力とくに射程が短いことは会戦ごとに痛切に感じたことなので、沙河滞陣中内地から改造班が巡回して戦線の後方で改造を実施した。まず射角を増大するため、砲架の両側鈑を連接していた平鈑を湾曲したものと交換して、砲尾の降下に支障のないようにし、弧形照準器に取り付け自在の脚を付けて、射角の付与を自由に行なえるようにしたのである。ついでに防楯を取り付けたが、これは軸座のてすりに鉄線で縛り付けた簡単なものであった。防楯の採否は、戦前独国などでわずか五十キロ位のものではあるが、当時運動性を極度に重視していた頃であったから、この五十キロが大きな問題だったのである。日露戦争はこれに明確な判決を与え、以後防楯の装着についてはなんら異論を挟む者はなくなった

沙河滞陣中の野砲兵第三連隊の連隊長は後に四五式重砲を開発した島川文八郎大佐であった。滞陣中は彼我ともに大体目標の標定などを終わり、いつでも大会戦を開始できる準備を完了していたが、互いに満を持して放たず、絶えず緊張していた。砲兵などは何か好目標を発見してこれを射撃するとたちまち反撃を受けるので、彼我ともこの点は互いに警戒していた。しかし島川連隊は明治三十七年十一月三日、天長節を祝するとして、陣地には堂々と大国旗を掲げて早朝からドンドン射撃をした。卓越した技術者は優秀な指揮官でもあったことを示すエピソードである。滞陣中砲弾資源の不足を補うため、彼我発射弾の被筒を拾集することを第一線部隊に要求してきたが、島川連隊長もこの点には率先して尽力した。当時どれほど資源の枯渇に苦しんでいた

かを示している。

六　奉天会戦

沙河会戦の後、日本軍はまず戦力の回復を必要とし、一方、厳寒期の作戦は困難であるため、三十七年十二月十六日総軍司令官は訓令を発し、当分軍は攻撃動作を中止し、陣地の構築と冬営設備に熱中した。軍参謀長の上原将軍は工兵作業、とくに築城に関する造詣が深く、工兵の大先輩として築城を指導したので各隊の工兵隊長などは非常な緊張と苦心があった。将軍は壕の排水、側防施設、横墻の配置および木材の切組などをとくに注意した。したがってこの指導のもとでできた第四軍の陣地は実に模範的であった。ただ幸か不幸かついに露軍の攻撃を受けなかったので、実際の価値を試すことはできなかった。後年将軍が工兵監、教育総監または参謀総長として終始一貫築城を指導したのはこのときの経験によるところが大きかった。

三月十日にはわが第三軍は奉天西北方地区において東面し、第四軍は奉天東北方地区より概して西面して包囲の袋の口を締めたのであるが、逃げ遅れた露軍との間に各所で戦闘が起こり、非常な混乱を呈した。第四軍の第十師団は概して西面して前進し、大久保支隊や第六師団は北面して前進し、さらに門司支隊が第十師団と大久保支隊と

日露両軍兵力比較

(1) 奉天会戦時

日　本　軍	露　　軍
約第19師団	約30師団半
歩兵240大隊	歩兵379大隊半
騎兵57中隊半	騎兵151中隊
火砲992門	火砲1219門
工兵43中隊	工兵43中隊半
戦闘員総員249800名	戦闘員総員367200名
	以上の他欧露より輸送中の部隊 歩兵48大隊 騎兵42中隊 砲兵36中隊

日本軍総射耗弾数　335000（交戦日数13日）

1日1門弾数　野砲　30

榴弾砲　13

日本軍死傷者　将校以下　70028名

日本軍鹵獲品　軍旗3旒　火砲48門　俘虜31792名

露軍死傷者　60093名

露軍失踪者　20330名

(2) 戦争終期

日　本　軍	露　　軍
歩兵246大隊	歩兵687大隊
騎兵65中隊	騎兵222中隊
砲兵197中隊（1180門）	砲兵290中隊（2260門）
総計約680000名	総計1000000名、ただし露国 全野戦軍の7分の3に過ぎない

の中間に注ぎ込まれたので、諸部隊は混交し、敵を求めて各所に小戦闘が起こったので一層混雑を来した。歩兵部隊の前進に続行した砲兵隊や後方の輜重梯隊などは、意外にもその側方や後方から退却する露軍に衝突し、自衛の力のない部隊は非常な窮地に陥った。

徒歩砲兵第四連隊のごときは全滅を観念し、わずかな砲手が小銃で応戦した。高山大隊長などは突撃までも敢行したが、幸いに友軍歩兵の支援により全滅を免れた。夜に入るとその混乱は一層激しくなり、奉天南方地区から撤退し北上する露軍の大部隊があり、主力と離れて逃げ遅れた小部隊群があり、いったん投降したが監視兵が手薄なのに乗じて再び反抗を試みる者、やけくそとなって泥酔する者など種々様々で、わが歩兵部隊は戦闘力をもっているから困らなかったが、自衛力のない砲兵隊や司令部などは窮鼠に噛まれた猫の状態であった。このことから包囲戦や陣内戦闘においては、兵種を問わず相当な自衛装備が必要であることが痛感された。

敗退する露軍の大行李や輜重は先を争って混乱し、いろいろな遺棄物があった。将校の軍用行李は開けば寝台になる構造で、滞陣間は便利であるので奉天会戦後日本軍将校間に重宝がられた。露軍輜重の遺棄したシャンパンに酔うのはいい方で、中にはふけ取り香水を西洋酒と思い込んで飲んだ兵士もあったという。

第九章　沙河会戦の砲弾欠乏

遼陽会戦の追撃に威力が欠けた理由は、軍隊の疲労により攻勢力が自然に停止したことによるとされているが、会戦末期には銃砲弾、とくに砲弾の大部分を費消していたことが最大の原因であった。ともかく遼陽会戦までは、多少時間の遅速はあったが、計画どおりに戦闘が進んだといえよう。しかし沙河会戦はそううまくはいかなかった。

遼陽会戦後少なくとも二、三ヵ月の余裕をおき、すべての準備を整えてから奉天付近にある露軍を攻撃することがわが軍の計画であった。この計画は軍隊の整頓と休養のためでもあったが、主として砲弾補給のためであった。その理由は、遼陽の会戦においてわが第一、第二、第四軍ともに砲弾のほとんど全部を撃ち尽くし、これを補充するため各軍の野戦兵器廠が保有する弾丸を全部出したが、なお僅かに所要量の三分の一を充たすに過ぎない状況であったことによる。

当時における野山砲弾の製造能力は、砲兵工廠および民間工場の全能力を合わせても一日七、八〇〇発に過ぎなかった。ここにおいて砲弾の補給が大問題となり、陸軍大臣が東京砲兵工廠の提理を呼んで砲弾の製造を督励した。同提理は自ら民間工場の調査にあたり、弾丸製造能力が不足しているとみるや、技術審査部とともに応急措置として銑製榴弾を考案した。この鉄製榴弾の製造にとりかかったのは遼陽会戦の後であった。

遼陽会戦後、第一、第二、第四軍の各部隊は、北は煙台より南は鞍山站付近までの広大な地域に広舎営をして、ひたすら軍隊の休養と整頓を図りながら、次の会戦は二、三ヵ月後にあるものとして、暢気にその日を送っていた。十月十日には満州軍大山総司令官の遼陽戦祝勝宴会があるなどと取り沙汰されて、ご馳走のかずかずなどを夢見ていたものであるが、にわかに一大警報が伝わった。九月下旬にいたり、新たに増援軍を得た露軍は攻勢に転じ、奉天から遼陽に向かって南下しようとしているというのだ。続いて、敵の前進部隊はすでに渾河を渡り、前進を始めたという第二の警報が伝わった。続いて、クロパトキンはその全軍に対し、勝利疑いなしの宣言を発したという第三の警報が伝わった。さらに、敵の一部はわが最右翼の橋頭本渓湖間の連絡線を

会戦別消費弾数

弾　種	会　戦	日本軍	露　軍
小銃弾	遼陽戦	900	3000
	沙河戦	900	2400
	奉天戦	2000	8000
合　計		3800	13400
砲　弾	遼陽戦	12	14
	沙河戦	10	6
	奉天戦	35	54
合　計		57	74

遮断したという第四の警報が伝わった。このように警報は矢継ぎ早に伝わり、各軍ともに勇躍した。

第一線より最後尾線までの距離十数里の間に広舎営をしている各部隊はにわかに第一線に集結を命じられた。砲兵部隊が速歩をもって遼陽の市街を通過し、歩兵部隊は夜を日についで前線に急いだ。最後の輜重部隊さえも昼夜間断なく車のきしる音を轟かせた。第四軍司令官は始め東八里庄にあったが、一挙に羅大台に移り、さらに張台子に転じて、戦気はここに高まった。

敵の兵力は歩兵一六個師団、騎兵二個師団、これに対しわが軍は現役後備合わせて約一一個師団であって、敵兵力の三分の二に過ぎなかったが、大山総司令官は守勢をとることを嫌い、各軍に攻撃前進を命じた。これが十月九日であった。このとき各軍はすでに一線への集結が終わっていたから、同十日全軍は一斉に攻撃前進を開始した。十一日にはすでに敵と遭遇戦を交えたが、頑強な敵のため一歩も前進できず、十二日も同じであった。そこで軍命令により第四軍の各部隊は十二日の夜、三塊石山に向かって夜襲を企て、暗夜における混戦乱闘を繰り返しつつ、十三日払暁までに露軍を三塊石山頂から追い落とした。

ここから全軍での総追撃に移り、沙河の線に向かって突進、十四日夕までに沙河左岸のほとんど全地域を占領した。しかしその後の攻撃は再び停頓し、第四軍は林堡、南部沙河堡、柳匠屯の線を占領したのみであった。その後第十師団の主力部隊をもって柳匠屯を攻撃したが成功せず、第四軍の右にいた第一軍の攻撃も同じく失敗に終わり、十月十六、七日頃から戦争は中断状態となった。奉天をめざして進んできた満州軍はついに沙河の線に滞陣し、ここに敵と対峙したまま冬籠りをしなければならなくなったのである。「一線や便所に行くも決死隊」これは沙河滞陣中に誰かが作った川柳らしいが、痛切に滞陣中の戦線の状況を表わしている。

奉天をめざして前進した満州軍が、なぜ沙河の線に停止しなければならなかったのか。その主な原因は砲弾の欠乏であった。つまり八月下旬から九月上旬にわたる遼陽会戦により消費された砲弾が、内地から完全に補充される前に沙河会戦が始まったためであった。これに関しては満州軍総司令部も大いに苦慮し、遼陽会戦の際鹵獲した露軍野砲をもって戦利野砲兵三大隊を編成し、第一、第二、第四の各軍に一大隊ずつ配当した。弾薬は遼陽付近に集積してあった莫大な露軍野砲弾を配当した。こうして沙河会戦に入ったのであるが、わが各軍の野山砲兵隊は十月十三日頃からすでに弾薬が欠乏しはじめていた。

各砲兵隊はその弾薬を弾薬縦列に請求し、各弾薬縦列は野戦兵器廠または中間廠の所在地に集まって、しきりにその補充を請求するのだが、野戦兵器廠にも中間廠にも一発の弾丸もなく、兵器廠は弾薬の補充を軍砲兵部に請求し、軍砲兵部はこれを大連の砲兵廠に請求するのであるが、どこにも無いことは同様であり、如何ともすることができなかった。しかし野戦部隊に弾薬の皆無を告げることは、将卒の士気を失墜させるおそれがあるので、それはできない。ただ一時逃れに、弾薬はすぐ到着するだろうからいま暫く待てと、弾薬縦列や砲兵隊の将校を説得するのだが、到着の見込みのない弾薬について彼らを欺くことは補給部隊の頭痛の種であった。しかしこれよりも、弾薬を持たずただ火砲のみを飾って、第一線で敵に応戦する砲兵部隊将卒の苦悩は察するに余りあるところだった。

このような無弾薬の砲兵隊の中において、鼻を高くして振舞っていたのは前述の戦利野砲兵大隊であった。この大隊はわずか八門の露砲を持っているにすぎなかったが、露軍が遺棄した砲弾は無尽蔵にあったため、火の消えたような砲兵隊の中において、ひとり火焔を吐き砲声を轟かせて、沙河会戦終期における最大の立役者になった。後にはこの八門を二門ずつ四ヵ所に分散して砲兵隊の一部となし、敵を欺瞞して一時的に糊塗したこともあったが、苦しいときにはこの二門の戦利砲が菩薩や如来のように思えたという。

明治37年12月末、零下30度の酷寒のなか、沙河左岸の散兵壕でひたすら進撃の命令を待つ歩兵第三十九連隊。

露軍から鹵獲した野砲は小架の後退を発条で抑える方式で、初速、射程ともにわが軍の速射野砲に優っていた。露軍の野砲弾はわが軍の黒色漆塗りの分離薬筒とは異なり、弾体にはニッケルメッキを施し、これにアルミニューム製の信管を付けた完全弾薬筒で、精度良好であった。当時露軍砲兵は曳火試射を重用し、二門の同時発射法を用いていたが、その二発の曳火弾はほとんど同一地点で破裂し、一メートル以上離れたことはあまりなかった。

砲弾の欠乏は各軍により多少の遅速はあったが、十月十四、五日頃にはほとんど全軍において砲弾が底を突いた。総司令部から内地に督促の電報が何度も発せられたが、どうしようもない状態であった。ここにおいて総司令官は十月十六日における北部沙河堡の攻撃を中止し、全軍は沙河左岸の地区に敵と対峙しつつ冬営をなすべき準備命令を発したのである。もし十月十四日以後に露軍が突入してきたらと、補給を担当する兵站監部では夜も日も心配でたまらなかったという。遼陽、沙河の会戦では砲弾がまさに尽きようとして手に汗する苦境であったが、沙河会戦後、満州軍は鋭意各兵団の弾薬補充に努め、かつ集積できる限りを集積し、約一ヵ月後おおむね予期する所定数を得た。奉天戦の始めには海外に注文していた砲弾の第一便も到着し始め、安堵するにいたった。

消費弾数が多かったのは敵軍も同様であった。しかし露国は動員しない軍団が本国に存在するし、自国工場のほか隣国には工業が盛んであるので、補給は可能であるにもかかわらず、敵将クロパトキンは遼陽会戦に予備弾一〇万発を費消したといって、全軍に弾薬節約の厳訓を下したという。

第十章　戦陣挿話

一　露国銀製喇叭

第一回旅順総攻撃の際、八月二十二日に第九師団は悪戦苦闘の末、かろうじて盤龍山東西堡塁を奪取した。しかし翌二十三日払暁、露国東シベリア狙撃兵第十四連隊は三分の二以上の死傷を顧みず、勇猛果敢な攻撃を反復して、わが第九師団の行動を封殺し、次いでその夜第十一師団が望台に対し壮絶な攻撃を敢行すると、同露国連隊はまたこれに対し頑強に抵抗し、わが軍の攻撃を阻止して、よく旅順要塞の危機を救った。

露国皇帝は東シベリア狙撃兵第十四連隊の勲功を褒め称え、露国における旧来の慣例にしたがって、銀製喇叭を賜授した。それには次のように刻されていた。

一九〇四年八月七日乃至十日（露暦）ニ亘ル旅順東正面回復攻撃ノ偉勲ヲ記念シテ之ヲ授ク

しかしその後露帝国の崩壊とともにこの貴い記念喇叭も流出し、転々とした挙句ハルピンに現われ、ついに日本人時計商前田利男の所有に帰した。前田氏は大正十二年六月一日、これを靖国神社遊就館に寄贈した。同館でこの喇叭を見た日本人は、一九一九年七月十七日エカテリンブルグで惨殺された露国ロマノフ家最後の皇帝ニコライ二世を悼まざるをえなかったであろう。

二　露軍軍旗を鹵獲

奉天会戦の際わが軍は露軍軍旗三旒を鹵獲した。そのうちゲオルギー勲章付き軍旗について次の勲話がある。

明治三十八年三月十日午後五時二十分頃、後備歩兵第二十連隊は魚鱗堡付近において戦闘の際、敵の軍旗が多数の兵に護衛されるようにして、わが隊の左翼を突破して脱出しようとしているのを発見した。第七中隊長升田中尉はこれを奪取するため、第一小隊を率いてただちに逆襲に転じ、軍旗隊を包囲して格闘の末、凹地内に圧迫した。敵兵は潰乱し、その一部は降伏、他の一部は逸脱し、軍旗はついに第七中隊の鹵獲することとなった。

このとき最初にその軍旗を手にした名誉の兵は岸本一等兵であった。しかし軍旗には旗布がなかったので、ただちに俘虜を検査し、また付近を捜索したがすでに黄昏となり、多数の俘虜で雑沓したので結局捜し出すことができなかった。この軍旗には旗桿に次の露文が刻してあった。

「一八七四年に創設されたるアハルツイフスキー歩兵連隊第七十三クルイムスキー、第七十四スタウロポリスキー、第七十五及第七十六クバンスキーの四個大隊編成は一八七八年露土戦において赫々たる殊勲を奏す。依てゲオルギー勲章を授与するものなり」

第四十一歩兵師団第一旅団第百六十二歩兵アハルツイフ連隊軍旗。

三　諜報機関と地図

露国内部の国情とか、シベリア鉄道による兵力輸送の情況など、高等な諜報は主として旧露国駐在の大使館付武官明石大佐の活動や、同盟国の英国など欧州ならびに中国にある各大使館付武官の手によって集められたが、軍の諜報機関としては町田中佐のもとに二、三人の支那語通訳が中国人間諜を操縦していた。

この中国人間諜は軍事上の知識は皆無であり、また時として露軍の間諜と馴れ合って中間地区で諜報の捏造や交換をやるので、その正確を期することはできなかった。ただときどきある投降者や捕虜(潜伏斥候を出して敵の斥候を捕虜にした)は貴重な諜報材料であった。

当時は軍にもまた砲兵隊にも専門の人員器材をもつ情報班がなかったから、四ヵ月余も対陣していても敵陣地の細部は一向に分からず、もちろん敵砲兵の標定もできなかった。

当時最も困ったことは正確な地図がなかったことである。遼陽会戦頃までは相当大梯尺の地図があったらしいが、沙河以北は地図がなかった。当時軍で間に合わせに作った地図は測量した地図ではなく、支那人に聞いて作った聞き取り図であった。奉天会戦の追撃戦はその不完全な地図で行なったのである。

地図については次のような引田中将の話がある。

「九里島を取ったときに、そこで戦死していた将校の鞄の中に地図が入っていた。この地図はロシアで測量した八万一〇〇〇分の一の地図で立派なものだった。ちょうど遼陽の北の地区まで全部手に入ったから、早速大本営に送り、大本営で印刷をし直して第二軍、第四軍に与えて使った。この地図で非常に助かった。

日本軍はもともと地図のないところで戦いをしてきた。日清戦争の満州でも台湾でも地図なしでやってきた。日露戦争のときも明治二十七、八年に戦争のあったところの地図は使ったのだが遼陽近傍、第一軍の行動する方面は地図がなく、このロシア人からの分捕り地図が役にたった。その後は沙河戦でも奉天戦でもみな戦地で急造した地図で戦った。これは将校斥候や、支那の地図、分捕り地図など各種のものを総合して、第一軍あたりで編纂した地図で、これを全軍が使った」

四　気づかなかった露軍の撤退

奉天会戦において第四軍正面の露軍は六日以来、撤退の兆候が現われ、七日には一層顕著となって、各所に邪魔物を焼却するとみられる火焔があがった。わが第一線師団は機を失せず、これを殲滅するため監視と警戒を怠らなかった。

露軍は六日夜、退却の内命を受け、七日にはその準備をして、同夜九時から十一時の間に陣地を抜け出した。一兵の損害も出さず翌八日午後二時には主力を渾河の線に集結している。一方日本軍側では夜の十一時半頃第一軍から、その正面の露軍退却せり、との通報を受けている。第四軍の第十師団を一例とすれば、将校斥候の派遣や偵察などに手間取り、部隊をもって敵陣地に入ったのは八日の午前三時半で、そのとき

日露戦争主要軍事統計(1)

区分＼国別		日本	露国	摘要
人口（万）		4721	14680	
総男子数（万）		2400	7450	
平時兵力	兵数（万）	17	124	
	砲数	690	4200	
	軍馬数（万）	3.1		
開戦後の兵力	召集数（万）	110	120	
	野戦部隊兵員(万)	明治38年9月 43	86	
	野戦場師団数	戦争末期約26	約36	
	戦場砲数	戦争末期 約1200	1600	
	軍馬数（万）	17.2		露軍の戦時定数を充たす馬数約40万頭
損害	死傷数（万）	20 内戦死4.5327	14	
	俘虜数（万）	0.2	8	
	合計（万）	20.2	22	
諸比例	召集数の人口に対する百分比	2.3	0.8	
	召集数の総男子数に対する百分比	4.6	1.6	
	召集数と平時兵員との比	6.5倍	1倍	
	動員砲数と平時砲数との比	1.7倍	0.4倍	
	総損害と召集との百分比	17	18	
全戦争間発射砲弾数（万）		105	150	
砲弾製造数（1日）		1130発		

日露戦争主要軍事統計（2）

区分＼国別			日本	露国	摘要
戦費		総額（億円）	20	23.5	
		1日平均(100万円)	3.6	4.2	
		1人1日（円）	3.3	3,6	
募債額	37年5月	募債高	10000万円	300000万円	日本軍は戦勝者であるにもかかわらず、戦敗者の露国にくらべて戦費の募集が困難であった
		利率	6分	5分	
		手取金	90円	95円5	
	38年3月	募債高	33000万円	30000万円	
		利率	4分5	4分5	
		手取金	90円5	86円75	
	全期間	募債総額	130000万円	128000万円	
		利率	6分〜4分5厘	5分〜4分5厘	
		手取金	113300万円	124700万円	
国債価格		37年3月	64円58	93円60	4分利付国債のロンドン市場における平均相場
		38年8月	87円50	89円21	
		38年10月	91円06	92円88	

初めて敵の撤退を知り、唖然としたのである。いよいよ部隊の追撃前進に移ったのは八日午前七時半頃で、敵はすでに遠く北方に退却中であった。

大久保支隊の司令官大久保少将などは「何とも申しようもない。腹でも切って申し訳せねばならぬ」と憂鬱になっていた。実際あれほど予期して監視していたにもかかわらず、大部隊の退却を捕捉することはできなかった。

三月十日に満州軍総司令官クロパトキン将軍が皇帝に送った電報には次のように記録されている。

（第一電）

（上）皇居二重橋前に陳列された戦利37ミリ機関砲。
（中）同じく47ミリ砲。旅順要塞陸正面で使用されたと看板に書いてある。
（下）この47ミリ砲は艦載砲を陸上に転用したもの。背後に多数の連発銃が叉銃されている。

（上）戦利野砲隊を編成し、実戦に活用した露軍プティロウ式三吋速射野砲。
（中）十二糎加農。本砲も実戦に利用して功績をあげた。
（下）旅順要塞海正面の諸砲台に配備してあった二十三糎加農。

（上）二十四糎加農は1門鹵獲した。砲尾の白色は展示のためのお化粧である。
（下）二龍山砲台南側に露軍が遺棄した二十三糎臼砲。

ロシアの艦載砲

明治37年8月10日、黄海海戦において大敗した露国艦隊は、艦載砲を揚陸して旅順背面の防御線に使用した。下は47ミリ速射砲。上は37ミリ速射砲。

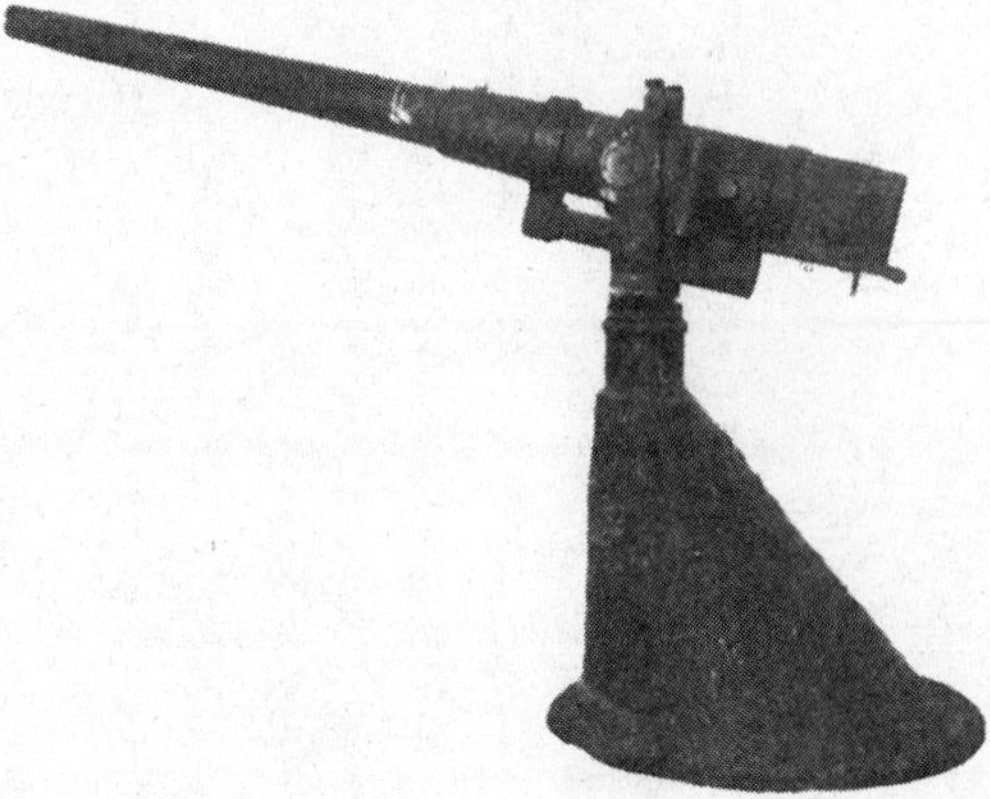

夜半より全軍総退却を開始せり。深夜は接戦なかりしも銃、砲声は終夜やまず。

（第二電）午後六時十分発

軍の退却は非常なる困難と危険とをもって行なわれたり。満州街道より離れたるところにありし兵団とくに困難を感じたり。日本軍の右翼は西より進撃したる部隊とともにターワン村の方に向かって三角地帯へ深く突入し、わが軍の一部を威嚇せり。されどわが軍のとりし特別なる努力のために軍は危機より脱するを得たり。午前十一時より午後五時にいたる間、わが退路に向かって敵は東西より挟撃を加えたり。右のうち東方よりは満州街道が二ヵ所において射撃さる。ターワン村およびプーへ村これなり。この苦渋の日、わが軍の多くの部隊は危険にさらされたり。南方よりの退却が比較的に困難なくして行なわれたるは奉天のわが陣地を安全に囲繞したる渾河が最近凍結したるによる。戦いの最後まで隊中にありしツェルピッキイ将軍は今日ついに負傷せり。

五　戦利兵器を宮城前に陳列

日露戦争においてわが陸軍が鹵獲した兵器は刀槍九六〇〇余本、小銃一一万五三〇〇余梃、野戦砲、要塞砲および機関砲を合わせて一一〇〇余門で、その他器材などを合わせれば実に厖大な量に達した。

明治三十九年四月、凱旋観兵式が東京青山練兵場で行なわれることになり、陸軍省はこれらの記念すべき兵器を明治天皇の天覧に供するため、陸軍兵器本廠に命じて格納場所である大阪、門司などから東京に輸送させ、陸軍凱旋観兵式委員の手により、

主要戦利兵器一覧

品目	員数
連発歩兵銃	91606
二十八糎臼砲	8
二十五糎加農	5
二十四糎加農	1
二十三糎加農	12
二十三糎臼砲	24
十五糎臼砲	18
十五糎加農	63
十糎七加農	33
七糎半速射加農	73
五十七粍速射加農	41
四十七粍速射砲	106
三十七粍速射砲	66
馬式機関砲	106
ガットリング三十七粍機関砲	18
三吋速射野砲	145
八糎七野砲	153
七糎半野砲	34
連発小銃実包	51232820
各種機関砲実包	230416
三吋速射野山砲弾	49559

宮城前にその主なものを陳列した。

これらの戦利兵器の中で二十四糎加農および二十三糎加農は、旅順要塞の攻撃に使用し偉大なる効果を顕したわが二十八糎榴弾砲とともに、允裁を仰ぎ、同年九月寺内陸軍大臣より皇太神宮に納められた。

その他のものは神社仏閣に納め、なお全国の各学校にも配付し、精神修養の資に供した。百年を経た今日においても当時の露国火砲が神社の一隅に残っていたり、砲身だけが記念碑の一部や棚の支柱として残っているところがある。

付・兵器廠保管参考兵器沿革書

陸軍兵器本廠

「兵器廠保管参考兵器沿革書」は、板橋にあった東京陸軍兵器支廠の参考兵器陳列館に保管されていた兵器を専門家が調査し、まとめたものである。

同類の資料に陸軍省編纂の「兵器沿革史」があるが、これは主に制式兵器について記述されており、とくに明治期までの火砲の分野が充実している。これに対し「兵器廠保管参考兵器沿革書」は刀槍から機関銃まで、幕末以来のあらゆる種類の兵器を網羅しており、まさに「明治・大正　日本兵器総カタログ」といえる内容である。

なかでも初期の機関銃については信頼できる資料が少なく、本書によって多くの史実が初めて明らかになった。また、本書の特色である銃剣など白兵の解説と写真は他に全く参考書がないため、武器の研究や鑑定に広く利用できるだろう。

代謄寫

昭和四年十一月

兵器廠保管參考兵器沿革書

第一輯

陸軍兵器本廠

兵器廠保管參考兵器沿革書

緒言

凡ソ事物ノ進歩發達ニハ自ラ順序階梯アリ必スヤ深遠ナル歴史ヲ有ス國軍兵器ノ變革亦然リ而シテ我廠ハ其ノ使命上兵器ノ進歩發達ト研究調査ニ資セムカ為多年此等ノ蒐集ニ力メ今ヤ多數ノ保管品ヲ有スルニ至レリ然ルニ初期ニ於ケル調査十分ナラサリシ為其ノ大部ハ沿革ハ勿論名稱スラ判明セサルモノアリテ研究調査上不便尠カラス茲ニ於テ之カ釐正ノ必要ヲ認メ夙ニ其整理ヲ企圖セシモ其ノ衝ニ當ルヘキ適材ナク私カニ之ヲ遺憾トセリ幸ニシテ斯界ノ權威タル退職陸軍砲兵大佐山縣保二郎氏ノ閑職ニ在ルヲ知リ乞フテ先ツ東京陸軍兵器支廠ノ在庫品ニ就キ大正十一年十一月之カ整理調査方ヲ依囑シ快諾ヲ得タリ爾來同氏苦心慘膽研鑽ヲ重タルコト茲ニ五年其ノ深厚ナル薀蓄ト熱誠ナル努力ニ依リ終ニ同支廠保管品全部ノ調査ヲ見ルニ至レリ其ノ內容ニ至リテハ彼ノ天文年間種子島ニ渡來シタル火繩銃ヲ始メトシ幕末各藩ニ於テ購入ヲ企テタル外國火兵或ハ我陸軍創設當時ニ於ケル兵器竝ニ其ノ後ノ變遷或ハ明治維新以降各戰役ノ鹵獲品乃至ハ歐洲大戰ノ押收品等ヲ網羅シ現時物資ヲ以テ容易ニ購ヒ得サル至實逸品亦尠カラス是ヲ以テ之カ沿革書ノ編纂ヲ志シ專ラ東京陸軍兵器支廠ヲシテ之ニ任セシメ過般其ノ第一輯タル刀劍、小銃及機關銃砲ノ部ノ集錄ヲ了セリ次テ第二第三輯ノ編纂ニ移ルノ豫定ニ在リ斯道研究調査ノ資タルヲ得ハ幸甚ナリ

陸軍兵器本廠

目次

第一章 刀剣

第一節 渡來兵器

「スナイドル」銃銃剣 …… 一
「マンソー」後裝銃銃剣 …… 一
「ツンナール」銃銃剣 …… 一
前裝「レミントン」銃銃剣 …… 一
「エンヒールド」銃銃剣 …… 二
「シャスポー」銃銃剣 …… 二
「アルビニー」銃銃剣 …… 二
「スナイドル」銃銃剣 …… 二
獨國八十八年式歩兵銃銃剣 …… 三
獨國七十一年式獵兵銃銃剣 …… 三
「エンヒールド」歩兵銃(中)銃剣 …… 三
「ウインチエスター」銃銃剣 …… 三
巴威國「ウエルデル」銃銃剣 …… 四
「ウインチエスター」銃銃剣 …… 四
「マンソー」後裝銃銃剣 …… 四
「マンソー」後裝銃銃剣(重) …… 四
「テレー」銃銃剣 …… 五
「マルチニー」銃銃剣 …… 五
「モーゼル」銃銃剣 …… 五
改造村田銃銃剣 …… 五
「バール」銃銃剣 …… 六
「マンリッヘル」銃銃剣 …… 六
「モーゼル」歩兵銃銃剣 …… 六
改造村田銃銃剣 …… 六
「モーゼル」銃銃剣 …… 七
英國九十五年式銃銃剣 …… 七
「ホルラー」銃銃剣 …… 七
七粍歩兵銃銃剣 …… 七
和蘭國銃銃剣 …… 八
清國製「マンリッヘル」銃銃剣 …… 八
獨國七十一年八十四年式銃銃剣 …… 八
墺國九十五年式歩兵銃銃剣 …… 八
「ウンチエスター」銃銃剣(A) …… 九
「グラー」銃銃剣 …… 九

獨國八十八年式歩兵銃銃劍……………九
「レミントン」式連發歩兵銃銃劍……………九
長「レカルツ」銃銃劍……………一〇
「エンヒールド」銃銃劍(一號)……………一〇
「ウインチエスター」八十三年式歩兵銃銃劍……………一〇
「ウインチエスター」銃銃劍……………一〇
「スプリングヒールド」銃銃劍……………一一
「アルビニー」銃銃劍(B)……………一一
「マルチニーヘンリー」銃銃劍(甲)……………一一
「スノルト」銃銃劍……………一一
「モーリー」銃銃劍(A)……………一二
輕「マンソー」銃銃劍……………一二
「ウインチエスター」銃銃劍……………一二
「ゲウエール」騎銃銃劍……………一二
「ゲウエール」銃銃劍……………一三
「モーリー」銃銃劍(B)……………一三
「エンヒールド」銃銃劍(二號)……………一三
「ストム」銃(三)銃劍……………一三
長「マンソ」銃銃劍……………一四
「モーリー」銃銃劍……………一四
「ウインチエスター」銃銃劍(D)……………一四
「アルビニー」銃銃劍(C)……………一四
清國製「マンリツヘル」銃銃劍……………一五
「マルチニーヘンリ」銃銃劍(乙)……………一五
「マルチニーヘンリー」銃銃劍(丙)……………一五
「エルハルト」式銃々劍……………一五
「ステーフル」銃々劍(甲)……………一六
「ピーボーヂーマリチニー」銃々劍(A)……………一六
「レカルツ」銃々劍……………一六
前裝長「マンソー」銃々劍……………一六
前裝「マンソー」銃々劍……………一七
「ツンナール」銃々劍(B)……………一七
前裝長「マンソー」銃々劍(甲)……………一七
「ゲウエール」騎銃々劍(A)……………一七
「ピーボーヂーマルチニー」銃々劍(B)……………一八
「ステーフル」銃々劍(乙)……………一八
露國、九十一年式歩兵銃々劍……………一八
外國製徒歩刀(甲)……………一八
和蘭國伐木刀……………一九
伊國徒歩士官刀……………一九

舊式徒歩刀(甲)……………………一九
舊式徒歩刀(乙)……………………一九
外國製徒歩刀(乙)……………………二〇
外國製砲兵刀(甲)……………………二〇
外國製砲兵刀(乙)……………………二〇
舊式軍刀(甲)……………………二〇
同　(乙)……………………二一
同　(丙)……………………二一
同　(丁)……………………二一
同　(戊)……………………二一
同　(巳)……………………二二
同　(庚)……………………二二
同　(辛)……………………二二

第二節　戰利兵器

墺國八十八年九十年式步兵銃々劍……………………二三
獨國九十八年式步兵銃々劍……………………二三
不明銃々劍……………………二三
戰利品砲兵刀……………………二三
獨國徒步刀……………………二三
清國騎兵刀……………………二四
獨國下士卒用刀……………………二四
露國佐官刀……………………二四
大反軍刀……………………二四
露國軍刀(甲)……………………二五
同　(乙)……………………二五
同　(丙)……………………二五
同　(丁)……………………二五
同　(戊)……………………二六
獨國下士用刀……………………二六
支那將校軍刀……………………二六

第三節　本邦製兵器

十三年式村田銃々劍……………………二七
十八年式銃々劍……………………二七
十八年式村田銃々劍……………………二七
試製村田連發銃々劍……………………二七
三十五年式海軍銃々劍……………………二七
試製三十年式銃々劍……………………二八
砲兵刀……………………二八
徒步刀……………………二八
試製徒步刀(甲)……………………二八

同（乙）…… 二九
同（丙）…… 二九
試製三十二年式軍刀…… 二九
輜重兵刀…… 二九
騎兵刀…… 三〇
試製軍刀…… 三〇
舊式軍刀（壬）…… 三〇
第四節　其他ノ兵器
不明銃々劍（第一號）…… 三一
同（二號）…… 三一
同（三號）…… 三一
同（四號）…… 三一
同（五號）…… 三一
同（六號）…… 三二
同（七號）…… 三二
同（八號）…… 三二
同（九號）…… 三二
同（一〇號）…… 三三
同（一一號）…… 三三
同（一二號）…… 三三
同（一三號）…… 三三
同（一四號）…… 三四
同（一五號）…… 三四
同（一六號）…… 三四
同（一七號）…… 三四
同（一八號）…… 三四
第二章　小銃
第一節　渡來兵器
火繩銃…… 三五
「ゲウェール」銃…… 三六
「ヤーゲル」歩兵銃…… 三七
帶紙撃發銃…… 三八
「ミニエー」銃…… 三九
英國前装短銃…… 四〇
「モーリー」式歩兵銃…… 四〇
「レミントン」式前装銃…… 四一
「ウイットオース」歩兵銃…… 四一
「エンヒールド」銃…… 四二・四三
室内銃…… 四四
「スプリングヒールド」式銃…… 四五

佛國六十六年七十四年式砲歩銃……四六
「フルミルト」歩兵銃……四六
「ツンナール」騎銃……四七
「マンソー」前裝銃……四八
「レミントン」式滑腔前裝銃……四九
不明前裝施綫銃……四九
和銃……五〇
「マイナード」騎銃……五一
「シャープスハンキン」銃……五二
「ベンジャミン」式歩兵銃……五三
「トリフルット」歩兵銃……五四
「ヘンリー」十六連發歩兵銃……五五
「ヘンリー」十三連發騎銃……五六
「ステーベン」式銃……五七
「カットラ」銃……五八
「フランコット」式十連發銃……五九
「ペルリン」式六連發銃……六〇
異式「ツンナール」銃……六一
「シャープス」式騎銃……六二
「スタール」式騎銃……六三
「レミントン」式銃……六四…六五
「スペンサー」騎銃……六六
「スペサンー」式歩兵銃……六七
「マルチニー」類似銃……六八
「ピーボーヂーマルチニー」式歩兵銃……六九
「ヘンリー、マルチニー」銃……七〇
異式「ピーボーヂーマルチニー」銃……七一
「ウヱルデル」式歩兵銃……七二
「スナイドル」獵銃……七三
「スナイドル」銃……七四…七五
「マッチウース」歩兵銃……七六
「ショスリン」式騎銃……七七
「グリイン」式騎銃……七八
「イリオン」式騎銃……七九
「アルビニー」銃……八〇
「アルビニー」騎銃……八一
「ストーム」銃……八二
「コンプレイン」歩兵銃……八三
「スノルト」式銃……八四…八五
「コルト」一八八三年式連發騎銃……八六

「スプリングヒールド」式銃……………………八七
「レカルツ」式歩兵銃……………………八八
「レカルツ」式銃……………………八九
「アルピニー」式長歩兵銃……………………九〇
「エルラッパ」式歩兵銃……………………九〇
「ホルラー」銃……………………九一
「ツンナール」銃……………………九二
「パール」式歩兵銃……………………九三
「ウインチエスター」八十三年式銃……………………九三
「ツンナール」銃(形違)……………………九四
「ツンール」銃……………………九五
「テレー」式砲兵銃……………………九六
形異「ツンナール」砲兵銃……………………九七
「グリーン」式銃……………………九八
「マンソー」後裝銃……………………九九…一〇〇
佛國七十四年式歩兵銃……………………一〇一
佛國六十六年七十四年式騎銃……………………一〇三
獨國七十一年式銃……………………一〇三
獨國七十一年八十四年式歩兵銃……………………一〇四
一八八三年式「モーゼル」歩兵銃……………………一〇五
「モーゼル」式床尾彈倉銃……………………一〇六
「リー」式歩兵銃(短)……………………一〇七
「ウインチエスター」八十三年式歩兵銃……………………一〇七
「クランコット」式歩兵銃……………………一〇八
「ラポート」式歩兵銃……………………一〇九
「モーゼル」歩兵銃……………………一〇九
「シャスポー」銃……………………一一〇
伊國七十年式騎銃……………………一一一
英國九十五年式歩兵銃……………………一一二
一八九六年製「モーゼル」歩兵銃……………………一一三
「モーゼル」七粍騎銃……………………一一三
和蘭國九十五年式銃……………………一一四
和蘭國制式騎銃……………………一一五
「ウイルソン」式銃……………………一一六
「ステーフル」式銃……………………一一七
第二節　戰利兵器
「ウエンデル」式歩兵銃……………………一一八
「ウインチエスター」七十七年式歩兵銃……………………一一九
一八七〇年製「モーゼル」歩兵銃……………………一二〇
「ウインチエスター」七十三年式歩兵銃……………………一二一

「レミントン」式歩兵銃(長)……一三三
「シユリホーフ」式歩兵銃……一三三
「ウイツトネビール」式十六連發銃……一三三
白耳義國八十九年式歩兵銃……一二四
「モーゼル」九十一年制歩兵銃……一二四
「マンリツヘル」歩兵銃……一二五
露國騎銃……一二五
清國製連發歩兵銃……一二六
露國七十年式騎銃……一二七
露國七十一年式歩兵銃……一二八
英國十六年式歩兵銃……一二八
加奈陀十年式歩兵銃……一二九
墺國八十八年九十年式歩兵銃……一三〇
露國九十一年式歩兵銃……一三一
獨國八十八年式歩兵銃……一三三
獨國九十八年式歩兵銃……一三三
第三節　本邦製兵器
十三年式村田銃……一三四
十八年式村田銃……一三四
本邦製「スペンサー」騎銃……一三五
滑腔村田單發銃……一三五
村田連發銃……一三六
三十年式歩兵銃……一三七
三十五年式海軍銃……一三八
三八式歩兵銃……一三九

第三章　機關銃

第一節　渡來兵器
馬式機關銃……一四一
同　(空氣冷却式)……一四二
保式機關銃(口徑八粍ノモノ)……一四三
「レウイス」機關銃……一四四
「レクザー」機關銃……一四五
裝甲自動車用A型機關銃……一四六
同　B型機關銃……一四七
第二節　戰利兵器
馬式三脚架機關銃……一四八
露國馬式機關銃……一四九
「スコダ」機關銃……一五〇

「シユワルツローゼー」機關銃……一五一
「コルト」式機關銃……一五二
佛國七年式機關銃……一五三
露國馬式三脚架機關銃（甲）……一五四
同　（乙）……一五五
馬式零八年十五年制機關銃々身……一五六
「パラベリーム」十三年式機關銃（甲）……一五七
同　（乙）……一五八
「ベルグマン」機關銃……一五九
「ガスト」二銃身機關銃……一六〇
第三號　本邦製兵器
試製甲號輕機關銃……一六一
試製航空機用回轉彈倉機關銃……一六二
試製有筒式輕機關銃……一六三

第四章　機關砲

第一節　渡來兵器
「クラックストン」機關砲々身……一六四
第二節　戰利兵器
米國製十連十一粍七「ガットリング」被筒式機關砲……一六五
米國製六連三十五粍「ガットリング」機關砲……一六六
米國製十連三十五粍「ガットリング」機關砲……一六七
四連十一粍五、「ローウエル」機關砲々身……一六八
「ベッカー」式二糎航空機用加農……一六九
保式四十七粍輪廻砲……一七〇
馬式三十七粍機關砲（固定砲架）……一七一

刀剣之部

渡來兵器

スナイドル銃銃劍　（戰歴　佐賀、臺灣、西南、諸役）

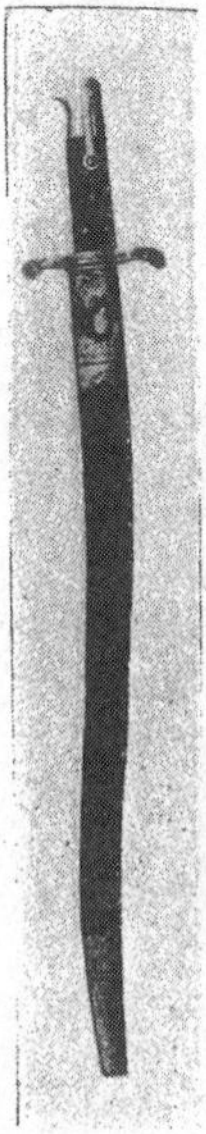

様式ハ「ヤタガン」式ニシテ西暦一八六九年英國ニ於テ製造全長七三〇粍ニシテ鞘ハ革製ナリ

マンソー後裝銃銃劍

様式ハ「ヤタガン」式ニシテ瑞西國ニ於テ（製造年月不明）全長七一〇粍ニシテ鞘ハ鋼鈑製ナリ

ツンナール銃銃劍

様式ハ「ヤタガン」式ニシテ普國ニ於テ製造（年月不明）全長六八五粍ニシテ鞘ハ革製ナリ

前裝レミントン銃銃劍

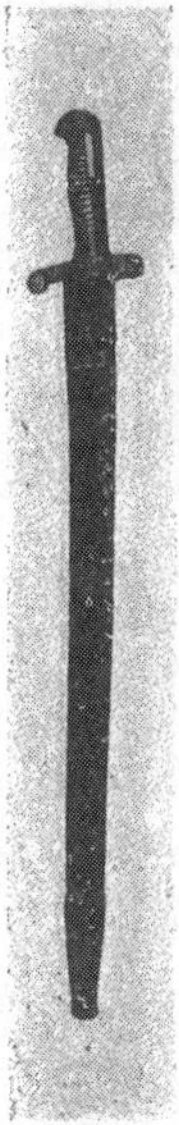

様式ハ「ヤタガン」式ニシテ全長六五五粍鞘ハ革製但製造國及年月不詳ナリ

エンヒールド銃銃劍

様式ハ「ヤタガン」式ニシテ西暦一八六七年英國ニ於テ製造全長七三五粍ニシテ鞘ハ鋼鈑製ナリ

シヤスポー銃銃劍

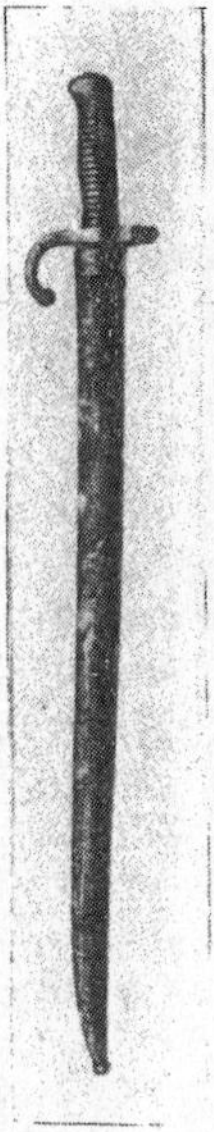

様式ハ「ヤタガン」式ニシテ西暦一八七〇年佛國ニ於テ製造全長七一〇粍ニシテ鞘ハ鋼鈑製ナリ

アルビニー銃銃劍

（戰歴　西南戰役）

様式ハ「ヤタガン」式ニシテ西暦一八七〇年白耳義國ニ於テ製造全長七二五粍ニシテ鞘ハ革製ナリ

スナイドル銃銃劍

（戰歴　佐賀臺灣西南諸役）

様式ハ「ヤタガン」式ニシテ西暦一八六九年英國ニ於テ製造全長七〇五粍ニシテ鞘ハ革製ナリ

獨國八十八年式歩兵銃銃劍

様式ハ「ヤタガン」式ニシテ西暦一八九〇年獨國ニテ製造全長六二五粍ニシテ鞘ハ革製ナリ

獨國七十一年式獵兵銃銃劍

様式ハ「ヤタガン」式ニシテ西暦一八九年獨國ニ於テ製造全長六二〇粍ニシテ鞘ハ革製ナリ

エンヒールド歩兵銃中銃劍

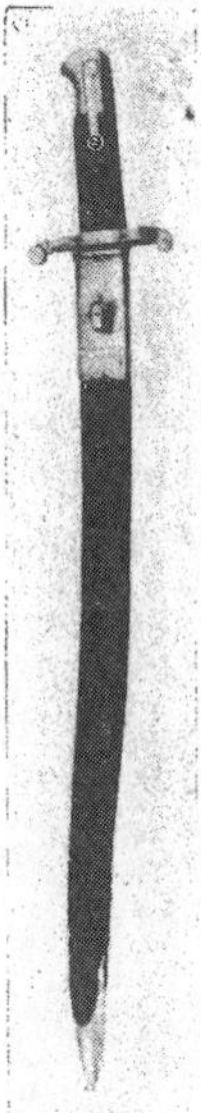

様式ハ「ヤタガン」式ニシテ西暦一八六〇年英國ニ於テ製造全長七二五粍ニシテ鞘ハ革製ナリ

ウインチエスター銃銃劍

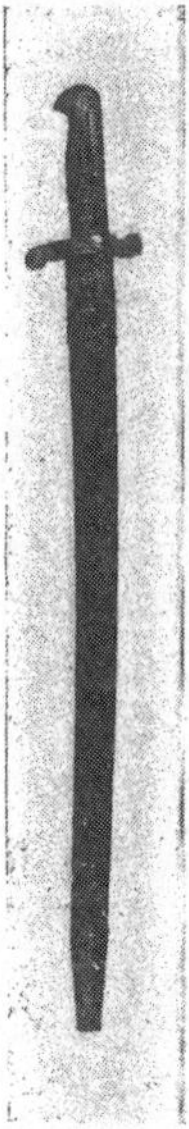

様式ハ「ヤタガン」式ニシテ米國ニ於テ製造（年月不明）全長六五五粍ニシテ鞘ハ革製ナリ

巴威國ウェルデル銃銃劍

様式ハ「ヤタガン」式ニシテ巴威國ニ於テ製造（年月不明）全長七一七粍ニシテ鞘ハ鋼鈑製ナリ

ウインチェスター銃銃劍

様式ハ「ヤタガン」式ニシテ全長六九〇粍鞘ハ革製但製造國及年月不明ナリ

マンソー後装銃銃劍

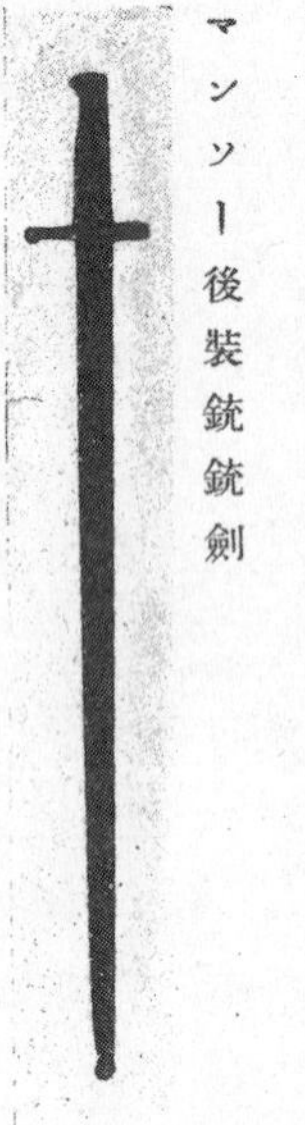

様式ハ直刀式ニシテ瑞西國ニ於テ製造（年月不明）全長七〇〇粍ニシテ鞘ハ鋼鈑製ナリ

マンソー後装銃銃劍（重）

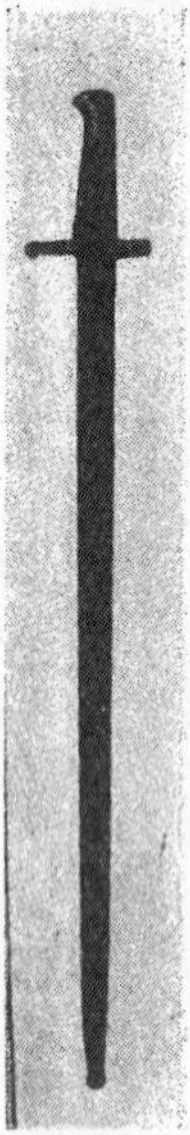

様式ハ直刀式ニシテ瑞西國ニ於テ製造（年月不明）全長七〇五粍ニシテ鞘ハ鋼鈑製ナリ

テレー銃銃劍

様式ハ「ヤタガン」式ニシテ英國ニ於テ製造（年月不明）全長六九〇粍ニシテ鞘ハ革製ナリ

マルチニー銃銃劍

（戰歷　西南戰役）

様式ハ「ヤタガン」式ニシテ英國ニ於テ製造（年月不明）全長七五二粍ニシテ鞘ハ革製ナリ

モーゼル銃銃劍

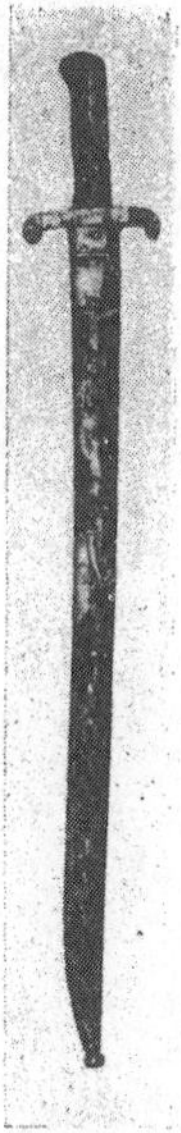

様式ハ「ヤタガン」式ニシテ全長七七〇粍鞘ハ鋼鈑製但製造年月不明

改造村田銃銃劍

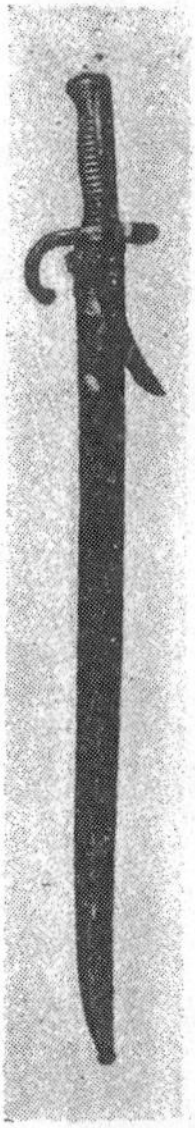

様式ハ「ヤタガン」式ニシテ佛國ニ於テ製造（年月不明）全長七一〇粍ニシテ鞘ハ鋼鈑製ナリ

バール銃銃剣

様式ハ「直刀式」ニシテ普國ニ於テ製造(年月不明)全長六五〇粍ニシテ鞘ハ革製ナリ

マンリッヘル銃銃剣

様式ハ「直刀式」ニシテ墺國ニ於テ製造(年月不明)清國之ヲ採用全長三九〇粍ニシテ鞘ハ鋼鈑製ナリ

マウゼル歩兵銃銃剣

様式ハ直刀式ニシテ獨國ニ於テ製造(年月不明)全長三八五粍ニシテ鞘ハ鋼鈑製ナリ

改造村田銃銃剣

様式ハ「ヤタガン」式ニシテ佛國ニ於テ製造明治十五年我國之ヲ採用ス全長六五〇粍ニシテ鞘ハ革製ナリ

マウゼル銃銃剣

様式ハ直刀式ニシテ獨國ニ於テ製造（年月不明）全長四一二粍ニシテ鞘ハ革製ナリ

英國九十五年式銃銃剣

様式ハ直刀式ニシテ西暦一九〇一年英國ニ於テ製造全長四四二粍ニシテ鞘ハ革製ナリ

ホルラー銃銃剣

様式ハ鑓穂式ニシテ佛國ニ於テ製造（年月不明）全長三八五粍ニシテ鞘ハ革製ナリ

七粍歩兵銃銃剣

様式ハ直刀式ニシテ全長四二五粍鞘ハ鋼鈑製ナリ但製造國及年月不明

和蘭國銃銃劍

様式ハ直刀式ニシテ西暦一八九六年和蘭國ニ於テ製造セラル鞘並全長（破損シアリ）不明

清國製マンリッヘル銃銃劍

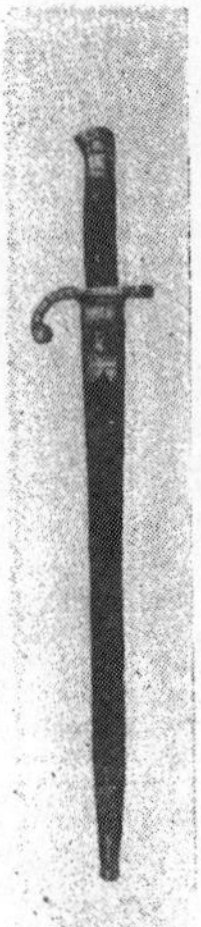

様式ハ直刀式ニシテ清國ニ於テ製造（年月不明）全長五三五粍ニシテ鞘ハ革製ナリ

獨國七十一年八十四年式銃銃劍

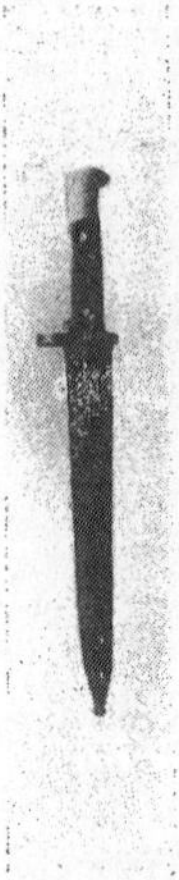

様式ハ直刀式ニシテ西暦一八八七年獨國ニ於テ製造全長三八三粍ニシテ鞘ハ鋼鈑製ナリ

墺國九十五年式歩兵銃銃劍

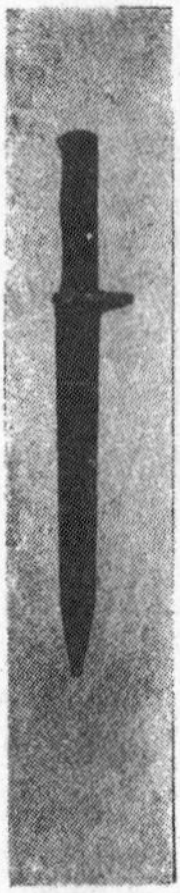

様式ハ直刀式ニシテ墺國ニ於テ製造（年月不明）全長三七四粍ニシテ鞘ハ鋼鈑製ナリ

ウインチエスター銃銃劍（A）

様式ハ直刀式ニシテ米國ニ於テ製造（年月不明）全長六三二粍ニシテ鞘ハ革製ナリ

グラー銃銃劍

様式ハ直刀式ニシテ西暦一八七七年佛國ニ於テ製造全長六六〇粍ニシテ鞘ハ銅鈑製ナリ

獨國八十八年式歩兵銃銃劍

様式ハ直刀式ニシテ西暦一八九〇年獨國ニ於テ製造全長六二八粍ニシテ鞘ハ革製ナリ

レミントン式連發歩兵銃銃劍

様式ハ直刀式ニシテ米國ニ於テ製造（年月不明）全長六五〇粍ニシテ鞘ハ革製ナリ

長レカルツ銃銃劍

（戰歷　長州戌辰西南諸役）

樣式ハ銃槍式ニシテ本邦ニ於テ製造（年月不明）
全長五七二粍ニシテ鞘ハ革製ナリ

エンヒールド銃銃劍（壹號）

樣式ハ銃槍式ニシテ全長五七〇粍五二五粍ノ二種
アリ鞘ハ革製ナリ但製造國及年月不明

ウインチヱスター八十三年式歩兵銃銃劍

樣式ハ銃槍式ニシテ全長七一〇粍鞘ハ革製ナリ
但製造國及年月不明

ウインチヱスター銃銃劍

樣式ハ銃槍式ニシテ全長六六〇粍鞘ハ
鋼鈑製ナリ但製造國年月ハ不明

スプリングヒールド銃銃劍

様式ハ銃槍式ニシテ西暦一八六三年米國ニ於テ製造全長五七五粍ニシテ鞘ハ革製ナリ

アルビニー銃銃劍（B）　戰歷　西南戰役

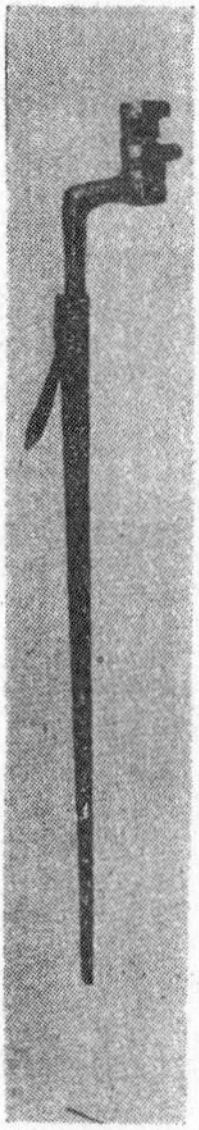

様式ハ銃槍式ニシテ西暦一八六七年白耳義ニ於製造全長五四八粍ニシテ鞘ハ革製ナリ

マルチニーヘンリー銃銃劍（甲）（戰歷　西南戰役）

様式ハ銃槍式ニシテ英國ニ於テ製造（年月不明）全長五二五粍ニシテ鞘ハ不明ナリ

スノルト銃銃劍

様式ハ銃槍式ニシテ西暦一八三一年米國ニ於テ製造全長五四〇粍ニシテ鞘ハ革製ナリ

モーリー銃銃剣（A）

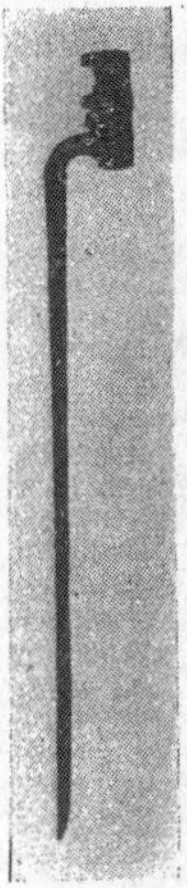

軽マンソー銃銃剣

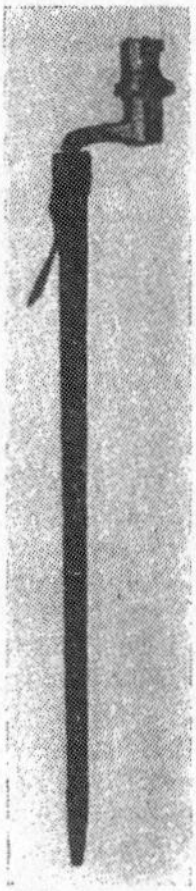

ウインチエスター銃銃剣（B）

ゲウエール騎銃銃剣

様式ハ銃槍式ニシテ西暦一八六四年米國ニ於テ製造全長五三〇粍ニシテ鞘ハ不明ナリ

様式ハ銃槍式ニシテ瑞西國ニ於テ製造（年月不明）全長五五五粍五八六粍ノ二種アリ鞘ハ革製ナリ

様式ハ銃槍式ニシテ米國ニ於テ製造（年月不明）全長五三三粍五六二粍ノ二種アリ鞘ハ不明ナリ

様式ハ銃槍式ニシテ蘭國ニ於テ製造（年月不明）全長五二八粍ニシテ鞘ハ革製ナリ

ゲウエール銃銃劍（戰歷　長州戊辰諸役）

様式ハ銃槍式ニシテ本邦ニ於テ製造（年月不明）
全長四五〇粍ニシテ鞘ハ不明ナリ

モーリー銃銃劍（B）

様式ハ銃槍式ニシテ米國ニ於テ製造（年月不明）
全長五三三粍ニシテ鞘ハ革製ナリ

エンヒールド銃銃劍（二號）

様式ハ銃槍式ニシテ全長五五三粍鞘ハ
革製ナリ但製造國及年月不明

ストム銃（三）銃劍

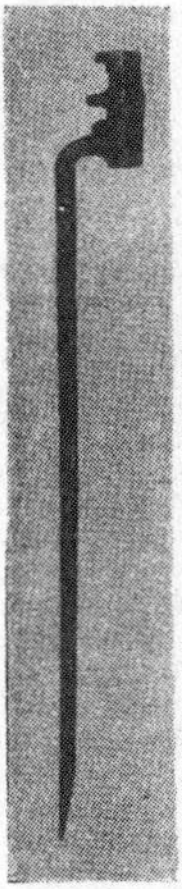

様式ハ銃槍式ニシテ英國ニ於テ製造（年月不明）
全長五三三粍ニシテ鞘ハ不明ナリ

長マンソ銃銃剣

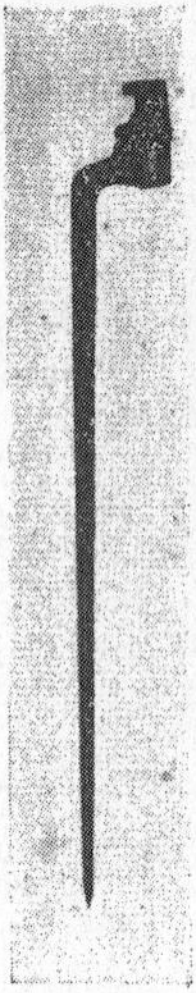

様式ハ銃槍式ニシテ瑞西國ニ於テ製造（年月不明）全長六一二粍ニシテ鞘ハ不明ナリ

モーリー銃銃剣

様式ハ銃槍式ニシテ米國ニ於テ製造（年月不明）全長五三〇粍ニシテ鞘ハ革製ナリ

ウインチエスター銃銃剣（D）

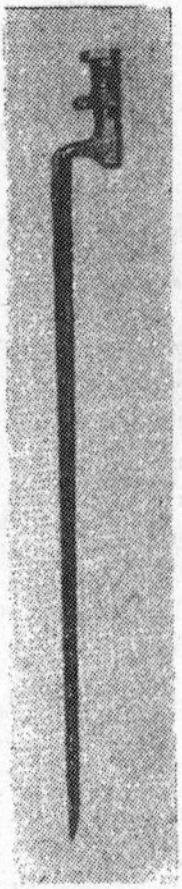

様式ハ銃槍式ニシテ米國ニ於テ製造（年月不明）全長五二八粍ニシテ鞘ハ不明ナリ

アルビニー銃銃剣（C）

様式ハ銃槍式ニシテ西暦一八七九年白耳義國ニ於テ製造全長五五七粍ニシテ鞘ハ革製ナリ

清國製マンリツヘル銃銃劍

様式ハ直刀式ニシテ清國ニ於テ製造（年月不明）
全長五三三粍ニシテ鞘ハ革製ナリ

マルチニーヘンリー銃銃劍（乙）

（戰歴　西南戰役）

様式ハ刀鋸式ニシテ英國ニ於テ製造
（年月不明）全長六五三粍ニシテ鞘ハ
革製ナリ

マルチニヘンリー銃銃劍（丙）

（戰歴　西南戰役）

様式ハ刀鋸式ニシテ英國ニ於テ製造
（年月不明）全長六〇五粍ニシテ鞘ハ
革製ナリ

エルハルト式銃銃劍

様式ハ刀鋸式ニシテ全長五〇〇粍鞘ハ革製ナリ
但製造國及年月不明

ステーフル銃銃劍（甲）

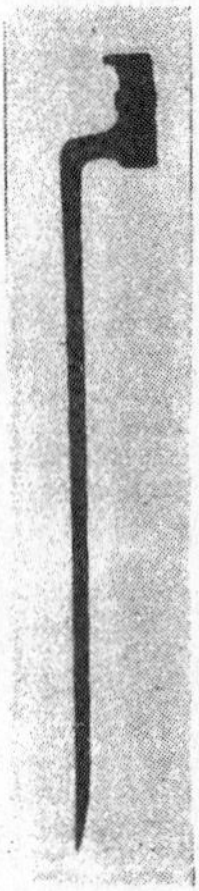

様式ハ銃槍式ニシテ西暦一八六六年英國ニ於テ製造全長五四二粍ニシテ鞘ハ不明ナリ

ピーボーヂーマリチニー銃銃劍（A）

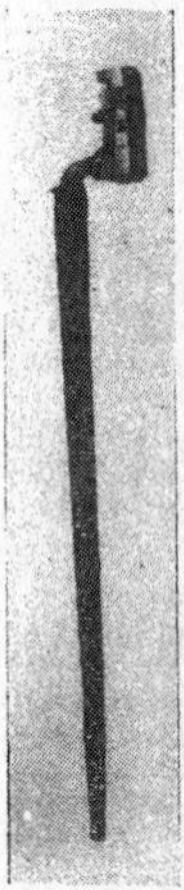

様式ハ銃槍式ニシテ米國ニ於テ製造（年月不明）全長五四〇粍ニシテ鞘ハ革製ナリ

レカルツ銃銃劍

様式ハ銃槍式ニシテ全長六二五粍鞘ハ木鞘ニシテ外部ヲ革ニテ包メリ但製造國及年月不明

前裝長マンソー銃銃劍

様式ハ銃槍式ニシテ西暦一八六五年瑞西國ニ於テ製造全長六七〇粍ニシテ鞘ハ鋼鈑製ナリ

前装マンソー銃銃剣

様式ハ銃槍式ニシテ西暦一八六五年瑞西國ニ於テ製造全長五八〇粍ニシテ鞘ハ革製ナリ

ツンナール銃銃剣(B)

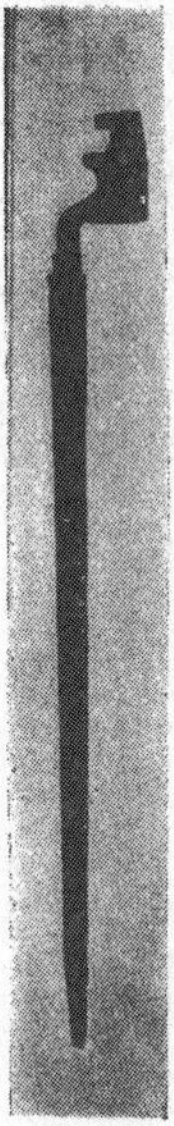

様式ハ銃槍式ニシテ普國ニ於テ製造(年月不明)全長六一五粍ニシテ鞘ハ革製ナリ

装前長マンソー銃銃剣(甲)

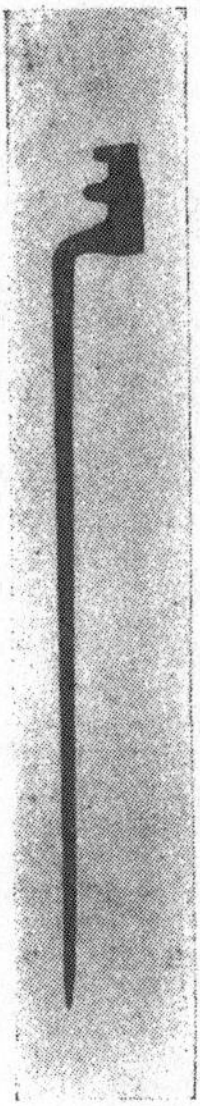

様式ハ銃槍式ニシテ西暦一八六五年瑞西國ニ於テ製造全長五七六粍ニシテ鞘ハ不明ナリ

グウエール騎銃銃剣(A)

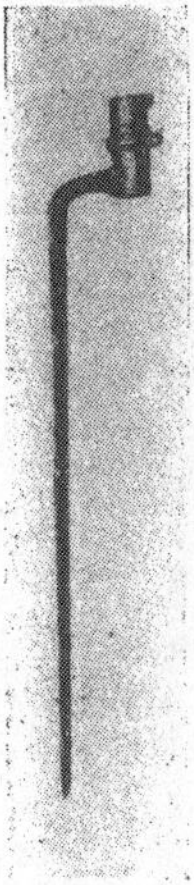

様式ハ銃槍式ニシテ蘭國ニ於テ製造(年月不明)全長五五三粍ニシテ鞘ハ不明ナリ

ピーボデーマルチニー銃銃劍（B）

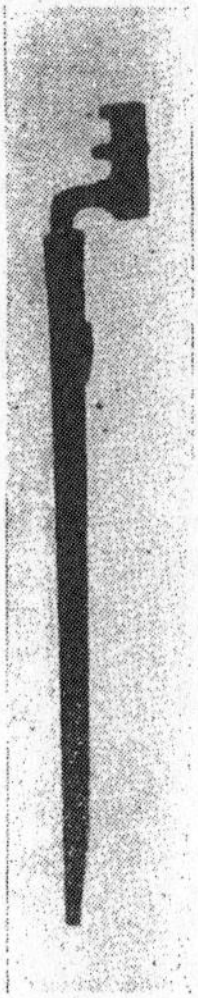

樣式ハ銃槍式ニシテ米國ニ於テ製造（年月不明）全長五二五粍ニシテ鞘ハ革製ナリ

ステーフル銃銃劍（乙）

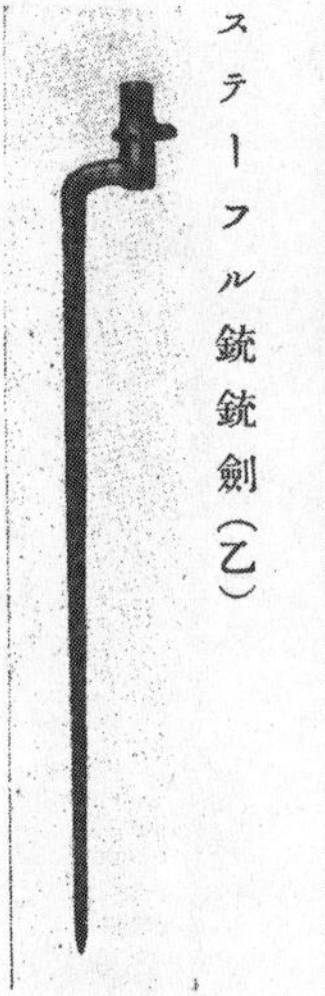

樣式ハ銃槍式ニシテ全長五八〇粍ナリ
但製造國及年月並鞘不明

露國九十一年式步兵銃銃劍

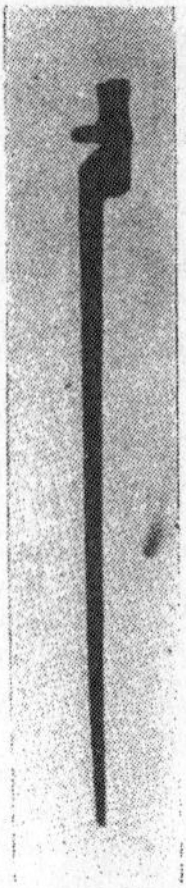

樣式ハ銃槍式ニシテ露國ニ於テ製造（年月不明）全長五〇〇粍ニシテ鞘ハ不明ナリ

外國製徒步刀（甲）

樣式ハ直刀尖部兩刄ニシテ全長五六〇粍鞘ハ黃銅鈑製ナリ
但製造國及年月不明

和蘭國伐木刀

樣式ハ刀形尖部兩刃ニシテ和蘭國ニ於テ製造（年月不明）全長五一五粍ニシテ鞘ハ鋼鈑製ナリ

伊國徒步士官刀

樣式ハ刀型（尖部ニ特種ノ兩刃部アリ）伊國ニ於テ製造（年月不明）全長七八〇粍鞘ハ革製ナリ

舊式徒步刀（甲）

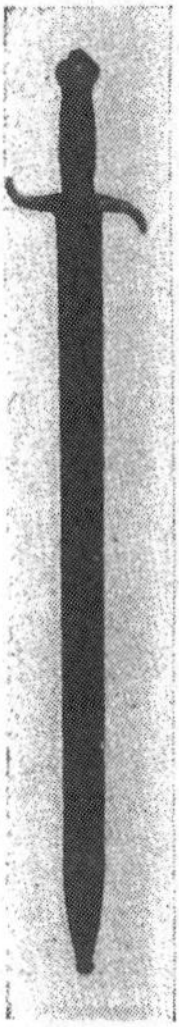

樣式ハ直刀尖部兩刃ニシテ全長八一〇粍鞘ハ革製ナリ但製造國及年月不明

舊式徒步刀（乙）

樣式ハ刀型尖部兩刃ニシテ獨國ニ於テ製造（年月不明）全長八四〇粍ニシテ鞘ハ革製ナリ

外國製徒歩刀（乙）

様式ハ反身左刃ニシテ全長七三〇粍鞘ハ革製ナリ
但製造國及年月不明

外國製砲兵力（甲）

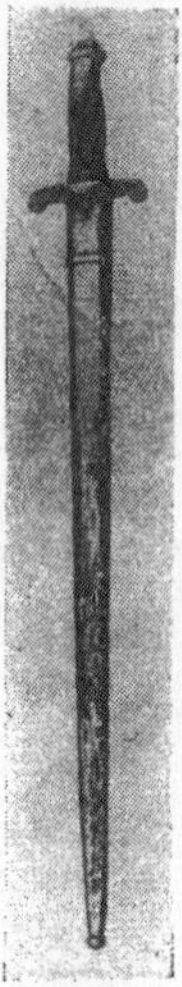

様式ハ直刀尖部兩刃ニシテ全長七〇五粍鞘ハ鋼鈑製ナリ但製造國及年月不明

外國製砲兵力（乙）

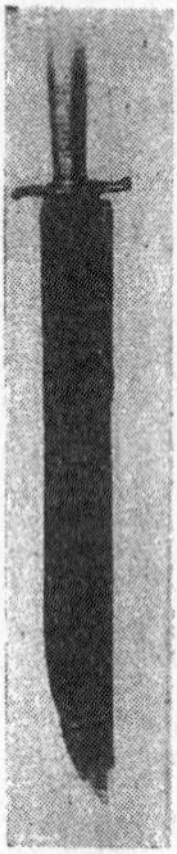

様式ハ片刃鉈刀ニシテ全長五九五粍鞘ハ革製ナリ
但製造國及年月不明

舊式軍刀（甲）

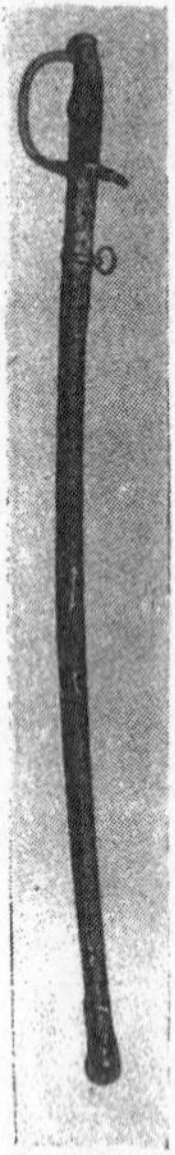

様式ハ刀型尖部兩刃ニシテ西暦一八八一年獨國ニ於テ製造全長一〇一〇粍ニシテ鞘ハ鋼鈑製ナリ

舊式軍刀（乙）

樣式ハ刀型ニシテ（刀刄强シ）全長九四〇粍鞘ハ鋼鈑製ナリ
但製造國及年月不明

舊式軍刀（丙）

樣式ハ刀型尖部兩刄ニシテ西暦一八七二年ニ製造（製造國不明）全長九五〇粍ニシテ鞘ハ鋼鈑製ナリ

舊式軍刀（丁）

樣式ハ刀型尖部兩刄ニシテ西暦一八七二年ニ製造（製造國不明）全長一〇二〇粍ニシテ鞘ハ鋼鈑製ナリ

舊式軍刀（戊）

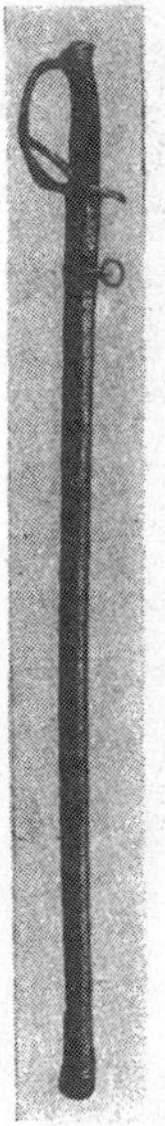

樣式ハ刀型尖部兩刄ニシテ獨國ニ於テ製造（年月不明）全長一〇三〇粍ニシテ鞘ハ鋼鈑製ナリ

舊式軍刀（巳）

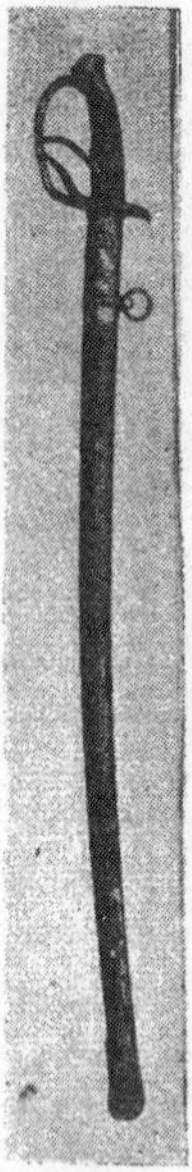

様式ハ刀型尖部兩刄ニシテ獨國ニ於テ製造（年月不明）全長一〇三〇粍ニシテ鞘ハ鋼鈑製ナリ

舊式軍刀（庚）

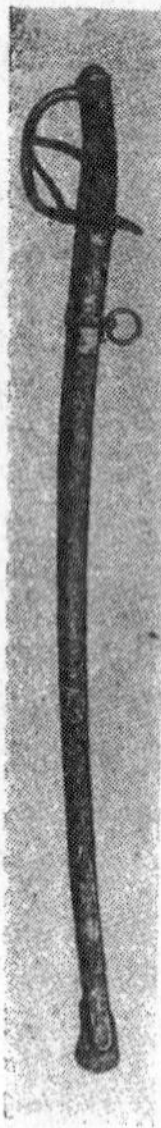

様式ハ日本刀型ニシテ西暦一八七二年ニ製造（製造年月不明）全長九八〇粍ニシテ鞘ハ鋼鈑製ナリ

舊式軍刀（辛）

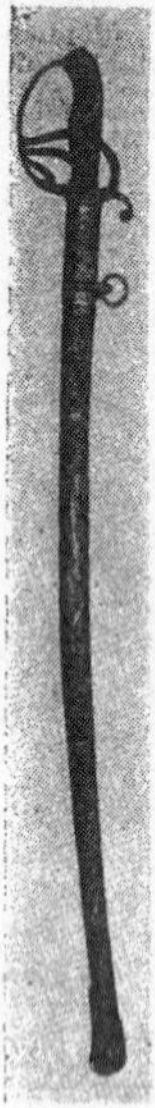

様式ハ刀型尖部兩刄ニシテ獨國ニ於テ製造（年月不明）全長一〇〇〇粍ニシテ鞘ハ鋼鈑製ナリ

戰利兵器

墺國八十八年九十年式步兵銃銃劍

樣式ハ直刀式ニシテ墺國ニ於テ製造（年月不明）全長三九〇粍ニシテ鞘ハ鋼鈑製ナリ

獨國九十八年式步兵銃銃劍

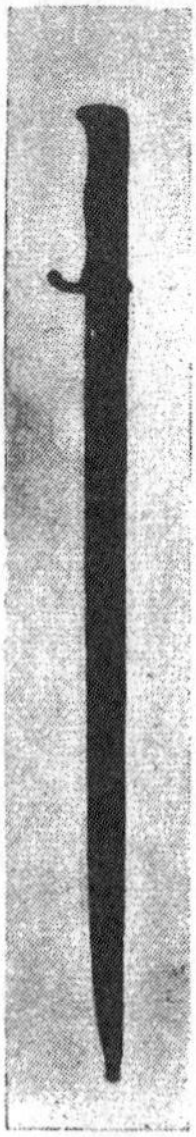

樣式ハ直刀式ニシテ獨國ニ於テ製造（年月不明）全長六八三粍ニシテ鞘ハ革製ナリ

不明銃銃劍

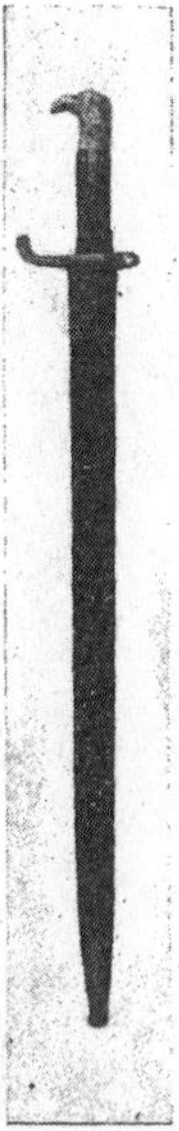

樣式ハ直刀式ニシテ西暦一八八八年獨國ニ於テ製造全身六六〇粍ニシテ鞘ハ革製ナリ

戰利品砲兵刀

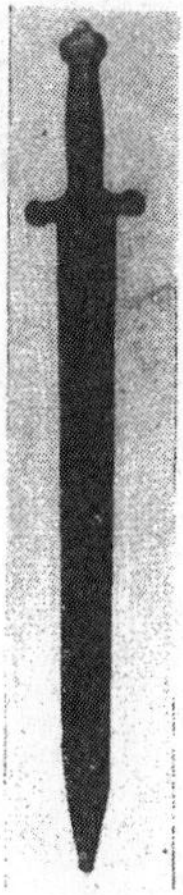

樣式ハ直刀兩刄ニシテ西暦一八六五年獨國ニ於テ製造全長六六〇粍ニシテ鞘ハ革製ナリ

獨國徒步刀

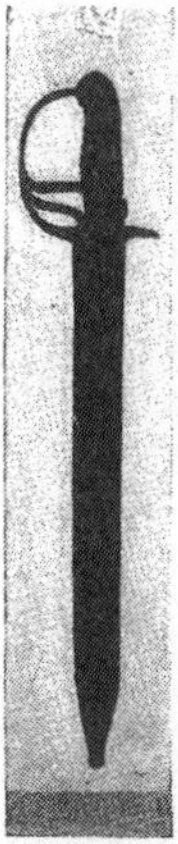

樣式ハ刀劍式（尖部ノミ兩刄）ニシテ獨國ニ於テ製造（年月不明）全長五九五粍ニシテ鞘ハ革製ナリ

清國騎兵刀

樣式ハ刀型尖部兩刄ニシテ獨國ニ於テ製造（年月不明）全長一〇〇〇粍ニシテ鞘ハ鋼鈑製ナリ

獨國下士卒用刀

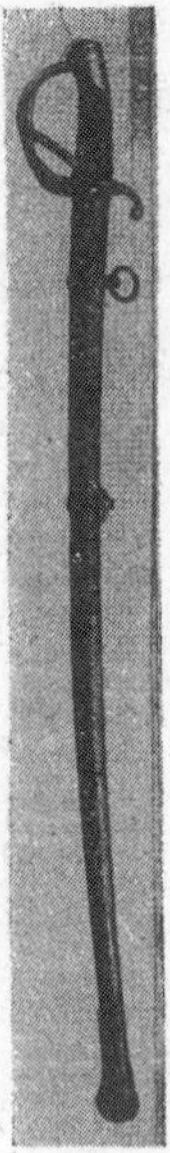

樣式ハ日本刀型ニシテ獨國ニ於テ製造（年月不明）全長一〇四〇粍ニシテ鞘ハ鋼鈑製ナリ

露國佐官刀

樣式ハ村田刀式ニシテ本邦ニ於テ製造（年月不明）全長九二〇粍ニシテ鞘ハ鋼鈑製ナリ

大反軍刀

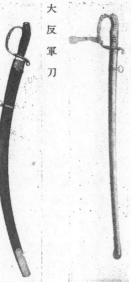

樣式ハ刀型尖部兩刄ニシテ（刀反著シク大）獨國ニ於テ製造（年月不明）全長九五〇粍ニシテ鞘ハ革製ナリ

露國軍刀（甲）

様式ハ刀型ニシテ（刀反強ク片刄）西暦一八七一年一八七四年一八七五年露國ニ於テ製造全長九一〇糎九三五糎九四〇糎ノ三種アリ鞘ハ麻布ニシテ黒色厚塗料ヲ施シアリ

露國軍刀（乙）

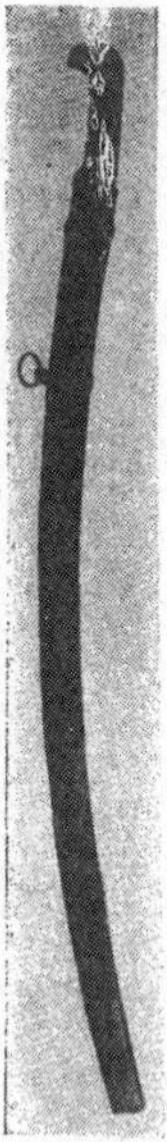

様式ハ刀型ニシテ（刀反強ク片刄）西暦一八五二年露國ニ於テ製造全長一〇三五糎ニシテ鞘ハ麻布黒色厚塗料ヲ塗布シアリ

露國軍刀（丙）

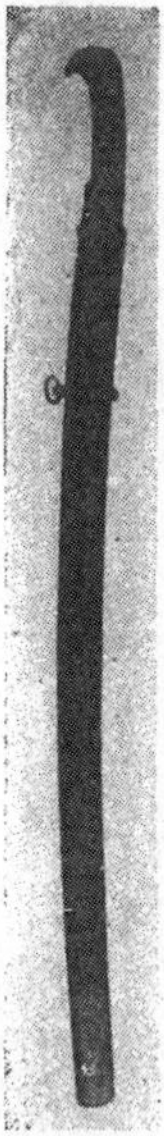

様式ハ刀型尖部兩刄ニシテ西歴一八八五年一九一一年露國ニ於テ製造全長一〇二五糎ニシテ鞘ハ木製其ノ外部ヲ革ニテ覆フ

露國軍刀（丁）

様式ハ刀型尖部兩刄ニシテ露國ニ於テ製造（年月不明）全長九〇五糎ニシテ鞘ハ革製ナリ

露國軍刀(戊)

様式ハ刀型尖部兩刄ニシテ全長九一〇耗鞘ハ革製ナリ但製造國及年月不明

獨國下士用刀

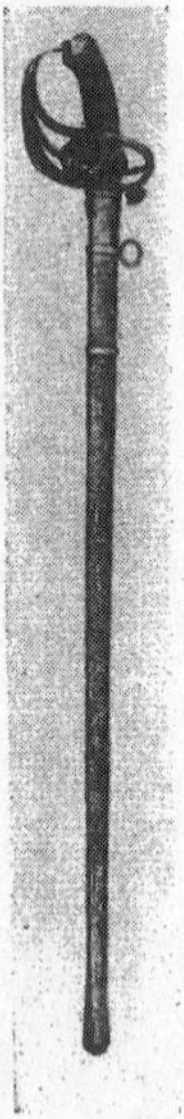

様式ハ直刀尖部兩刄ニシテ獨國ニ於テ製造(年月不明)全長九八〇耗ニシテ鞘ハ鋼鈑製ナリ

支那將校軍刀

様式ハ刀型ニシテ全長九五〇耗鞘ハ鎳製(ニッケル鋼)ナリ但製造國及年月不明

本邦製兵器

十三年式村田銃銃劍

樣式ハ直刀式ニシテ明治十三年本邦ニ於テ製造全長七四五粍ニシテ鞘ハ革製ナリ

十八年式村田銃銃劍

（戰歴　日清日露兩役）

樣式ハ直刀式ニシテ明治十八年本邦ニ於テ製造全長六〇五粍ニシテ鞘ハ革製ナリ

十八年式銃銃劍

樣式ハ直刀式ニシテ明治十八年本邦ニ於テ製造全長五八八粍ニシテ鞘ハ革製ナリ

試製村田連發銃銃劍

樣式ハ直刀式ニシテ本邦ニ於テ製造（年月不明）全長四四四粍ニシテ鞘ハ鋼鈑製ナリ
但尚他ニ七種類アリテ鞘ノ革製ノモノアリ

三十五年式海軍銃銃劍

（戰歴　日露青島歐洲諸役）

樣式ハ直刀式ニシテ明治三十五年本邦ニ於テ製造全長五三五粍ニシテ鞘ハ鋼鈑製ナリ

試製三十年式銃銃劍

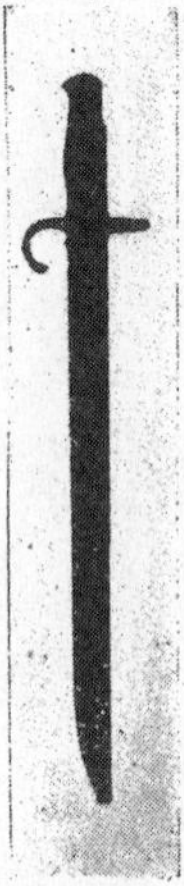

様式ハ直刀式ニシテ本邦ニ於テ製造（年月不明）全長五一〇粍五二五粍ノ二種アリ鞘ハ鋼鈑製ナリ

砲兵刀 （戰歴 日清戰役）

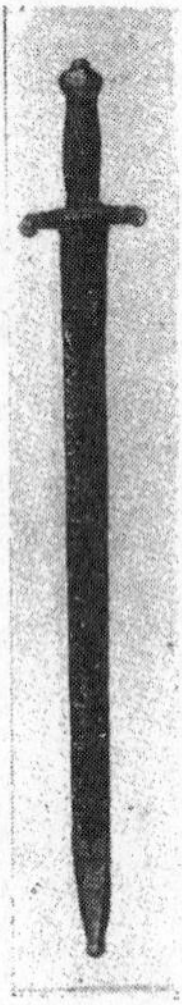

様式ハ直刀尖部兩刄ニシテ明治十九年本邦ニ於テ製造全長七一〇粍ニシテ鞘ハ革製ナリ

徒歩刀 （戰歴 日清戰役）

様式ハ直刀尖部兩刄ニシテ本邦ニ於テ製造（年月不明）全長四九五粍ニシテ鞘ハ革製ナリ

試製徒歩刀（甲）

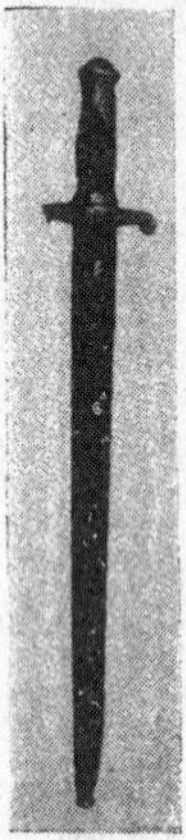

様式ハ直刀尖部兩刄ニシテ明治二十三年本邦ニ於テ製造全長五七七粍ニシテ鞘ハ革製ナリ

試製徒歩刀（乙）

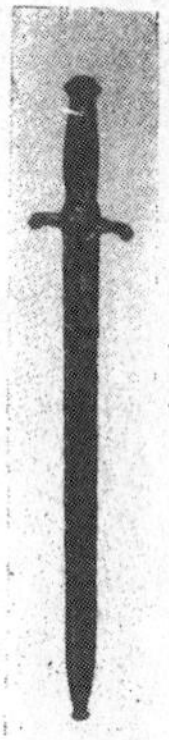

様式ハ直刀尖部兩刃ニシテ明治二十三年本邦ニ於テ製造全長四九五粍ニシテ鞘ハ革製ナリ

試製徒歩刀（丙）

様式ハ直刀尖部兩刃ニシテ明治二十三年本邦ニ於テ製造全長四八〇粍ニシテ鞘ハ革製ナリ

試製三十二年式軍刀

様式刀型尖部兩刃ニシテ明治三十一年本邦ニ於テ製造全長九七〇粍ニシテ鞘ハ鋼鈑製ナリ

輜重兵刀（戰歴　西南日清北清諸役）

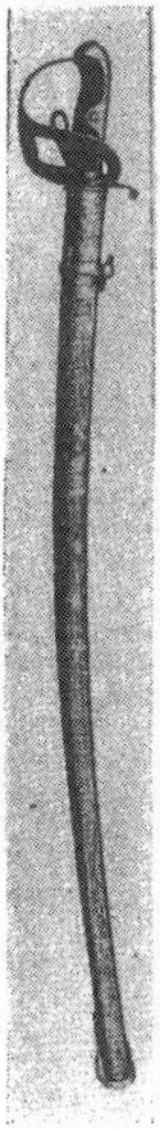

様式ハ刀型尖部兩刃ニシテ獨國製造（年月不明）及本邦（明治十六年乃至二十四年）ニ於テ製造セラル全長一〇二〇粍ニシテ鞘ハ鋼鈑製ナリ

騎兵刀（戰歷　日清戰役）

様式ハ日本刀型ニシテ本邦ニ於テ製造（年月不明）全長九三三粍ニシテ鞘ハ鋼鈑製ナリ

試製軍刀

様式ハ刀型尖部兩刃ニシテ明治三十一年本邦ニ於テ製造全長八一五粍ニシテ鞘ハ鋼鈑製ナリ

舊式軍刀（壬）

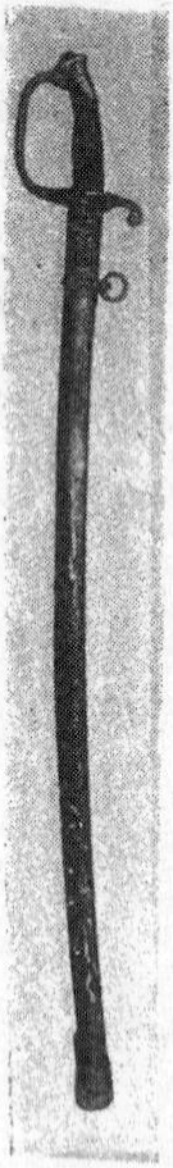

様式ハ刀型尖部兩刃ニシテ全長一〇二〇粍鞘ハ鋼鈑製ナリ
但製造國及年月不明

不明兵器

不明銃銃劍樣（壹號）

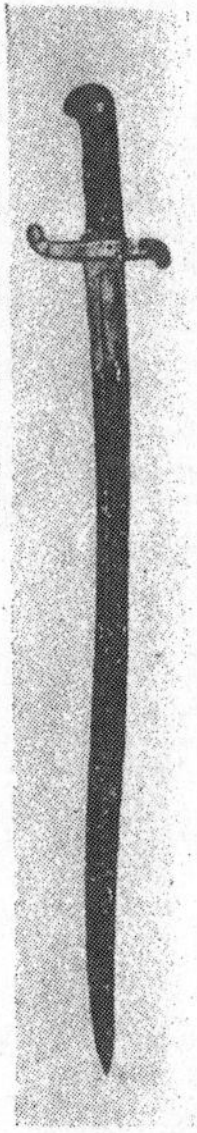

樣式ハ「ヤタガン」式ニシテ全長五七三粍ナリ但製造國及年月並鞘不明

不明銃銃劍（貳號）

樣式ハ直刀式ニシテ全長四一五粍ナリ但製造國及年月並鞘不明

不明銃銃劍（參號）

樣式ハ直刀式ニシテ全長七八〇粍ニシテ鞘ハ革製ナリ但製造國及年月不明

不明銃銃劍（四號）

樣式ハ刀鋸式ニシテ全長六四五粍鞘ハ革製ナリ但製造國及年月不明

不明銃銃劍（五號）

樣式ハ直刀式ニシテ全長四一八粍鞘ハ革製ナリ但製造國及年月不明

不明銃銃劍（六號）

様式ハ直刀式ニシテ全長八〇七粍ニシテ鞘ハ革製ナリ但製造國及年月不明

不明銃銃劍（七號）

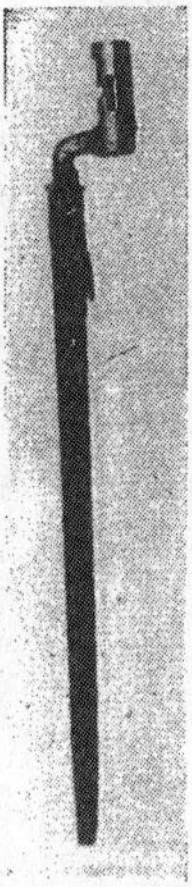

様式ハ銃槍式ニシテ全長五四〇粍鞘ハ革製ナリ但製造國及年月不明

不明銃銃劍（八號）

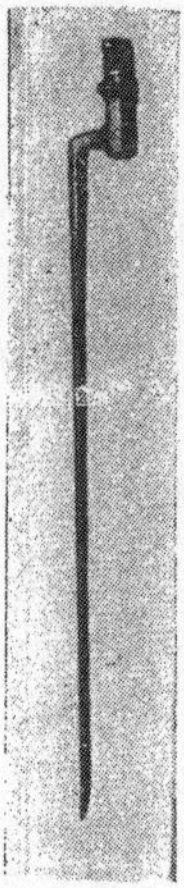

様式ハ銃槍式ニシテ全長五二三粍ナリ但製造國及年月並鞘不明

不明銃銃劍（九號）

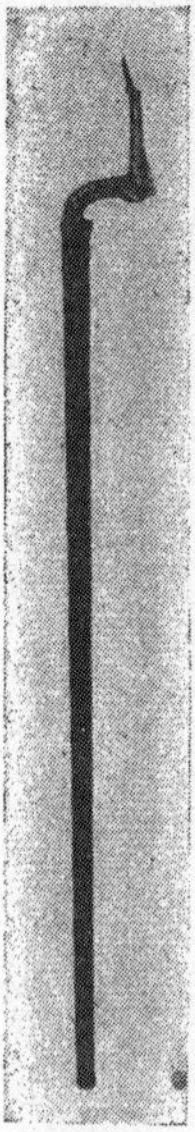

様式ハ銃槍式ニシテ全長七〇〇粍鞘ハ鋼鈑製ナリ但製造國及年月不明

不明銃銃劍（拾號）

樣式ハ銃槍式刀刄型ニシテ全長七八五粍ナリ但製造國及年月並鞘不明

不明銃銃劍（拾壹號）

樣式ハ銃槍式刀刄型ニシテ全長六七五粍鞘ハ鋼鈑製ナリ但製造國及年月不明

不明銃銃劍（拾貳號）

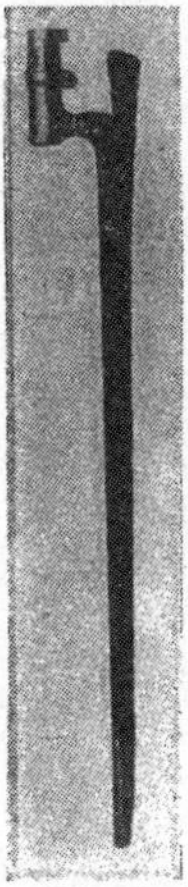

樣式ハ銃槍式ニシテ全長五五三粍鞘ハ革製ナリ但製造國及年月不明

不明銃銃劍（拾參號）

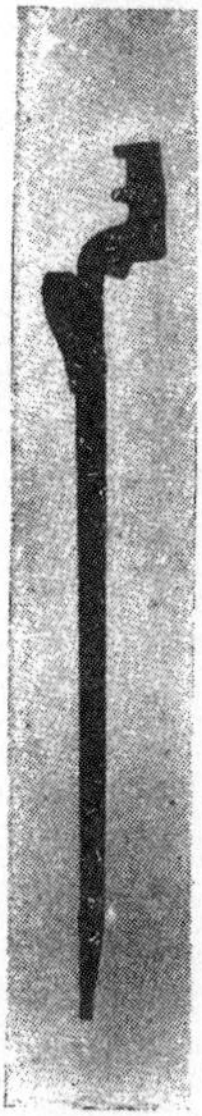

樣式ハ銃槍式ニシテ全長五二五粍鞘ハ革製ナリ但製造國及年月不明

不明銃銃剣（拾四號）

様式ハ銃槍式ニシテ全長五五五粍ナリ
但製造國及年月並鞘不明

不明銃銃剣（拾五號）

様式ハ銃槍式ニシテ長五四〇粍鞘ハ革製ナリ但製造
國及年月不明

不明銃銃剣（拾六號）

様式ハ銃槍式刀刄型ニシテ全長七一八
粍ナリ但製造國及年月並鞘不明

不明銃銃剣（拾七號）

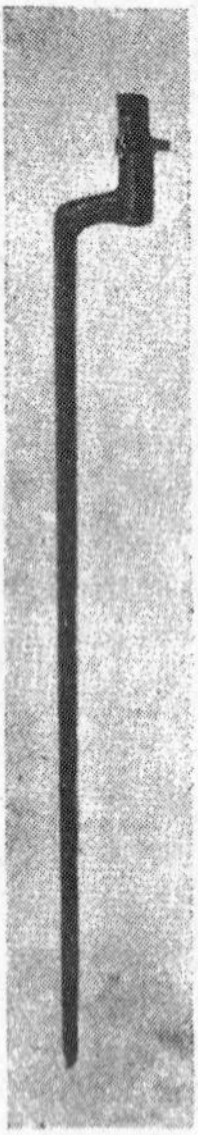

様式ハ銃槍式ニシテ全長六五七粍ナリ
但製造國及年月並鞘不明

不明銃銃剣（拾八號）

様式ハ銃槍式ニシテ全長五八五粍ナリ
但製造國及年月並鞘不明

小銃之部

渡来兵器

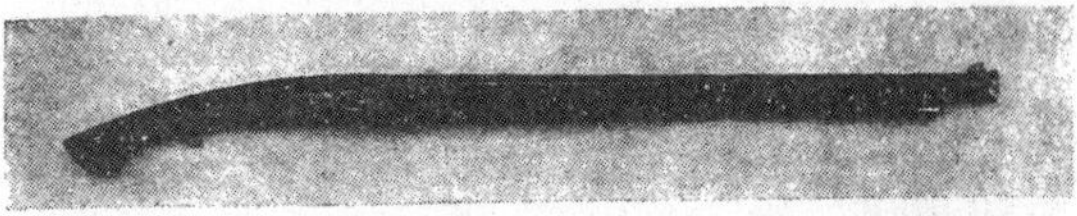

火縄銃

沿革　本銃ノ渡來年ニ關シテハ史家各説ヲ爲シテ相讓ラサルモ南畝ノ鐵砲記ニ依ル種子ケ島銃渡來ノ天文十二年八月ヲ以テ嚆矢トスルノ説ハ一般ニ流布スル所ナリ然レトモ當時ノ狀況ニ鑑ミ尙諸史ノ載ス所ヲ綜合スレハ應仁前後ニ渡來シタリト爲スヲ最モ適當トスルカ如シ爾後種子ケ島渡來ニ依リ其ノ利用益々廣マリ遂ニ武具及戰法ヲ一變スルニ至レリ然ルニ德川三代將軍家光鎖國政策ヲ採ルニ至リ新兵器ノ輸入ヲ絕チ約二百年間依然トシテ本銃ヲ使用セリ、天保年間「ゲウエール」銃ノ渡來スルニ及ヒ遂ニ本銃ハ顧ミラレズ漸ク過去ノ遺物トシテ餘喘ヲ保ツニ過キサルニ至レリ

主要諸元

口徑	粍	一六
銃長	粍	一、〇五〇
銃量	瓩	四、三〇〇

ゲウエール銃

小銃（本邦製）

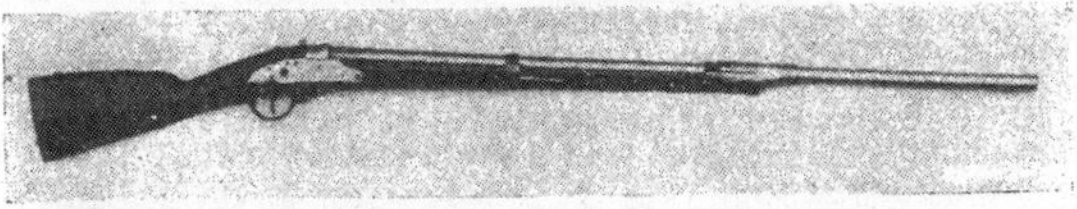

騎銃

ゲウエール銃

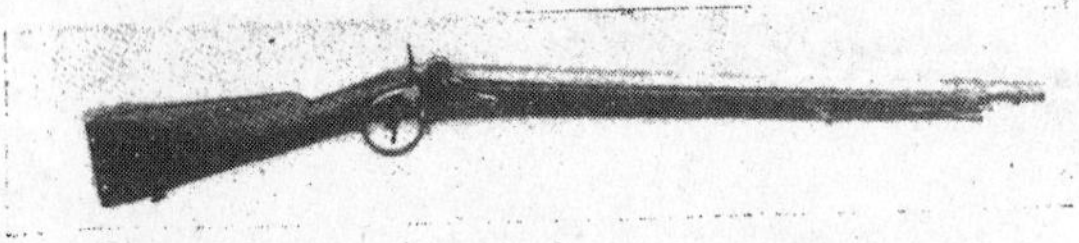

騎銃（本邦製）甲

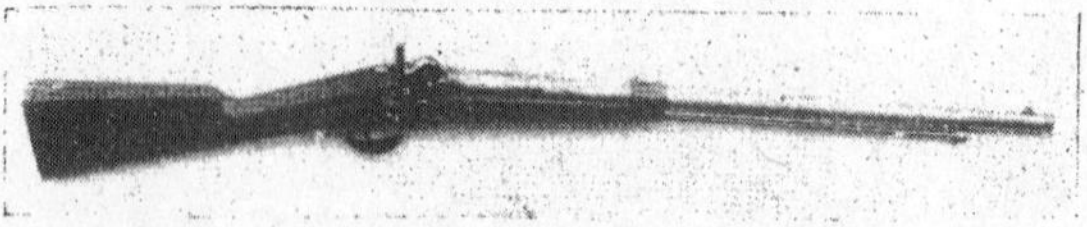

同（本邦製）乙

沿革　本銃ノ渡來ハ天保三年高島四郎太夫秋帆和蘭ヨリ入手シタルニ始マリ爾後之カ製法並用法ヲ研究シ同十二年五月武州徳丸ケ原ニ於テ操法及射撃ヲ實施シ大ニ兵制改革ノ要ヲ示セリ次テ江川太郎左衛門、秋帆ノ衣鉢ヲ受ケテ之カ普及ニ勉ム時恰モ幕末穰夷論ノ勃興ニ會シ益々本銃ノ採用ヲ普カラシムルニ至レリ本銃モ文久初年新式「ミニエー」銃ノ渡來スルニ及ヒ漸次廢棄セラルヽノ悲運ヲ辿レリ戰歷トシテハ天誅組ノ亂、水戸浪士ノ追討、蛤門ノ變、薩長攘夷戰、長州征伐等ノ戰役ニ使用セラル

特性　本銃ハ照尺ヲ有セス照門ノミヲ備ヘ距離ノ遠近ハ顱點ニ依リ之ヲ修正スルモノトス

主要諸元

區分＼種別	小銃（本邦製）	騎銃	騎銃（本邦製）甲	騎銃（本邦製）乙
口徑 粍	一七、五〇	一七、〇〇	一六、〇〇	一五、〇〇
銃長 粍	一、三七五	一、〇四〇	九、二〇	九、八〇
彈丸（球形圓彈）瓦	二六、三〇	二六、三〇	二六、三〇	二六、三〇
銃量 瓩	三、七一	三、一四	二、六〇	二、七〇

註
1.「ゲウエール」ハ蘭語ニシテ小銃ノ意ナルモ本邦ニ於テハ之ヲ本銃ノ固有名詞トナシタルモノナリ
2.小銃ノ銃長ハ舶來ノモノ尺度長ク本邦人ニ適セサルヲ以テ之ヲ短縮シ使用セリ

ヤーゲル歩兵銃

小銃甲

小銃乙

騎銃

沿革　本銃ハ蘭國製ニシテ其ノ滑腔銃ハ天保十三年十月江川太郎左衛門ニ依リテ其ノ輸入ヲ企テラレ施綫銃モ亦其ノ後某藩ニ於テ購入シタルモ其ノ年次詳ナラス使用數少カリシ爲カ渡來後ノ經歷ニ就テモ記錄セラレタルモノナシ

主要諸元

區分＼種別	小銃甲	小銃乙	騎銃
口徑粍	一五	一四	一五
銃長粍	一、〇四〇	一、一一〇	八一〇
銃量瓩	三、五五	四、三〇	三、〇二
腔綫數	七	八	八

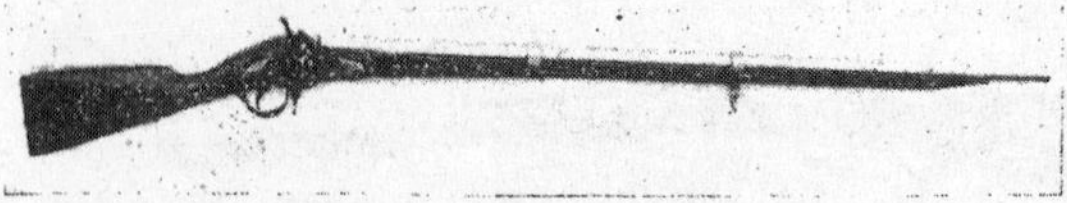

帶紙撃發銃

沿革　本銃ハ西暦一八五〇年頃米國ニ於テ製造シタルモノト推定スルモ詳ナラス又渡來年月ニ就テモ正確ナル記錄ナケレハ知ルニ由ナシ

特性　一般ノ構造ハ「ゲウエール」銃ニ異ナル所ナキモ唯撃發機ニ於テ特異ノ點ヲ有ス即チ撃鐵ノ傍ニ吊鎖形ノ帶紙匣アリ之ニ發火劑ヲ包裝セル帶紙ヲ納メ撃鐵ヲ起スト同時ニ帶紙ハ發條裝置ニ依リ自動的ニ先端ヲ逐次砧上ニ送リ撃發ノ用ニ供ス

主要諸元

口　徑　粍　　一六、五

銃　長　粍　一、三七〇

銃　量　瓩　　四、七〇〇

ミニエー銃

英國製

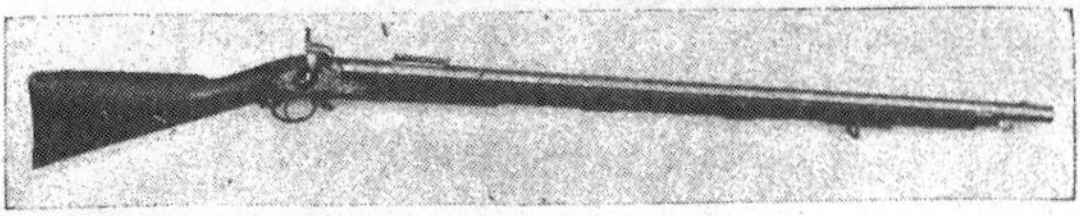

（本邦製）短

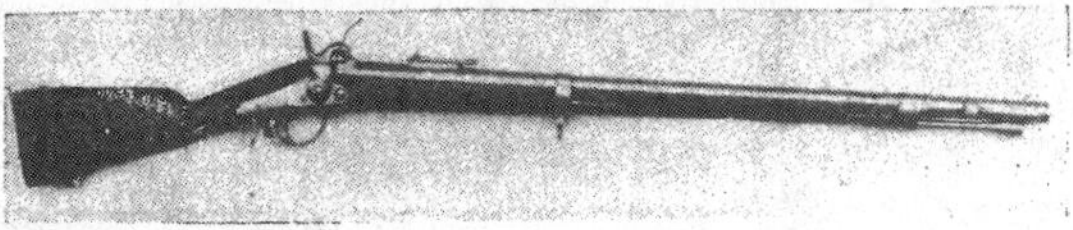

同　長

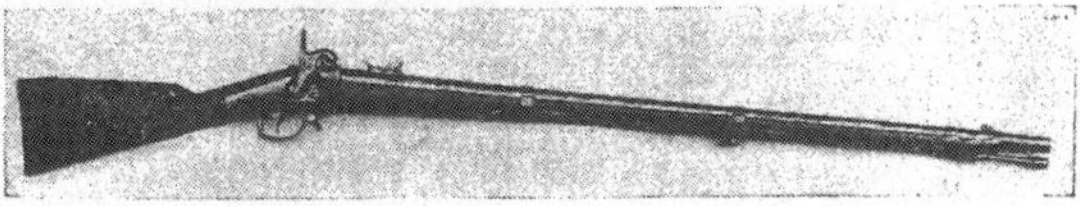

沿革　本銃ハ西暦一八四六年（弘化三年）佛國歩兵大尉「ミニエー」ノ考案ニ係リ當時一般ニ好評ヲ博シタル範式ニシテ西暦一八五一年英國ハ刻式ニ準シタル一式ヲ制定シ「ミニエー」式ト稱セリ文久ノ初年始メテ渡來ス是實ニ本邦ニ於ル前裝施綫銃ノ嚆矢ニシテ爾來此ノ種ノ銃ヲ總テ「ミニエー」銃ト稱シタルルカ如シ本邦ニ於テモ舶來品ニ準シ長短二種ヲ製作シタルモ其ノ製造所及製造年月等詳ナラス明治六年以降ハ當分豫備トシテ貯藏シ一部ヲ「アルビニー」銃ニ改造セリ戰歴トシテハ長州征伐及維新諸役ニ使用セラル

特性　前裝施綫ヲ特異ナル點トス蓋シ前裝銃ト後裝銃トノ中間物ニシテ小銃發達史上注意スヘキ様式トス

主要諸元

種別／區分	英國製	本邦製 短	本邦製 長
口徑粍	一八	一八	一六六
銃長粍	一、四〇〇	一、二六五	一、四〇〇
銃量瓩	四、〇五〇	五、一三五	四、四〇〇
腔綫數	三	四	四

英國前裝短銃

沿革　本銃ハ英國製ニシテ鮫鍊及銃床ニ裝飾ヲ施シアルヲ以テ見レハ恐ラク獵銃ノ一種ナラン

主要諸元

口徑 粍	一五
銃長 粍	九五〇
銃量 瓩	一、九〇〇

モーリー式歩兵銃

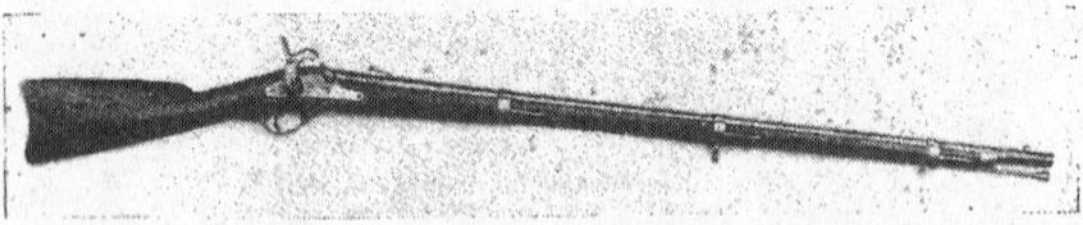

沿革　本銃ハ西暦一八六四年（元治元年）米國「ノーウッチ」ノ製造ニ係ルモノニシテ本邦渡來年月詳ナラス

特性　當時ニ於ル前裝銃トシテ普通一般ノ構造ヲ有ス

主要諸元

口徑 粍	一五
銃長 粍	一、四一〇
銃量 瓩	三、八
腔綫數	三
最大照尺距離 米	五〇〇

レミントン式前裝銃

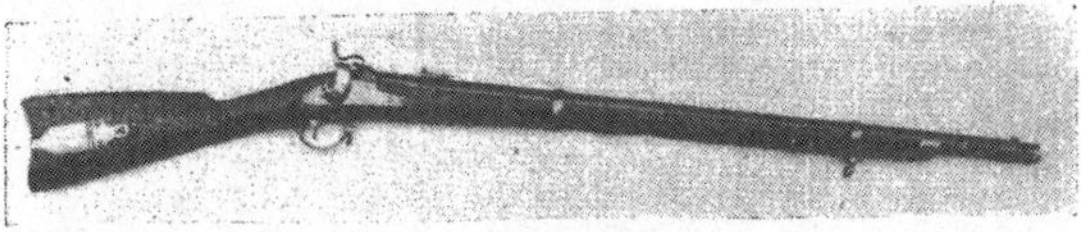

沿革　本銃ハ西曆一八六三年（文久三年）北米合衆國「レミントン」ノ發明ニ係ルモノニシテ渡來年月ニ關シテハ正確ナル記錄ナキモ維新前諸藩ニ於テ購入シ戊辰諸役ニ於テハ彼我兩軍之ヲ使用シタルコト疑ナシ

主要諸元

口徑粍	一四、七
銃長粍	一、二四〇
銃量粍	四、〇五
腔綫數	三

ウイットオース步兵銃

小銃　甲

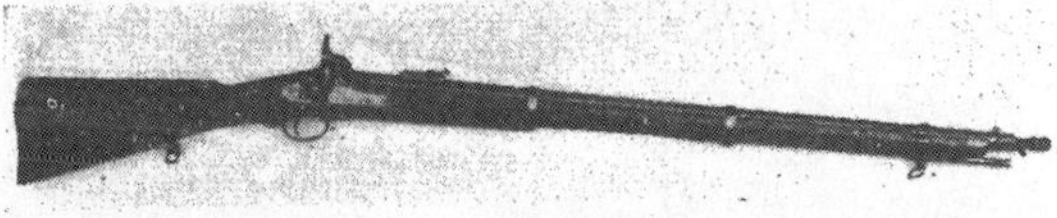

同　乙

沿革　本銃ハ英人「ウイットオース」ノ發明ニ係ル前裝銃ニシテ甲、乙二種アリ甲ハ西曆一八六三年、乙ハ西曆一八六七年同國ニ於テ初メテ製作セラル本邦渡來年月並其ノ後ノ經歷詳ナラス

主要諸元

口徑粍	二、五
銃長粍	甲 一、二三〇 乙 一、二四〇
銃量瓩	甲 四、四五〇 乙 四、三〇〇
腔綫數	六角斷面
最大照尺距離米	甲 一、一〇〇 甲 一、〇〇〇

エンヒールド銃

沿革　本銃ハ西暦一八五三年英國ニ於テ制定セラレタルモノナルヲ以テ一八五三年式銃トモ稱ス元治慶應國内多事ノ際兵器需要ノ必要ニ迫ラレ幕府又ハ諸藩ニ於テ多數購入セルモノノ如シ記錄ニ依レハ明治維新後ノ購入ハ唯一回ナルモ明治八年ノ調査ニ依レハ良品五三、〇二三挺ヲ算セリ明治六年後裝銃ノ採用ニ伴ヒ本銃ノ改造ヲ畫シ着手セシモ全部ノ實施ヲ見スシテ中止セラル明治九年村田少佐ノ案ニ依リ一部ヲ室内射的銃ニ改造セリ明治十二年乃至十五年ノ間ニ於テ「スナイドル」銃ト交換セラレ漸次其ノ影ヲ沒セリ

註　本銃ニハ長、中、短ノ三種アリ其ノ内本邦ニ於テ輸入セルハ中ニ屬スルモノ最モ多ク其ノ經歷前記ノ如シト雖其ノ他ノモノニ就テハ詳ナラス尚外ニ騎銃砲兵銃アリ又本邦ニ於テハ中、歩兵銃ヲ切斷シ騎銃ニ改造シタルモノアリ

主要諸元

區分＼種別	長	中	短	改造騎銃（本邦）	制式騎銃	異式騎銃	砲兵銃
口徑 粍	一四、六六	一四、六六	一四、六六	一四、六六	一四、六六	一四、六六	一四、六六
銃長 粍	一、四二〇	一、二五〇	一、一六〇	八四〇	九四〇	一、〇四五	一、〇二〇
銃量 瓩	四、〇〇〇	三、八八四	三、九〇〇	二、八〇〇	三、一一〇	三、〇五〇	三、二七〇
腔綫數	四		四	五	五	五	五
彈丸重量 瓦	三三、六	三三、六	三三、六	三三、六	三三、六	三三、六	三三、六
最大照尺距離 米	九〇〇	一、二五〇	一、一〇〇		一、〇〇〇		三〇〇

歩兵銃長

同中

同短

改造騎銃(本邦)

制式騎銃

與式騎銃

砲兵銃

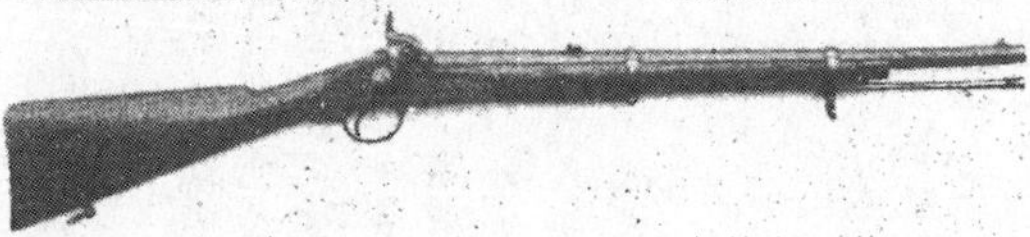

四三

室内銃

長

短

沿革　本銃ハ明治九年村田歩兵少佐ノ考案ニ依リ「エンヒールド」銃ヲ改造シタルモノナリ

特性　改造ノ要領ハ銃腔内ニ長キ撃莖及同發條ヲ納メ撃莖ニハ溝アリ以テ引鐵ニ鈎ス下帶ノ前部ニ於テ銃身ノ裏面ニ長方孔ヲ穿チ此ノ部ニ於テ撃莖ニ握把ヲ桿着シ銃床ヲ貫ヌキテ外部ニ突出セシム又銃口部ニハ口鐵ヲ腔内ニ固定ス口鐵ニハ中心ニ約四粍ノ噴火孔アリ後端ニハ雷官座ヲ具フ該座ノ部分ハ銃身ヲ半バ刳削シ以テ雷官ノ著脱ニ供ス射撃ヲ爲サンニハ握把ヲ後方ニ引クヘシ然ルトキハ撃莖ノ溝ハ引鐵ノ嘴ニ鈎ス是ニ於テ雷管座ニ雷官ヲ裝シ引鐵ヲ引ク撃莖ハ前進シ其ノ頭部ヲ以テ雷管ヲ衝キ發火セシム其ノ瓦斯ハ噴火孔ヲ通シテ迸出シ目標タル燈火ヲ吹キ消シ照準正否ヲ決定ス

主要諸元

區分＼種別	長	短
口徑　粍	不明	不明
銃長　粍	一三四〇	一二七〇
銃量　瓩	三、五〇〇	三、三五〇
腔綫數		
遊底ノ機式		
最大照尺距離　米		

スプリングヒールド式銃

歩兵銃甲

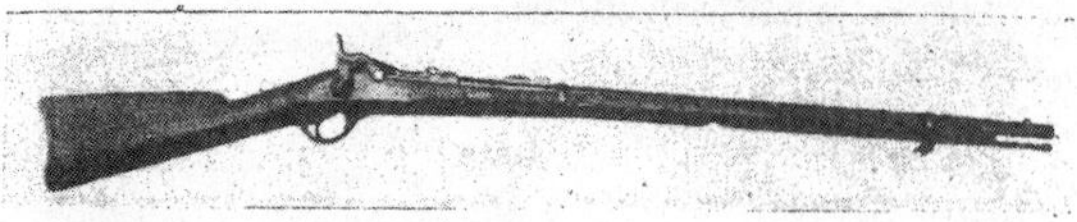

騎銃甲

同乙

沿革　本銃ハ米國「スプリングヒールド」ノ發明ニ係ル其ノ年月詳ナラス又渡來ノ經歷ニ就テモ明瞭ナラサルモ同式前裝歩騎銃アリ又後裝銃ニモ各種ノモノアリ惟フニ明治維新前後各種ノ方面ニ於テ輸入セラレ陸軍ニテモ購入シタルモノナルヘシ又本銃ニハ寸度形狀ヲ異ニスル二種ノ歩騎銃アリ

特性　本銃ノ構造及同式一八五八年製ノモノハ前裝銃ナルニ徴スレハ西暦一八六〇年初期ノモノタルヲ知ルヘシ遊底ヲ開ク爲其ノ右側ノ把子アリ把子ノ他端ニハ閂子アリ發條ニ依リテ常ニ後方ニ壓セラル故ニ遊底ヲ閉サストキハ閂子ハ尾筒ニ設ケタル閂子孔ニ嵌入シ遊底ノ閉鎖ヲ確實ニス

主要諸元

區分＼種別	歩兵銃	騎銃 甲	騎銃 乙
口徑 粍	一一、五	一一、五	一一、五
銃長 粍	一三一〇	一〇五〇	一〇五〇
銃量 瓩	四、一〇〇	三、二〇〇	三、五〇〇
腔綫數	三	三	三
遊底ノ樣式	前方樞軸活罨式		
最大照尺距離 米	一二〇〇	一二〇〇	不明

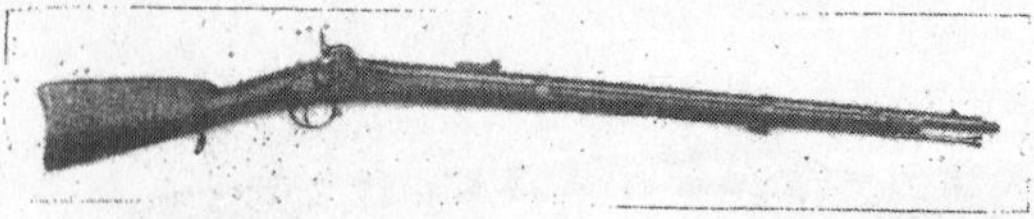

フルミルト歩兵銃

沿革　本銃ハ墺國「ウイン」砲兵工廠ナルモ本邦渡來銃年月並其ノ後ノ經歷詳ナラス

主要諸元

口　徑粍　一四

銃　長粍　一、一九〇

銃　量瓩　三、八

腔綫數　四

最大照尺距離米　九〇〇

佛國六十六年七十四年式砲兵銃

沿革　佛國六十六年七十四年式騎銃ト同樣ナリ

主要諸元

口　徑粍　二

銃　長粍　二七〇

銃　量瓩　三、四五〇

腔　綫　數　四

遊底ノ樣式　回轉鎖門式

最大照尺距離米　一、〇〇〇

ツンナール騎銃

沿革　本銃ハ經歷詳ナラサルモ「ヱスウヱードレーゼー」「ゼンメルダー」ノ刻字アルヲ以テ普國「ドレーゼー」ノ發明テニシ「ゼンメルダー」製ナルコト確實ナリ而モ銃身番號七七〇號ノ刻字アルヨリ察スレハ同國ニ於テ兎モ角モ軍用銃トシテ一時採用セラレタルモノタルヲ知ルニ難カラス本邦渡來ノ年月並其ノ後ノ經歷ニ就テハ記錄ナケレハ知ルニ由ナシ

特性「ツンナール」銃トハ全ク其ノ構造ヲ異ニス即チ銃身ハ折曲式ニシテ照尺ノ後方ニ於テ二分スルコトヲ得銃尾ヲ開カントセハ銃床頭部下方ニ裝セル槓桿ヲ左方ニ回轉スヘシ然ルトキハ前身ハ約一〇粍前進シ次テ左旋回シ尾端ヲ右方ニ移シ茲ニ實包ノ裝塡ヲ爲スコトヲ得要スルニ現時ノ獵銃ノ上下折曲式ト爲シタルモノト同要領ナリ

主要元口

口徑粍	一四、五
銃長粍	八六〇
銃量瓩	二、九〇〇
腔綫數	四

マンソー前装銃

沿革　本銃ハ西暦一八六四年瑞西國ニテ採用セラレタルモノニシテ長短二種アリ本邦渡來年月詳ナラサルモ明治維新後前装銃ヲ輸入シタルナキヲ以テ恐ラク慶應年間掛川小諸或ハ他ノ諸藩ニ於テ之ヲ購入シタルモノナラン

註　瑞西國ニ於テハ既ニ西暦一八六〇年以前ニ後装銃ノ發明アリタルニ拘ラス其ノ後前装銃ヲ採用シタルハ甚タ奇異ニ感スル所ニシテ其ノ理由ヲ解スルニ苦ム所ナリ

特性　照尺ハ起伏式ニシテ照門鈑ヲ射距離ニ應シ適當ノ位置ニ起シ駐螺ヲ以テ之ヲ緊定ス而シテ其ノ左側鈑ニ分度規型ノ分畫ヲ刻セリ

主要諸元

區分＼種別	長	短
口徑 粍	一〇、五	一〇、五
銃長 粍	一、三〇〇	一、二〇〇
銃量 瓩	四、三二〇	四、〇三〇
腔綫數	四	四
彈丸ノ重量 瓦	二七	二七
最大照尺距離 米	一、〇〇〇	一、〇〇〇

短

長

レミントン式滑腔前裝銃

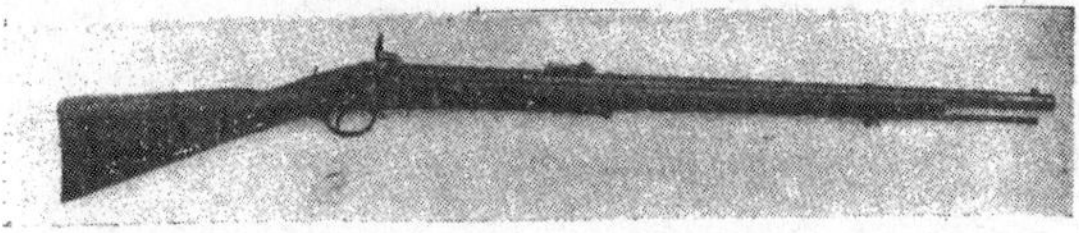

沿革　本銃ハ北米合衆國「レミントン」ノ發明ニ係リ元治慶應ノ頃我國内亂多事ノ秋ニ方リ某藩ニ於テ購入シタルモノナラン

主要諸元

口徑	粍	一五
銃長	粍	一三四〇
銃量	瓩	三、六〇〇
腔綫數		滑腔
最大照尺距離	碼	一、二〇〇

不明前裝施綫銃

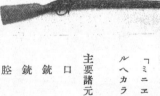

沿革　本銃ニ關スル一般ノ經歴ハ詳ナラス銃番號「9973」ナル刻字アリ其ノ書樣ニ鑑ムレハ本邦製ニ非サルコト確實ナリ或ハ英國製「ミニエー」式ノ一種ナルヤモ知ルヘカラス

主要諸元

口徑	粍	一八
銃長	粍	一四三〇
銃量	瓩	四、一五〇
腔綫數		五

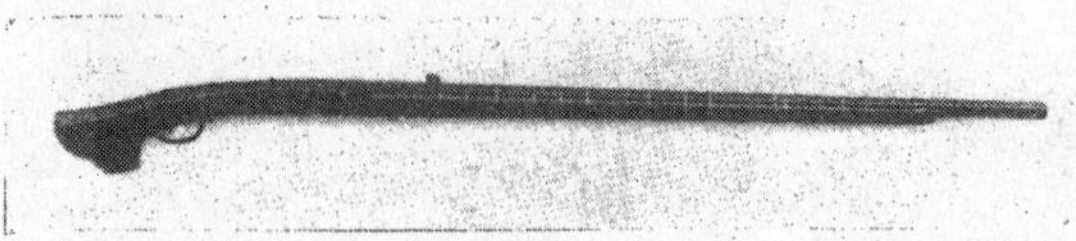

和銃

沿革　本銃ニ關スル一般沿革ハ火繩銃ト畧同樣ナリ本參考銃ハ和銃中ニ於テモ稍進步シタルモノニシテ其ノ樣式モ普通種ケ島ト稱スルモノト異ナリ何トナク現用銃ニ近ツケルヲ見ル唯銃身ト銃床トノ取付ノ爲ニ上下兩端ニ稍强固ナル黃銅鐶テ裝シ其ノ間ニ十四箇ノ薄弱ナル鐶ヲ具ヘタリ該鐶ニハ下方ヨリ一乃至十字ヲ順次ニ刻シ次テ甲乃至戊字ヲ刻セリ本銃ハ破損及缺品多ク至細ニ其ノ機能ヲ知ルコト能ハス

主要諸元

口徑	粍	一三、五
銃長	粍	一三三〇
銃量	瓩	三、三〇〇

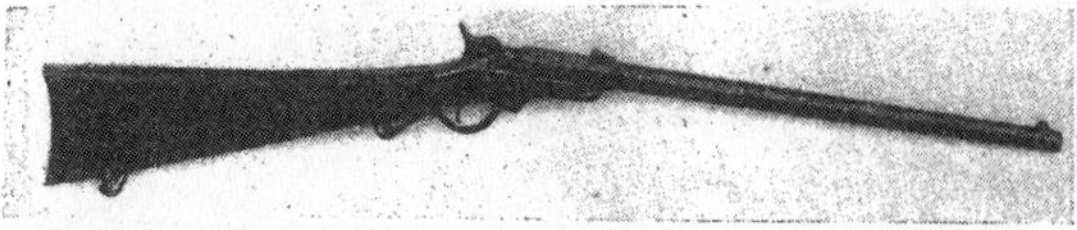

マイナード騎銃

沿革　本銃ハ米人「エドワード、マイナード」ノ發明ニ係リ西暦一八五一年初メテ專賣權ヲ得之ニ改良ヲ加ヘ西暦一八五九年更ニ專賣權ヲ得タルモノナリ本邦渡來年月詳ナラス

特性　一般ノ構造全ク現時ノ獵銃ノ如ク銃身ハ樞軸ニ依リ尾槽ニ連結シ此ノ部ヨリ折レテ銃尾ヲ開放ス

主要諸元

口徑	粍	一三
銃長	粍	九三〇
銃量	粍	二、八〇〇
腔綫數		六
最大照尺距離	米	五〇〇

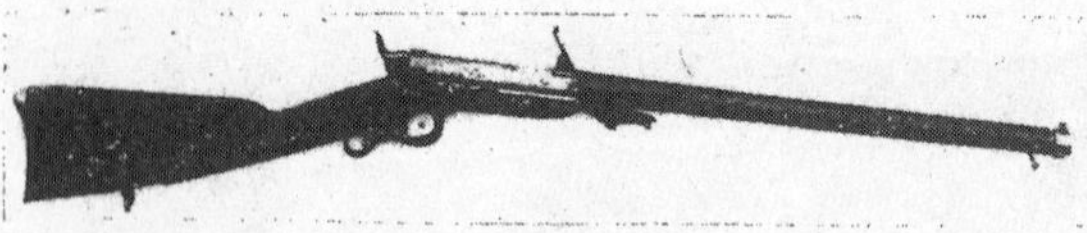

シャープス、ハンキン銃

沿革　本銃ハ西暦一八五九年米國「シャープス」小銃製造所カ專賣權ヲ得タルモノニシテ本邦渡來年月及其ノ後ノ經歷詳ナラス

特性　特種横造ノ後裝銃ナリ銃身ハ遊底ヲ有セス用心鐵兼用ノ槓桿ヲ起ストキハ銃身ハ尾槽ノ準鈑ヲ滑リテ約五〇粍前進シ銃尾ヲ開ク又槓桿ヲ舊位ニ復セハ銃身ハ退却シ銃尾ハ尾槽ノ底鈑ニ密着閉鎖ス尙本銃ハ前床ヲ有セス其ノ代リニ革管ヲ以テ銃身ヲ包被セリ

主要諸元

口徑	粍	一三
銃長	粍	九七〇
銃量	瓩	三、五〇〇
腔綫數		六
最大照尺距離	米	八〇〇

長

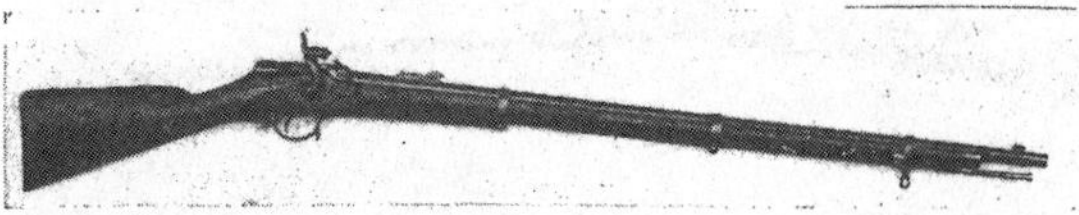

短

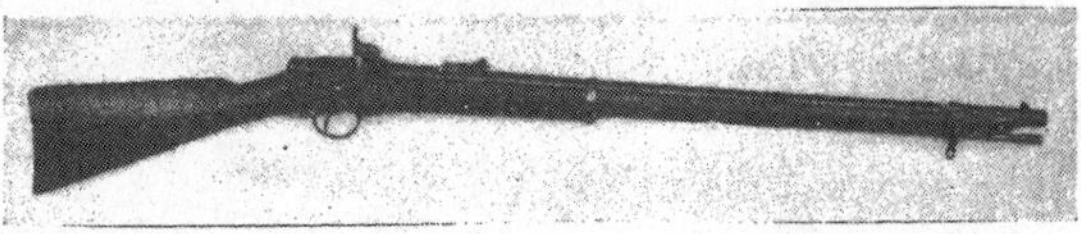

ベンジヤミン式歩兵銃

沿革　本銃ハ米人「ベンヂヤミン」ノ發明ニ係ルト雖其ノ年代詳ナラス唯其ノ遊底ノ構造ヨリ察スレハ西暦一八六〇年代ノモノナルヘシ本邦渡來ノ年月不明ナルモ恐ラク明治維新前後ニ於テ某藩ノ購入シタルモノナルヘシ

特性　遊底ハ特種ノ構造ニシテ鎖體及起伏鈑ヨリ成リ後者ハ前者ノ中央ニ樞定シ遊底閉鎖スルトキハ駐子ヲ以テ銃尾ニ駐定ス遊底ヲ開カントスルトキハ壓子ヲ壓シテ駐子ヲ銃尾ヨリ脱シ起伏鈑ヲ引上ケ之ヲ後方ニ引クヘシ然ルトキハ鎖體ハ後退シテ銃尾ヲ開クモノトス要スルニ本遊底ハ後部樞定活罨式ト直動鎖門式トノ中間ニ屬スルモノト謂フヘシ

主要諸元

種別 / 區分	長	短
口徑 粍	一三	一四
銃長 粍	一三五〇	一三五〇
銃量 瓩	四三二〇	四、二〇〇
腔綫數	五	五
最大照尺距離 米	九〇〇	

トリフルット歩兵銃

沿革　本銃ハ其ノ製造所並年月詳ナラサルモ其ノ構造ヨリ察スレハ西暦一八六〇年代米國ニ於製造セラレタルモノナルヘシ本邦渡來年月詳ナラス

特性　本銃ハ連發銃ニシテ特異トスル點ハ彈藥裝塡ノ方法トス即チ銃身ハ尾槽ニ軸ヲ有シテ回轉シ銃腔旋リテ彈倉ニ正對スルヤ彈藥筒ハ自動ヲ以テ藥室內ニ裝塡ス次ニ銃ヲ反對ニ旋廻スレハ銃ハ尾槽突起部ニ依リテ閉鎖セラレ撃鐵ハ彈藥筒底ニ向ヒ銃身ハ駐定ニ依リ駐定スルモノトス

主要諸元

口徑 粍	一三
銃長 粍	一、一六〇
銃量 瓩	三、九〇〇
腔綫數	三
最大照尺距離 米	五〇〇

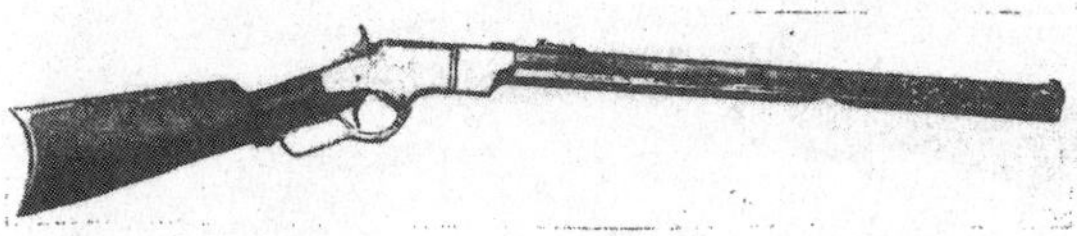

ヘンリー十六連發步兵銃

沿革　本銃ハ西暦一八六〇年（萬延元年）米人「ヘンリー」ノ發明ニ係リ十八世紀末ニ於ケル墺國空氣連發銃ヲ除カハ本銃及スペンサー銃ヲ以テ世界最初ノ連發銃トス

特性　構造ノ要領ハ用心鐵兼用ノ槓桿アリ之ヲ起ストキハ遊底ハ膝關節ノ作用ニ依リテ後退シ藥室ヲ開ク搬筒鈑ハ彈倉ヨリ一箇ノ彈藥筒ヲ受ケ上昇シテ藥室ニ正對ス槓桿ヲ伏ストキハ遊底前進シ彈藥筒ヲ推進シテ藥室ニ塡實ス是ニ於テ搬筒鈑ハ降下ス引鐵ヲ引クトキハ撃鐵ハ遊底ノ後端ヲ打撃ス遊底ノ前端ニハ三箇ノ凸子アリ之ヲ以テ緣邊撃發ノ彈藥筒ヲ發火セシム

主要諸元

口徑 粍	一一
銃長 粍	一、一一〇
銃量 瓩	四、三八〇
腔綫數	五
遊底ノ樣式	特殊遊底
最大照尺距離 米	九〇〇

ヘンリー十三連發銃

沿革　ヘンリー十六連發歩兵銃ト同様ナリ

特性　本銃ハ「ヘリンー十六連發銃ト殆ト同一構造ヲ有ス唯異ナル點ハ彈藥筒裝塡ノ爲特ニ其ノ孔ヲ有セサルヲ以テ裝塡操作ニ尠カラサル時間ヲ要セリ此ノ欽ヲ醫スル爲同國人「キング」ハ尾槽ノ右側ニ該裝塡孔ヲ設ケ其ノ他各部ニ僅少ノ改正ヲ加ヘ西曆一八六六年專賣特許權ヲ得タルモノトス

主要諸元

口徑	粍	一一
銃長	粍	一、〇〇〇
銃量	瓩	三、五六〇
腔綫數		六
遊底樣式		特種遊底
最大照尺距離	米	五〇〇

歩兵銃

騎銃

ステーベン式銃

沿革　本銃ハ墺國人「ステーベン」ノ發明ニ係ルモノナルモ創製及渡來年月詳ナラス殊ニ照尺分畫ノ狀態ヨリ考フレハ半成品ナルカ如キ疑アルモ唯銃身ニ菊花紋章アリ明治五年以前ニ渡來シタルコトヲ知ルヘシ

特性　本銃ハ遊底ノ構造極メテ特異ニシテ實ニ他ニ其ノ類ヲ見サルナリ其ノ構造ハ異中心ノ旋廻鎖栓式ニシテ恰モ同國「スコダ」式異中心鎖栓ニ似タリ遊底ヲ百八十度右方ニ旋廻スレハ銃尾ヲ開キ遊序ノ皿狀裝塡孔ハ銃腔ニ對ス又之ヲ左方ニ旋廻スレハ全ク遊底ヲ閉ツ鎖体ニ對シテ擊鐵孔アリ擊鐵ヲ納ム

主要諸元

區分＼種別	歩兵銃	騎銃
口徑 粍	一二	一二
銃長 粍	一、三三〇	九九〇
銃量 瓩	四、七五〇	三、三五〇
腔綫數	四	六
最大照尺距離 米		六〇〇

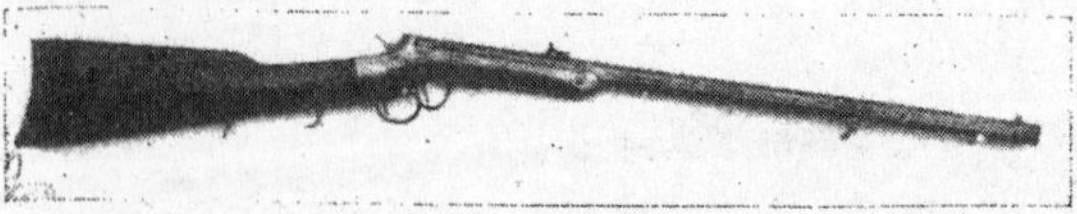

カットラ銃

沿革　本銃ハ西暦一八五九年九月及一八六二年十一月「カットラ」ノ專賣權ヲ得タルモノナリ渡來年月其ノ製造所等不明ナルヲ以テ其ノ諸元モ亦之ヲ詳スルコト能ハズ

特性　大體ノ構造ハ現時ノ獵銃ノ如ク銃身ハ尾槽ノ處ヨリ折レテ銃尾ヲ開キ實包ヲ塡實シ得ヘシ之カ爲引鐵ノ直前方ニ更ニ一種ノ引鐵ヲ備ヘ之ヲ引クトキハ銃身ハ折レテ銃尾ヲ扛起スルモノトス

主要諸元

口徑粍	一二
銃長粍	九八〇
銃量瓩	二、八一〇
腔綫數	五

フランコット式十連發銃

沿革　本銃ハ白耳義人「フランコット」ノ發明ニ係ルモノナルモ造製所及輸入ノ經歷詳ナラス多分同式歩兵銃ト共ニ明治初年渡來シタルモノナラン

特性　銃尾機關ノ構造ハ「スミスウエッソン」拳銃ト略同一ニシシ圓壔體ノ彈倉アリ軸ニ依リテ旋廻シ其ノ周圍ニ十箇ノ圓腔ヲ穿ツ即チ彈藥室ナリ擊鐵ヲ起ストキハ彈倉ハ周圍ノ十分ノ一ヲ旋廻シ新彈藥筒ヲ擊鐵ニ對セシム

主要諸元

口徑	粍	一二
銃長	粍	一〇九〇
銃量	瓩	二、三五〇
腔綫數		七
遊底樣式		彈倉拳銃式

ペルリン式六連發銃

制式

違式甲

同乙

沿革　本銃ハ佛人「ペルリン」ノ發明ニ係ルモノナルモ輸入經歷詳ナラス

特性　銃尾機關ノ構造全ク「スミスウエッソン」拳銃ト同一ニシテ圓壔體ノ彈倉アリ軸ニ依リテ旋廻シ其ノ周圍ニ六箇ノ圓腔ヲ穿ツ彈倉ヲ回轉シ抽筒子ニ正對セシメ一箇宛之ヲ押出ス撃鐵ヲ起ス毎ニ彈倉ハ圓ノ六分ノ一ヲ旋廻シ新實包ヲ撃鐵ニ向ハシム又本銃ニハ異式ノモノ二種アリ大體ノ構造ハ同一ナリ

主要諸元

區分＼種別	制式	違式甲	違式乙
口徑 粍	一〇	一一	一一
銃長 粍	一二〇〇	一〇三〇	九七〇
銃量 瓩	三、七〇〇	二、一〇〇	二、二〇〇
腔綫數	六	六	四
遊底樣式	彈倉拳銃式		
最大照尺距離 米	四〇〇	—	

異式ツンナール銃

沿革　本銃ハ獨國「ヱスヴヱードレーゼー」ノ製造ニ係ルモノナランモ經歷ニ就テハ不詳

特性　本銃ハ一種特異ノ構造ヲ有シ後裝銃トシテ最モ簡單ナル最モ幼稚ナルモノト稱スルヲ得ヘシ銃身後部ノ上面ニ圓孔ヲ穿ヲ玆ニ銃身ト直角セル遊底ヲ貫通ス其ノ中央ニハ彈藥室アリ其ノ底面ニ擊莖尖頭ノ通スヘキ孔アリ又銃身後端ニ擊鐵ノ突子アリ今裝塡ヲ行ハントセハ先ツ擊鐵突子ヲ後方ニ引キ然ル後遊底槓桿ヲ前下方ニ壓スヘシ然ルトキハ遊底ハ轉廻シテ彈藥室ヲ圓孔ニ一致セシム次ニ彈藥筒ヲ裝塡シ槓桿ヲ後方ニ引クヘシ是ニ於テ遊底復舊シテ射擊準備ヲ了ス

主要諸元

口徑	粍	九
銃長	粍	九一〇
銃量	瓩	二、一五〇
腔綫數		四

シャープス式騎銃

甲

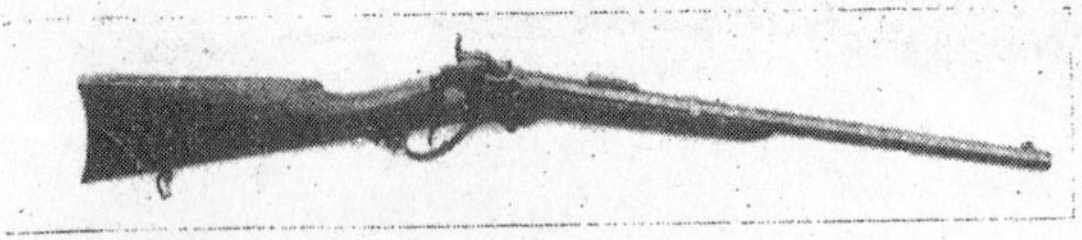

乙

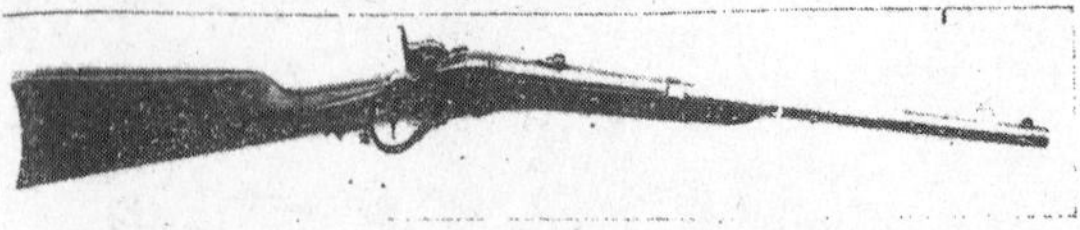

雷管打

沿革　本銃ハ米國「シャープス」小銃製造所カ西暦一八四六年專賣權ヲ得爾後若干ノ改良ヲ加ヘ西暦一八五二年及一八五九年ノ二回ニ專賣權ヲ得タルモノナリ本邦渡來ノ經歷詳ナラサルモ殘存銃中銃床ニ「壬申三千三百八十五福岡縣」ナル燒印アルモノアリ壬申トハ明治五年ニシテ還納兵器調査ノ年次ナリ或ハ又「賊徒某携帶銃分捕」ト墨書セルモノアリ賊徒トハ西南役薩軍ノ稱ナルヘシ是等ヲ以テ推考スレハ明治維新以前西國某藩ノ可也多數購入シタルヲ知ルヘシ但シ本銃ニハ甲、乙及雷管打ノ三種アリ

主要諸元

種別／區分	騎兵銃 甲	騎兵銃 乙	雷管打
口徑 粍	一三	一三	一三
銃長 粍	九九〇	九五〇	九七〇
銃量 瓩	三、四七〇	三、一五〇	三、五〇〇
腔綫數	六	六	六
遊底ノ樣式	底碪式	底碪式	底碪式
最大照尺距離 米	八〇〇	不明	不明

スタール式騎銃

沿革　本銃ハ米人「スタール」ノ發明ニ係リ西暦一八五八年同國ノ專賣權ヲ得タルモノナリ本邦渡來ノ年月詳ナラス明治三年十一月海軍用所ヨリ本銃七十五挺ヲ七連發銃十挺ト交換セシコトアリ又明治五年九月還納兵器整理伺書賣却スヘキ指令中本銃三千三百八十挺ヲ計上セリ其ノ後置賜縣ヨリ同銃三百九十七挺ヲ還納シ同年十月傭教師大尉「ルボン」ノ小銃調査報告中ニ在庫ノ「スタール」銃ハ廢銃ト爲スヘキ等ノ記事アリ是等ノ記事ニ依レハ本銃ハ明治維新以前渡來シタルコトヲ知ルヘシ次テ明治七年「スタール」銃三百七十七挺ヲ大倉喜八郎ヨリ又千四百四十挺ヲ栗屋品藏ヨリ買上ケタリ惟フニ之ヲ砲兵銃トシテ使用スル目的ナラン爾後砲兵及輜重兵ニハ「スペンサー」銃ヲ支給シ其ノ不足ヲ「スタール」銃以テ補塡スルコトヽナリ明治九年ニハ之ヲ完了シタルカ如シ次テ村田騎銃ノ採用アリ本銃ハ遂ニ廢品處分ニ付セラレタリ戰歷トシテハ戊辰諸役ニ使用シ居レリ

主要諸元

口徑	粍	一三、五
銃長	粍	九六〇
銃量	瓩	三、四〇〇
腔綫數		五
遊底ノ樣式		複底碪式

レミントン式銃

沿革　本銃ハ西暦一八六四年北米合衆國「レミントン」ノ發明ニ係リ更ニ西暦一八六八年之ヲ改正シ廣ク歐洲及清國等ニ供給セリ本邦ニ始メテ渡來シタルハ明治初年ナルカ如シ元來本式號ハ其ノ口徑ニ於テ十一粍四、十二粍七ノ二種アリ其ノ他銃長ニモ亦異ナルモノアリ何レカ最初本邦ニ渡來シタルヤ詳ニスルコト能ハス明治四年各種小銃天覽ノ際「レミントン」一挺ヲ列セリ當時本銃ハ武庫司ニ唯一挺ヲ有スルノミト記セリ然ルニ翌五年九月ニハ諸藩返納品九九五挺ヲ數ヘタリ其ノ後モ諸地方ヨリ返納セシモノアリシカ如シ明治十三年朝鮮政府ヘ四七八挺賣却ス翌十四年十月不用銃見本トシテ香港ニ送リタル內「レミントン」銃八種類アリト記ス要スルニ本銃ハ本邦陸軍ニ於テハ常備隊ニ支給シタルコトナク其ノ後村田銃完成ノ期ニ方リ多ク賣却セラレタリ

主要諸元

種別	歩兵銃			騎兵銃		
區分	長	中	短	甲	丙	丁
口徑 粍	一三、七	一三、七	一三、七	一三、七	一三、七	一三、七
銃長 粍	一、二七〇	一二四〇	一一七〇	九七〇	八九〇	八七〇
銃量 瓩	四、〇〇〇	三、八五〇	四、〇〇〇	三、四五〇	二、九五〇	三、一三〇
腔綫數	六	六	六	六	六	六
遊底様式	底碪式ノ一種					
最大照尺距離 米			一五〇〇	七〇〇	五〇〇	五〇〇

小銃長

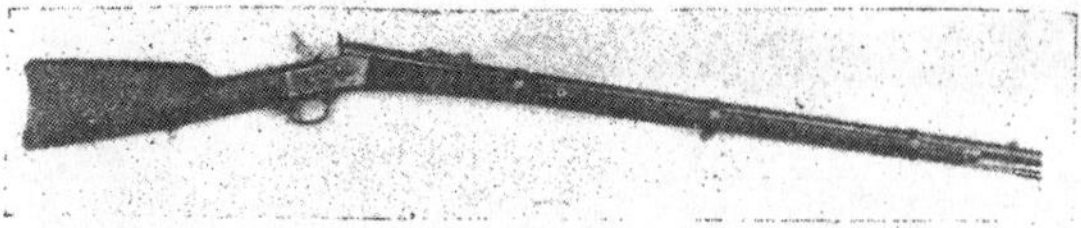

同中

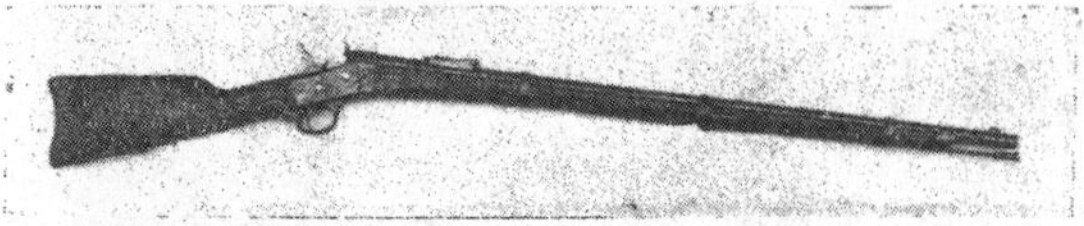

同短

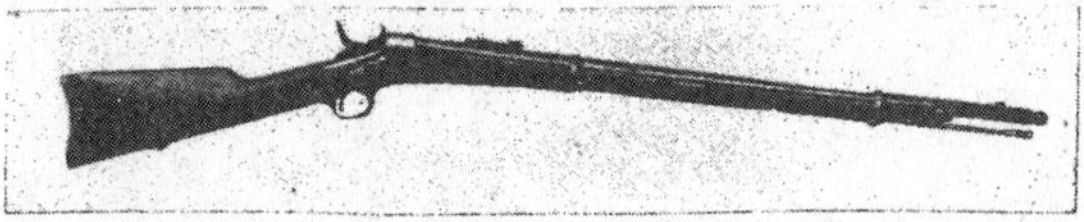

騎銃甲

同丙

同丁

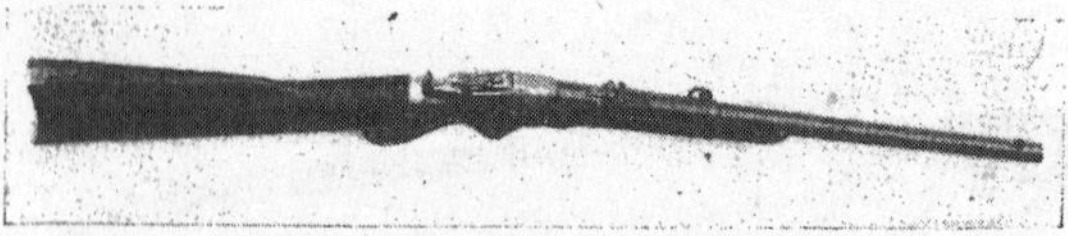

スペンサー騎銃

沿革　本銃ハ西暦一八六〇年（萬延元年）北米合衆國ニ於テ發明セラレタル連發銃ニシテ慶應ノ頃我ガ國內亂多事ノ時ニ方リ歩兵銃ト共ニ購買シタルモノナラン然ルニ是等ノ銃購買ハ各種ノ方面ニ行ハレタルヲ以テ本銃輸入ノ記ヲ詳ニスル能ハス明治五年六月武庫正湯淺則和ヨリ『「スペンサー」騎銃百七拾五挺アルモ其ノ儘用ニ立難キモノ餘程有之』トノ旨ヲ秘史局ニ申出アリ是ニ依リテ觀レハ其ノ慶應年間ニ輸入シタルコトヲ知ルヘシ爾後騎、砲、輜重兵用トシテ採用シ來リシモ明治十七年ニ至リ全ク之ヲ廢止セリ戰歷トシテハ西南役其ノ他ニモ使用シタルモノヽ如シ

特性　本銃ノ遊底ハ底碪式ニシテ尾槽內ニ納ム彈倉ハ鋼製ノ彈倉管ニシテ床尾內ニ裝置ス管底ニ螺線發條アリ遞次彈藥筒ヲ藥室內ニ裝塡スヘシ尾槽內ニ駐塡子アリ彈藥筒ノ濫出ヲ防ク故ニ連發若クハ單發ヲ爲シ得ヘシ特ニ藥室內ノ彈藥筒ヲ裝塡セハ八連發ヲ爲シ得ヘキナリ

主要諸元

口徑	粍	一三、五
銃長	粍	九四〇
銃量	瓩	三、八六〇
腔綫數		六
遊底ノ様式		底碪式
最大照尺距離	米	九〇〇

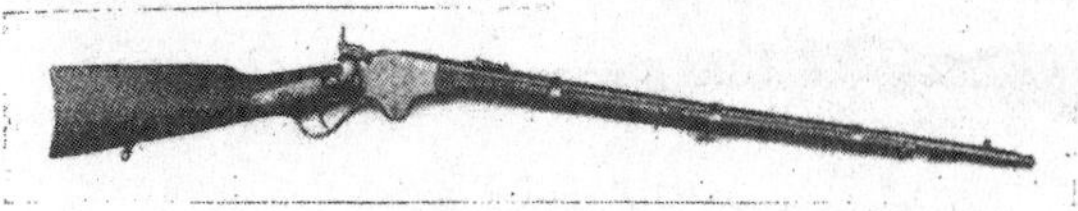

スペンサー式歩兵銃

沿革　本銃ハ西暦一八六〇年（萬延元年）北米合衆國ニ於テ發明セラレタルモノニシテ連發銃トシテ先ツ以テ世界ノ嚆失トス慶應ノ頃我カ國内亂多事ノ時ニ方リ購買セラレタルモノナラン然ルニ其ノ購買ハ各種ノ方面ニ行ハレタルヲ以テ最初輸入ノ期ヲ詳ニスルコト能ハス明治初年ニハ本銃ヲ三バンド元込七連發銃ト稱シ有力ナル銃器ナリキ明治五年三月武庫正所見具申ノ一節ニ『歩騎「スペンサー」銃ハ彈藥ト共ニ在來ノモノ隨分有之且戰鬪間場合ニ依リ功績ヲ顯スヘキ器ナレハ不殘東京ニ輸リ集ルコト然ルヘシ』トアリ明治六年同式騎銃ノ騎砲輜重兵ノ携帶兵器トシテ制定セヲルルヤ其ノ員數不足ノ爲歩兵銃ヲ切斷シテ騎兵銃ニ改造セリ本式ノ如キ連發銃ハ彈倉ニ彈藥筒ヲ裝塡スル爲尠カラス時間ヲ要スルヲ以テ眞ノ連發銃ト謂フコト能ハス七發ノ豫備彈藥ヲ裝塡スル單發銃ト稱スヘキナリ戰歷トシテ戊辰諸役、函館、佐賀等ニ使用シ居レリ

主要諸元

口徑 粍	一二、五
銃長 粍	一、一八七
銃量 瓩	四、六〇〇
腔綫數	六
遊底ノ樣式	底碪式
最大照尺距離 米	九〇〇

マルチニー類似銃

沿革　本銃ハ其ノ來歴ヲ詳ニスルコト能ハス唯銃身ニ銃番號六四五一ノ刻字アリ左レハ本銃製造カ試驗的ニ若干挺ヲ製造シタルモノニ非スシテ兎モ角モ軍用銃トシテ某國ニ採用セラレタルモノタルヘシ其ノ構造ハ大體ニ於テ「マルチニー」式銃ト同一ナリ唯「マルチニー」式ハ尾槽ノ右側外面ニ指針アリ以テ擊鐵起伏ヲ表示セリ本銃ニアリテハ此ノ裝置ナキヲ以テ擊鐵カ準備セラレアルヤ否ヤヲ知ル能ハス是ニ於テ之カ危險ヲ豫防スル爲引鐵ノ後方ニ接シテ安全子アリ之ヲ起ストキハ引鐵ハ之ニ妨ケラレテ引クコトヲ得サルノ裝置ヲ備フ

主要諸元

口經　粍	一三、五
銃長　粍	一、二六〇
銃量　瓩	四、三三〇
腔綫數	四
遊底ノ樣式	底碪式
最大照尺距離　碼	一、二〇〇

ピーボーチーマルチニー式銃

歩兵銃長

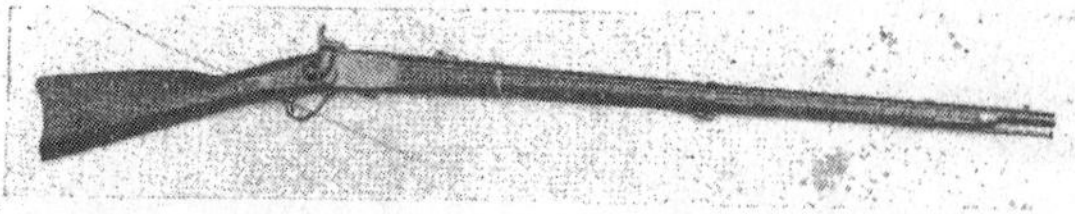

同短

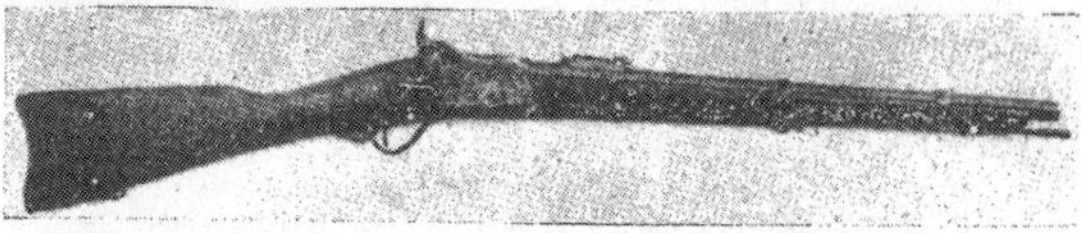

騎銃

沿革

本銃ハ西暦一八六二年（文久二年）「マルチニー」カ米國「ピーボーヂー」銃ノ底部機關ヲ底礁式ニ改造シ特許權ヲ得タルモノニシテ英國「マルチニー」式ト同流ナリ本邦ニ於テハ明治十二年始メテ本銃ヲ得其ノ良好ナルヲ認メ更ニ多數ノ購入ヲ企テタリ偶露土戰ニ於ケル露國ノ鹵獲品ヲ廉價ニ讓渡スルノ議アリ是ニ於テ「ハーブルブランド」商會ノ手ヲ經テ該銃約一萬挺ヲ購入セリ後ノ調査ニ依レハ該銃ハ總テ「ピーボーヂー、マルチニー」ノ不合格品ナリシト言フ明治十五年更ニ七千挺ヲ購入シ本式銃ヲ以テ從來使用セル「スナイドル」及「アルビニー」銃ノ補充ニ供セントセリ然ルニ程ナク村田銃採用セラレ本銃ハ遂ニ一回モ軍隊ノ用ヲ爲スノ機ナカリキ

本式銃ニハ長、短騎銃ノ三種アリ

主要諸元

區分／種別	歩兵銃 長	歩兵銃 短	騎銃
口徑　粍	一一、五	一一、二五	一一、五
銃長　粍	一三八〇	一〇三〇	九八〇
銃量　瓩	四、五五〇	三、四五〇	三、〇〇〇
腔綫數	三	三	三
遊底ノ様式	底礁式	底礁式	底礁式
最大照尺距離　碼	五〇〇	不明	六〇〇

小銃甲

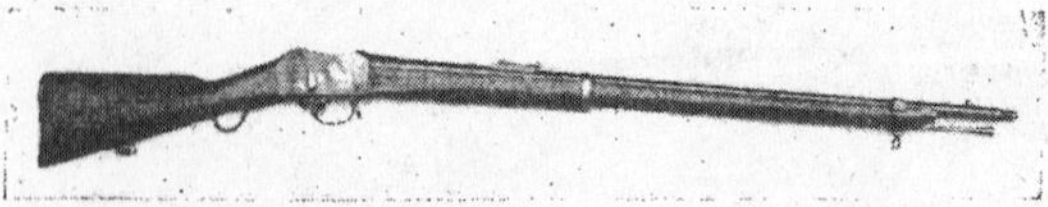

同乙

ヘンリーマルチニー銃

沿革本銃ハ「ヘンリー」ノ意匠ニ係ル腔綫ト「マルチニー」ノ考案ニ成ル銃尾機關ヲ備フルモノニシテ西暦一八七四年英國ノ制定ニ係リ底碪式遊底ノ後裝銃タリ本邦ニテハ明治四年見本トシテ一挺ヲ在築地「スネル」商會ニテ輸入セルモノアリ翌年四月酒田縣ノ申出ニ依リ本銃五百挺ヲ輸入ス當時當局ハ大ニ本銃ヲ統一的ニ採用セント企テシモ諸種ノ事情ハ遂ニ之ヲ許ササリキ明治五年本銃四百九十八挺ヲ近衞局ニ支給セシカ久シカラスシテ「スナイドル」銃ト交換セリ同十、十一年海軍省ヨリ本銃三千五百挺ヲ讓受ク同十一年再ヒ近衞歩兵隊ニ本銃ヲ支給ス同十五年該銃ハ總テ村田銃ト交換セラル翌年殆ト其ノ數ヲ擧ケテ海軍省ニ讓渡セリ本銃ハ射撃ニ方リ反撞力强ク教育上弊害尠カラス一時銃床内ニ鉛ヲ塡實シ銃量ヲ增シ反撞ヲ減スル計畫ヲ爲セシカ豫望ノ効果ヲ收ムルコト能ハサリキ戰歷トシテハ西南役ニ使用ス但本銃ニハ銃長ヲ異ニスル二種類アリ

主要諸元

區分＼種別	甲	乙
口徑 粍	一一、四三	一一、四三
銃長 粍	一、二六五	一、三四六
銃量 瓩	四、一三〇	三、九七〇
腔綫數	七	七
遊底ノ樣式	底碪	樣
最大照尺距離 碼	一、二〇〇	一、二〇〇

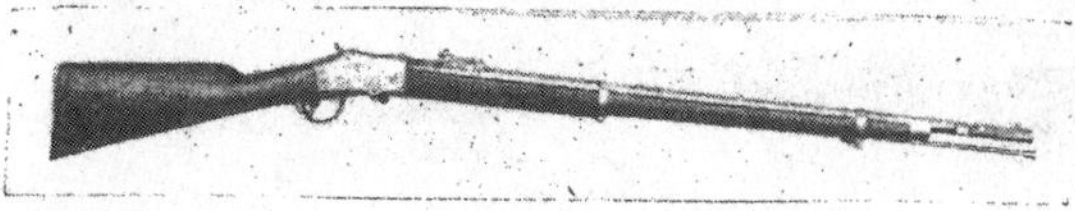

異式ピーボーヂーマルチニ銃

沿革　本銃ハ其ノ來歷ヲ詳ニスルコト能ハス唯銃身ニ「ハーブルブランド」及「ヨコハマ」ノ刻字アルヲ以テ察スルニ「ハーブルブランド」ノ之ヲ輸入シタルモノニシテ明治ノ初年渡來シタルモノナルヘシ其ノ構造モ亦「マルチニー」銃ト異ナル所アリ

特性　本銃ノ銃尾ヲ開クニハ先ツ其ノ後端ニ在ル撃鐵ヲ後方ニ起シ然ル後用心鐵即チ槓桿ヲ起シ底堪ヲ開クモノトス又「マルチニー」銃ハ尾槽ノ右側外面ニ指針アリ以テ撃鐵起伏ヲ表示スルモ本銃ニハ此ノ装置ヲ有セス蓋シ撃鐵ノ位置ニ依リテ其ノ起伏ヲ知リ得ヘケレハナリ

主要諸元

口徑　粍	一一、四三
銃長　粍	一三九〇
銃量　瓩	四、三〇〇
腔綫數	四
遊底ノ様式	底堪式
最大照尺距離	一、三〇〇

ウェルデル歩兵銃

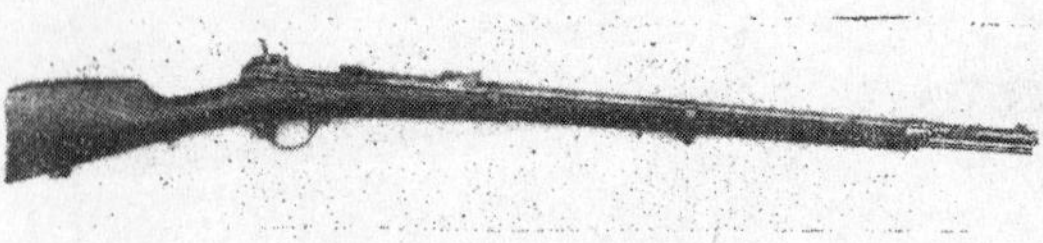

沿革　本銃ハ巴威國カ西暦一八六九年制式トシテ採用セルモノニシテ同國ニ於テハ當時所謂小口徑銃ノ嚆矢ナリ本邦渡來ノ年月及經歷詳ナヲス

主要諸元

口徑 粍	一一
銃長 粍	一、三三〇
銃量 瓩	四、三〇〇
腔綫數	四
遊底ノ樣式	底堪式
最大照尺距離 米	一、二〇〇

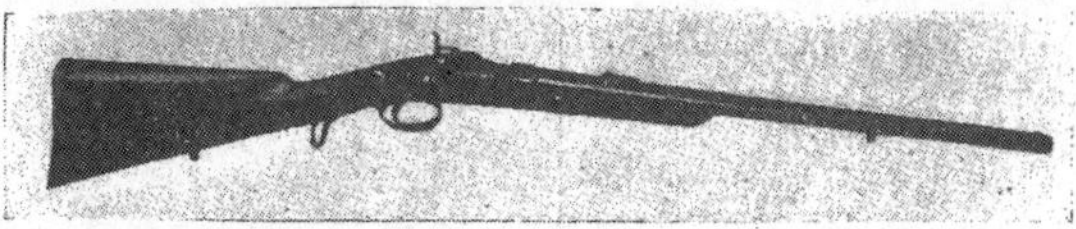

スナイドル獵銃

沿革　本銃ハ其ノ構造全ク「スナイドル」式ニシテ腔綫ヲ有スル等ノ點ヨリ考フレハ軍用銃タルカ如シト雖銃床形狀各部ノ裝飾及負革槊杖ヲ備ヘサル等ノ各點ヨリ察スレハ正シク獵銃タルコトヲ知ルヘシ而シテ其ノ腔綫ヲ有スルハ單ニ「エンヒールド」銃ノ改造ヨリ來レルモノカ若ハ猛獸狩獵ノ爲遠距離射彈單打ノ爲ナルヘキカ

主要諸元

口徑	粍	一四、五
銃長	粍	一〇八〇
銃量	瓩	二、八六〇
腔綫數		三
遊底ノ様式		莨囊式
最大照尺距離	米	二七四

スナイドル銃

沿革　本銃ハ英國ガ西暦一八六六年經濟的ニ銃器改良ヲ企テ「エンヒールド」前裝銃ヲ後裝銃ニ改造シ「エンヒールド、スナイドル」銃ト稱シ採用シタルモノナリ本邦ニ於テハ明治元年乃至四年ノ間ニ於テ約五千挺（異形ノモノアリシナラン）ヲ輸入シタルガ如シ爾後明治十四年二月ニ至ル迄屢次之ヲ輸入セリ明治五年十月傭教師「マルクリー」ヨリ『エンヒールド』銃ノ善良ナルモノ一萬二千挺アリ之ヲ改造シ「スナイドル」銃ト爲スヲ可トス』トノ建白アリ是ニ於テ同年十一月造兵司ハ「エンヒールド」銃ノ元込銃改造工事ニ着手セリ明治六年五月全國ノ歩、工兵携帶銃ノ一定方針ヲ定メ「スナイドル銃改造竣工次第逐次之ヲ各隊ニ配當スルコトニ決セリ西南戰役後銃器ノ損廢著シカリシ故本銃改造ニ力ヲ用ヰ總テ英國「スイブロン」改造式ニ準シ改造スルコトト爲セリ明治十三年ニ至リ新銃製作工事ヲ開始シタルヲ以テ本銃ノ改造工事ヲ中止セリ明治十五、六年ヨリ同十九年五、六月間ニ於テ各隊ノ本銃ハ總テ村田銃ト交換セラレ本銃ハ一時豫備トシテ收藏セラレシモ其ノ後逐次民間ニ拂下ケ若ハ外國ニ輸出セリ由來「エンヒールド」銃ハ英國ニ於テ西暦一八五三年（嘉永六年）制定以來種々異形ノモノヲ製造シタルヲ以テ其ノ改造銃即チ「スナイドル」銃ニモ自ラ種々異形ノモノアリ其ノ寸度重量ニ於テ若干ノ差アリト雖其ノ構造ハ全ク同一ナリ戰歷トテシハ佐賀ノ變西南ノ役臺灣征討ニ使用ス

主要諸元

區分＼稱別	長	短	騎銃	異形	改造銃
口徑 粍	一四、七	一四、五	一四、五	一四、五	一四、七
銃長 粍	一四〇〇	一三三〇	九六〇	一、〇二五	一三三〇
銃量 瓩	四、〇〇〇	三、五五〇	二、九八〇	三、三三〇	三、〇五〇
腔綫數	三	四	三	三	四
遊底ノ様式	蒫	囊	式		方樞軸蒫囊式
最大照尺距離 米	九一四	一、一五〇	二七四	九一四	

長

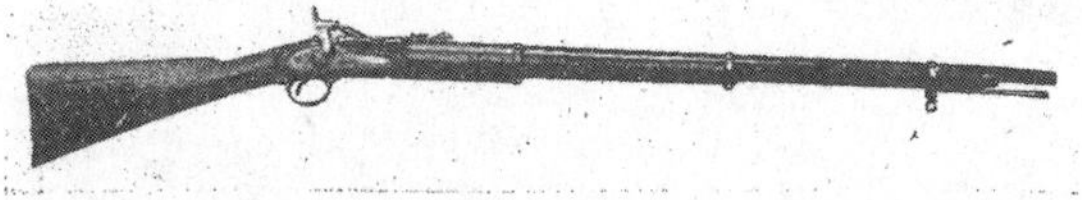

短

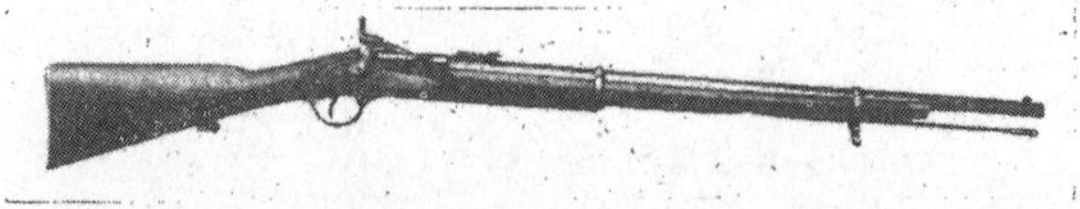

騎銃

異形

改造

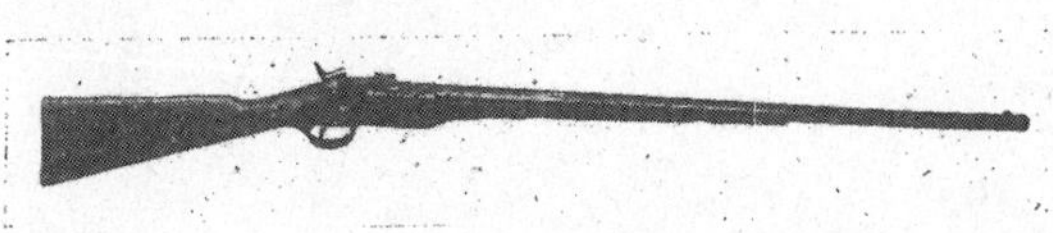

マッチウース歩兵銃

沿革　本銃ハ西暦一八六〇年代ノ初期ニ於テ英人「マッチウース」ノ專賣權ヲ得タルモノナリ本邦渡來ノ年月及沿革詳ナラス然レトモ一般ノ構造ハ「スナトドル」銃ニ酷似セルヲ以テ同銃ハ畧同時即チ明治ノ初年輸入シタルモノト想像セラル

主要諸元

口徑粍	一四
銃長粍	一三四〇
銃量瓩	四、一五〇
腔綫數	五
遊底ノ樣式	左方樞軸蓑嚢式
最大照尺距離碼	一、三五〇

シヨスリン式騎銃

沿革　本銃ハ西暦一八六〇年代ノ初期ニ於テ米國「シヨスリン」ノ發明ニ係ルモノニシテ本邦渡來ノ經歷詳ナラス

特性　遊底ノ構造ハ特種ニシテ其ノ形狀圓筒ヲ半分ニ縱斷シ其ノ一方ニ圓形底ヲ附シタルカ如シ而シテ其ノ縱側端ヲ銃尾端ノ左側ニ樞定ス今遊底ヲ伏スレハ半圓筒ノ底ハ正シク銃腔ヲ閉塞ス尙遊底ノ右側ニハ把手アリ發條ニ依リテ銃尾ヲ鈎シ兼ネテ遊底ノ閉塞ヲ確實ニス底ノ後端中央ニハ撃鐵ヲ納ム

主要諸元

口徑　粍	一四
銃長　粍	九八〇
銃量　瓩	三、一五〇
腔綫數	三
遊底ノ樣式	莨嚢式
最大照尺距離　米	五〇〇

グリイン式騎銃

沿革　本銃ハ西暦一八六四年米國「グリイン、キール」會社ノ專賣權ヲ得タルモノニシテ慶應明治ノ交本邦ニ渡來シ又西國某藩ニ於テハ之ヲ模製シタルカ如シ明治六年還納兵器整理ノ際銃床ニ捺刻セル番號中ニハ長崎縣二千九百二十九番、伊萬里縣千五百二十七番等ノモノアリ本銃カ西國各藩ニ可也多數所有セラレタルヲ知ルヘシ

特性　本銃ハ抽筒子ノ構造ニ從ヒ二種アリ一ハ尾槽前方銃床下ニ把子アリ之ヲ後方ニ引クトキハ抽筒子ハ退却ス他ハ用心鐵兼用ノ槓桿ナリ之ヲ起ストキハ駐筒子ヲ後退セシム

主要諸元

口徑粍	一三、五
銃長粍	九五〇
銃量瓩	三、五〇〇
腔綫數	四
遊底ノ樣式	蕢囊式
最大照尺距離米	八〇〇

騎銃

歩兵銃

イリオン式銃

沿革　本銃ニハ何等ノ刻字ナキヲ以テ製造所製造年月等一切知ルコトヲ得ス然レトモ一般ノ構造ヨリ察スレハ西暦一八六〇年代初期ノモノタルヘシ渡來ノ經暦等モ亦詳ナラス

特性　本銃ノ普通單用銃ニ異ナル所ハ照尺ノ位置カ遊底室ノ後方ニ存スルコト是也其ノ他遊底ノ構造モ他ノ活罨式ニ比シ頗ル異ナル所アリ即チ遊底ノ内部ニ藥室アリ又遊底ハ發條ニ依リ常ニ前部ヲ扛起セントス而シテ之ヲ駐止スル爲銃身ノ後端ニ駐筒アリ之ヲ一八〇度右方ニ回轉スルトキハ遊底ハ其ノ筒鈑ニ依リ駐止セラレ反對ニ一八〇度旋廻スレハ刳割部アリテ遊底ハ扛起ス

主要諸元

種別／區分	騎銃	歩兵銃
口徑 粍	一五	一四
銃長 粍	九八〇	一二九〇
銃量 瓩	二、四〇〇	三、五〇〇
遊底ノ樣式	後方樞軸活罨式	
腔綫數	四	五

歩兵銃　甲

同　乙

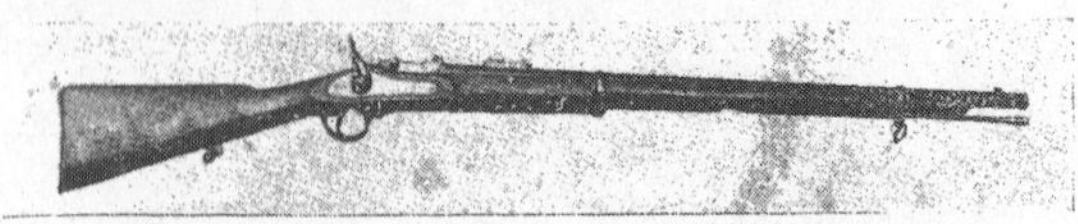

同　丙

アルビニー銃

沿革　本銃ハ白耳義國採用ノモノニシテ墺國改造（西暦一八六七年）「ウエンツル」式ト同種ナリ本邦渡來ノ年月不明ナルモ明治初年西暦某藩ノ購入採用シタルモノトス明治五年三月御親兵ヲ解散ツ近衛兵ヲ置ク該兵一、二、三番大隊ノ携帶銃ハ即チ本銃ナリキ同年十一月湯淺武庫正ヨリ「エンヒールド」銃ヲ「アルビニー」銃ニ改造シ順次各鎭臺ニ支給シ以テ銃器ヲ銃一スヘシ』トノ建議アリ然レトモ詮議ノ結果ハ「スナイドル」銃ヲ假制式トシ「アルビニー」銃ハ豫備トナスコトニ決セリ但事實ハ混同ナリキ同七年ヨリ右改造ニ着手ス然ルニ佐賀西南ノ變アリ工事ノ進捗ヲ見ル能ハス僅ニ其ノ少數ヲ改造シタルニ過キス同十一年五月ニハ全ク改造ヲ中止シ漸次其ノ損廢ニ従ヒ之ヲ收容シ又更ニ支給ヲ爲ササリキ本銃ニハ僅ニ其ノ寸度重量ヲ異ニスル三種類アリ是改造ノ結果ナルヘシ戰歴トシテハ西南ノ役ニ使用ス

主要諸元

區分／種別	甲	乙	丙
口徑 粍	一四、五	一四、五	一四、五
銃長 粍	一二四〇	一、二三〇	一二四〇
銃量 瓩	四、一〇〇	四、〇八〇	四、〇三〇
腔綫數	五	五	五
遊底ノ樣式	活罨式		
最大照尺距離 米	一二五〇	一二五〇	一二五〇

アルビニー騎銃

沿革　本銃ハ白耳義國制定ノモノニシテ墺國改造銃（西暦一八六七年）「ウエンツル」式ト同種ナリ本邦渡來年月不明ナルモ明治初年西國某藩ニ於テ同式歩兵銃ト共ニ購入シタルモノナルヘシ而シテ本騎銃ニ關シテハ武庫司日誌等ニ何等ノ記事ナキヲ以テ見レハ其ノ購入員數多數ニハ非サリシナルヘシ從ツテ之ヲ軍用ニ供シタルヤ否ヤモ不明ナリ

主要諸元

口徑粍	一四、五
銃長粍	九五〇
銃量瓩	三、一〇〇
綫腔數	五
遊底ノ様式	活罨式
最大照尺距離米	三〇〇

ストーム銃

沿革　本銃ハ英人「ストーム」ノ發明ニ係ルト雖其ノ年代詳ナラス唯其ノ遊底ノ式ヨリ察スレハ西暦一八六〇年代ノモノタルヲ知ルヘシ本邦渡來ノ年月亦明ナラス然レトモ銃床ニ壬申三百二十二番伊滿里縣ノ刻字アルモノアリ壬申ハ明治五年ナリ然レハ明治維新以前西國某藩ニ於テ購入シタルヲ知ルヘシ參考銃ハ大同小異ノモノ六挺アリ但遊底ノ構造ニ至リテハ全ク同一ナリ

騎銃甲

同乙

歩兵銃

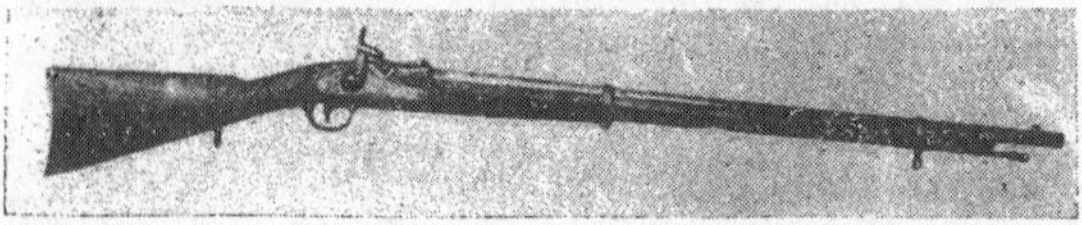

主要諸元

種別／區分	騎銃 甲	騎銃 乙	歩兵銃
口徑 粍	一四、五	一四、五	一四、五
銃長 粍	九四〇	九四〇	一、一〇〇
銃量 瓩	二、四〇〇	二、五五〇	三、七〇〇
腔綫數	三	三	五
遊底ノ樣式	前方樞軸活罨式		活罨式
最大照尺距離 米	三〇〇	五〇〇	一二五〇

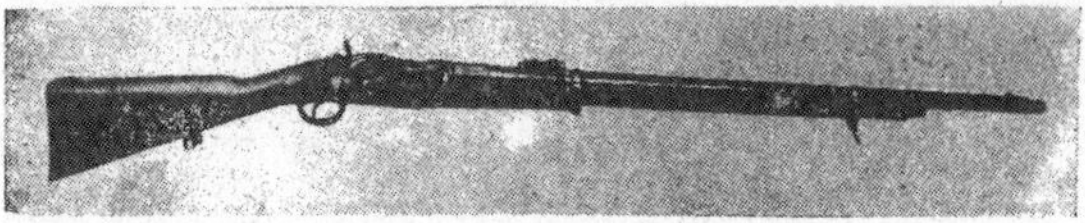

コンブレイン歩兵銃

沿革　本銃ハ其ノ來暦詳ナラスト雖恐ラクハ明治維新以前某藩ニ於テ購入シタルモノナルヘシ銃床ニ譽ノ燒印アリ何ヲ意味スルヤ明ナラス

特性　本銃ノ特異トスル所ハ後方樞軸活罨式ニシテ之ヲ開閉スル爲右側ニ轉把ヲ裝セルコト是ナリ

主要諸元

口徑粍	一四
銃長粍	一三〇〇
銃量瓩	四、三八〇
腔綫數	五
遊底ノ樣式	後方樞軸活罨式
最大照尺距離米	一三五〇

スノルト式銃

沿革　本銃ハ米國「スノルト」ノ發明ニ係リ後裝銃トシテ極メテ古キ歷史ヲ有スルモノナリ　本邦渡來ノ經歷詳ナラスト雖恐ラクハ明治維新以前某藩ニ於テ購入シタルモノナルヘシ一般ノ構造ハ如何ニモ後裝銃原始時代タル俤ヲ存セリ假令ハ銃身ヲ白色ニ硏磨シタルカ如キ又照尺ヲ有セスシテ照準點ニ依リテ遠近ヲ修正スルカ如キ漫ロニ前裝銃ヲ思ハシム又本參考銃ニハ銃尾機關ニ於テ若干相違セル甲乙二種類ノ步騎銃アリ

特性　本銃遊底ハ特種構造ノ後方樞軸活罨式ニシテ銃尾諸機關ヲ總テ此ノ內ニ收容シ且彈藥室モ玆ニ具フ甲ニ於ケル遊底駐子ハ遊底ノ前端下方ニ在リテ引鐵ノ加キ形狀ヲ爲シ銃床下面ニ突出ス之ヲ壓スレハ遊底ヲ上方ニ開クコトヲ得ヘシ又乙ニ於ケル遊底駐子ハ遊底ノ前端ニ在リテ尾槽ニ裝着ス其ノ形狀薄キ圓筒ニシテ把子ヲ具ヘ遊底ノ前端ヲ被包ス之ヲ百八十度旋廻スレハ剝割部アリテ遊底ノ前端ハ之ヨリ脫シ扛起シ得ヘシ

主要諸元

種別	步兵銃		騎銃	
區分	甲	乙	甲	乙
口徑 粍	一三、五	一三、五	一三、五	一三、五
銃長 粍	一三四〇	一三四〇	一〇三〇	一〇三〇
銃量 瓩	四、二五〇	四、一〇〇	三、三〇〇	三、三五〇
腔綫數	八	八	六	六
遊底ノ樣式	特種後方樞軸活罨式			

歩兵銃甲

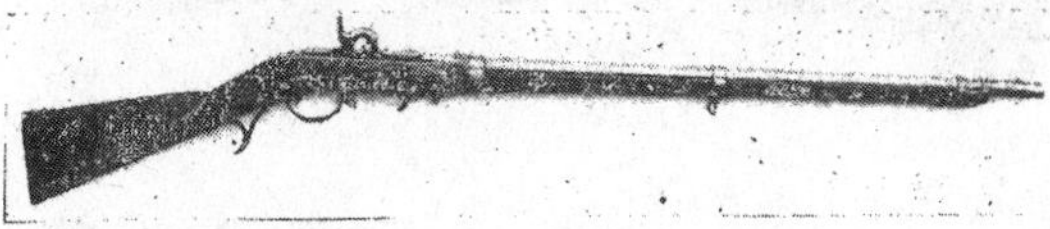

同乙

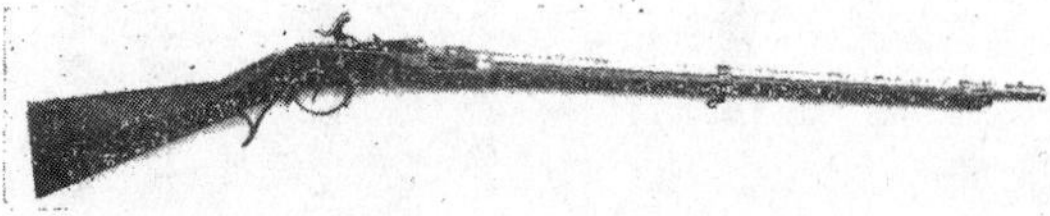

騎銃甲

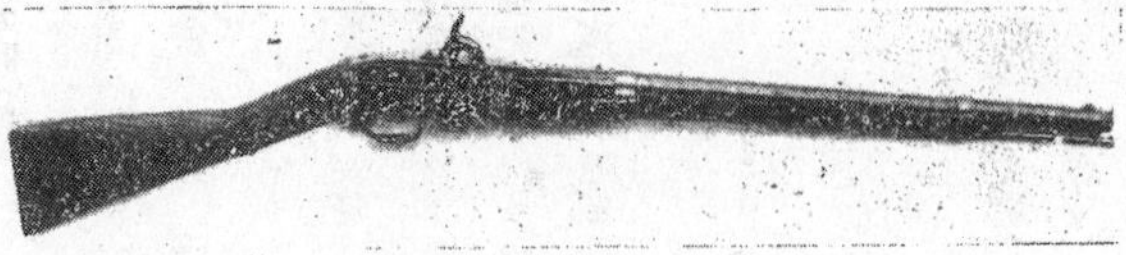

同乙

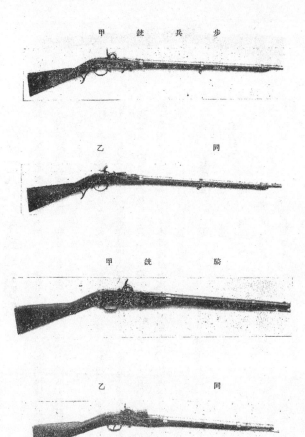

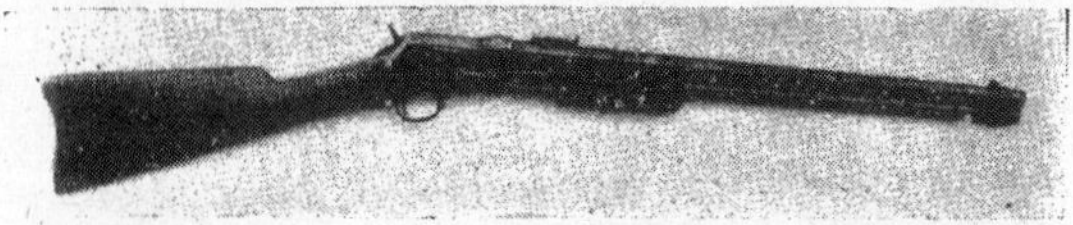

コルト一八八三年式連發騎銃

沿革　本銃ハ北米合衆國「コルト」會計カ西曆一八八三年專賣特許權ヲ得タルモノニシテ直動鎖門式銃中特種ノ構造ヲ有ス銃ハ銃身、彈倉、遊底、擊發機、銃床、遊動握把ノ主部ヨリ成ル

特性　本銃彈倉ハ銃身ト同長ニシテ銃身下ニ裝定ス遊動握把ハ彈倉ニ沿ヒテ遊動シ連鈑ヲ以テ遊底ニ連結ス今遊動握把ヲ後方ニ曳クトキハ遊底ヲ開キ擊鐵ヲ起シ實包一個ヲ彈倉ヨリ取リテ銃腔ニ正對セシム握把ヲ前進セシムレハ實包ヲ塡實シ遊底ヲ閉チ發射ノ準備ヲ了スルモノトス本參考銃ハ西比利亞戰後戰利品トス

主要諸元

口徑	粍	一一
銃長	粍	九四〇
銃量	瓩	二六〇〇
腔綫數		六
遊底ノ樣式		直動鎖門式
最大照尺距離	碼	九〇〇

スプリングヒールド式銃

歩兵銃

騎銃

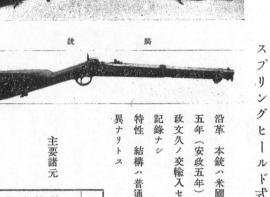

沿革　本銃ハ米國「スプリングヒールド」ノ發明ニ係リ西暦一八五五年（安政五年）初メテ製造セラル本邦渡來ノ年月詳ナラサルモ安政文久ノ交輸入セラレタルモノヽ如ク其ノ後ノ經暦ニ就テモ確タル記録ナシ

特性　結構ハ普通ノ前裝銃ト同一ナルモ唯撃發機カ帶紙式ナルヲ特異ナリトス

主要諸元

種別／區分	歩兵銃	騎銃
口徑 粍	一四、五	一四、五
銃長 粍	一三三〇	九四〇
銃量 瓩	三、七五	三、一五
腔綫數	三	三
最大照尺距離 米	九〇〇	五〇〇

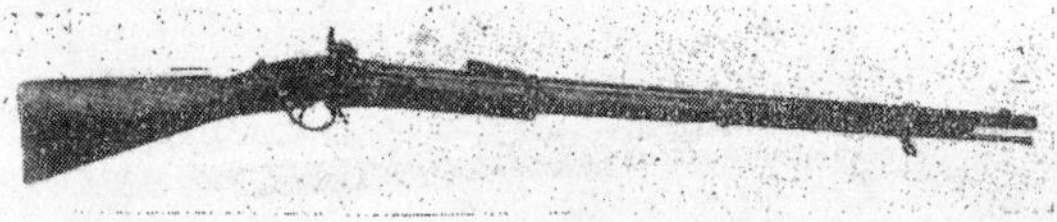

レカルツ式歩兵銃

沿革　本銃ハ西暦一八六〇年英人「ウエストン、リッチャード」ノ發明ニ係リ通常「リッチャート」銃ト稱ス本銃ニ於テハ之ヲ佛音ニテ音讀シテ「レカルツ」銃ト稱呼セリ本邦渡來ノ年月詳ナラサルモ多分元治慶應ノ交ナラン慶應二年長州追討ノ役ニ於テ長軍ハ追討軍中ニ於テ之ヲ鹵獲シタルコトアリ又萩製造所ニ於テ多ク之ヲ模造シタリ參考銃中ニモ同所製ノモノ三挺ヲ存ス銃ノ構造ハ其ノ年月ニヨリ多少ノ差アリ是該銃カ世界何レノ國ニ於テモ制式トシテ採用セラレサリシ爲ナルヘシ又戰歷トシテハ長州征討戊辰ノ役西南ノ役ニ使用ス

主要諸元

口徑	粍	二
銃長	粍	一、三三五
銃量	瓩	四、〇八〇
腔綫數		四
遊底ノ樣式		前方樞軸活罨式

砲兵銃

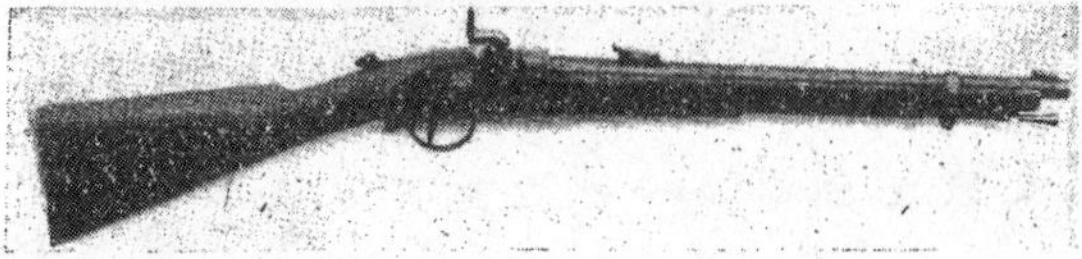

騎銃

レカルツ式銃

沿革　本銃ハ西暦一八六〇年頃英人「ウェストレ、リッチャード」ノ發明ニ係リ通常「リッチャード」銃ト稱ス本邦渡來年月不明ナルモ歩兵銃ト同様多分元治、慶應ノ交ナラン明治四年歩兵局ノ下問ニ對シ武庫司ハ砲兵銃トシテ本銃ヲ推薦シ翌年同司ヨリ見本トシ英國製山口藩製ノモノヲ提出セルコトアリ明治六年五月ノ調査報告ニ依レハ本銃ハ大阪鎭臺第一、第二砲隊ノ携帶銃タリ其ノ廢止後一般ノ希望者ノ爲射的用トシテ民間ニ拂下ケラレタリ又戰暦トシテハ長州追討戊辰ノ役、西南ノ役ニ使用ス

主要諸元

種別 / 區分	砲兵銃	騎銃
銃徑 粍	一一	一一
銃長 粍	一〇四五	九一〇
銃量 瓩	三一五〇	二、七五〇
腔綫數	四	四
遊底ノ種類	前方樞軸活罨式	
最大照尺距離 碼	—	八〇〇

アルビニー式長歩兵銃

沿革　本銃ハ其ノ構造全ク同式歩兵銃ト同一ナリ本邦渡來ノ經歷詳ナラス唯其ノ製造年カ西暦一八七九年（明治十二年）ナルヲ以テ同式歩、騎等トハ其ノ渡來ノ事由ヲ異ニセルコト勿論ナリ或ハ十三年式村田銃創製ニ方リ參考トシテ購入シタルニ非サルカ

主要諸元

口徑	粍	一一
銃長	粍	一三六〇
銃量	瓩	四、七〇〇
腔綫數		四
遊底ノ様式		活罨式
最大照尺距離	米	三〇〇

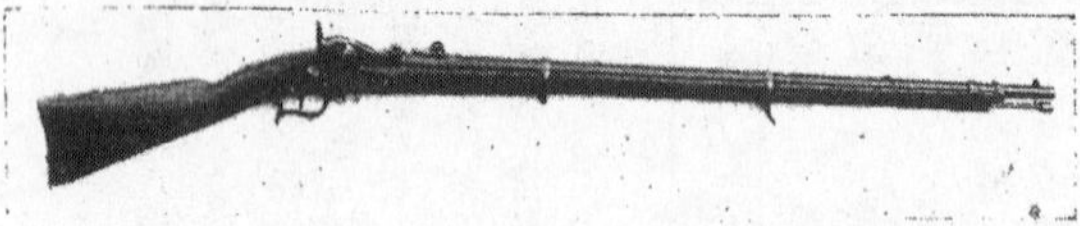

エルラッハ式歩兵銃

沿革　本銃ノ來曆總テ詳ナラス遊底ノ構造ハ活罨式ニシテ頗ル巧妙ナリト稱スルヲ得ヘシ惟フニ活罨式時代ノ末期ノモノナルヘシ

主要諸元

口徑	粍	一一
銃長	粍	一三四〇
銃量	瓩	四、四五〇
腔綫數		四
遊底ノ様式		前方樞軸活罨式
最大照尺距離	米	八〇〇

長

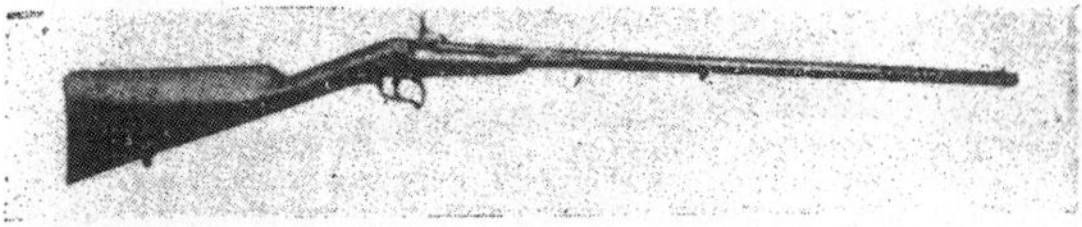

短

ホルラー銃

沿革　本銃ノ來歴總テ詳ナラス

特性　構造上特異トスル所ハ銃口端ノ右側ニ内徑二〇粍長サ一〇四粍ノ銅製管ヲ鋲着シアルニ在リ銃劍裝着ノ用ニ供スルモノニシテ即チ駐梁ノ一種ナリ又本銃ニハ寸度ヲ異ニスル長、短二種類アリ

主要諸元

區分＼種別	長	短
口徑　粍	一二	一二
銃長　粍	一〇九〇	九五〇
銃量　瓩	二、三五〇	二、四〇〇
腔綫數	四	四
遊底ノ様式	後方樞軸活罨式	後方樞軸活罨式

ツンナール銃

歩兵銃長

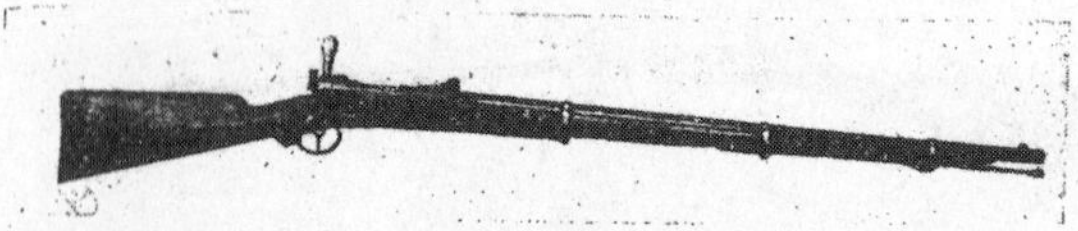

同　短

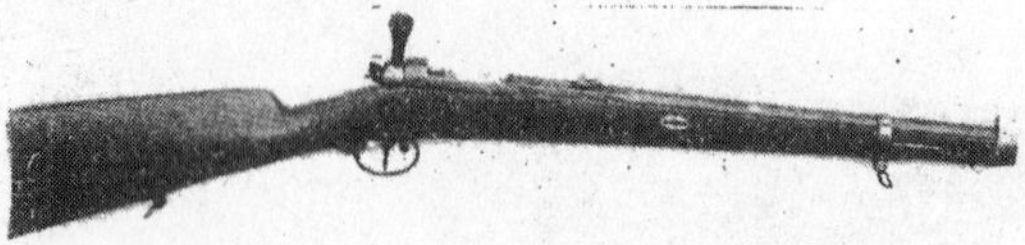

沿革　本銃ハ普國カ西暦一八四一年世界ニ率先シテ採用シタル後装銃ナリ世界ニ於ケル小銃ノ發達ハ本銃ニ負フ所大ナリ本邦ニ渡來シタルハ明治四年和歌山藩カ本式銃七千六百挺ヲ普國ニ註文シタルニ始マル其ノ後各藩ニテモ之ヲ購入シタルモノアルト見エ明治六年七月武庫司ノ調査ニ依ルニ各種合計一萬三千餘挺ハ實用ニ適スルモノトセリ然レトモ本式銃ハ素ト普國ニ於テ西暦一八四一年制定シ爾後西暦一八六二年又一八七〇年ニ改正シ其ノ間試製シタルモノ多ク是等ヲ混同シテ輸入シタルヲ以テ其ノ種類實ニ七種ヲ數ヘ制式トシテ軍隊ニ支給スルコト能ハス短歩兵銃ハ一時大阪鎮臺ニ支給シタルコトアルモ其他ハ總テ豫備銃トシテ一時保存シタルニ過キス

主要諸元

種別／區分	長	短
口徑 粍	一五	一三、六
銃長 粍	一三六〇	九三〇
銃量 瓩	三、九四〇	三、〇〇〇
腔綫數	四	四
遊底ノ樣式	回轉鎖閂式	
最大照尺距離 米	一〇〇〇	不明

パール式歩兵銃

沿革　本銃ハ「ドレーゼー」即チ所謂「ツンナール」式ナリ「バール」ナル名稱ノ出所詳ナラス大體ノ構造ハ長「ツンナール」式ト同一ナリ唯銃床ノ斷面積稍扁平ニシテ前床ハ殆ト銃身ト同長ヲ有シ床尾ニハ頗當ノ凸起部ヲ附ス又上帶ハ略銃口端ニ裝シ之ニ照星ヲ具ス

主要諸元

口徑	粍	一五
銃長	粍	一三七〇
銃量	瓩	四、四七〇
腔綫數		四
遊底ノ様式		回轉鎖閂式
最大照尺距離	米	一〇〇〇

ウインチエスター八十三年式騎銃

沿革　本銃ハ米國ニ於テ西暦一八八三年採用シタルモノナルモ大體ノ製造ハ同式七十七年式歩兵銃ト同一ナリ

主要諸元

口徑	粍	一一
銃長	粍	一〇八〇
銃量	瓩	三、九八〇
腔綫數		六
遊底ノ様式		回轉鎖栓式

ツンナール銃（形違）

沿革　本參考銃ハ他ノ「ツンナール」式銃ニ比シ尾筒ノ構造ヲ異ニセリ即チ遊底ノ槓桿溝ハ中央部ニ於テ屈折ス故ニ遊底ヲ開クトキハ其ノ槓桿ハ該屈折部ニ於テ支駐スルモノトス仰モ普國ニ於テ採用シタル西曆一八四二年同一八六二年及同一八七〇年式ハ何レモ其ノ口徑十五粍四三ナリシヲ以テ本銃ハ普國カ研究ノ爲試驗シタルモノニハ非サルカ要スルニ和歌山藩ノ註文ニ對シテハ大、小、長、短異式ノモノヲ混同シテ輸入シタルヲ以テ其ノ銃ノ性質沿革等ハ之ヲ詳ニスルコト能ハス

主要諸元

口徑	粍	一四、五
銃長	粍	一一三〇
銃量	瓩	四、〇〇〇
腔綫數		五
遊底ノ樣式		回轉鎖閂式
最大照尺距離	米	一三〇〇

ツンナール銃

沿革　本參考銃ハ他ノ「ツンナール」銃長ニ比シ尾筒ノ構造ヲ異ニシ即チ遊底ノ槓桿溝ハ中央部ニ於テ屈折ス故ニ遊底ヲ開クトキハ其ノ槓桿ハ該屈折部ニ於テ支駐スルモノトス又本銃ニハ照尺ヲ有セス四枚ノ照門鈑アリ距離ニ應シテ該鈑ヲ起立ス但分畫ノ刻字ナキヲ以テ其ノ距離ヲ知ル能ハス素ト普國ニ於テ採用シタル西暦一八四二年同一八六二年同一八七〇年式ハ總テ口徑十五粍四三ナリシヲ以テ本銃ハ普國カ研究ノ爲試製シタルモノニ非サルカ要スルニ和歌山藩ノ註文ニ對シテハ大、小、長、短異式ノモノ混同シテ輸入シタルヲ以テ其ノ性質沿革等ハ之ヲ詳スルコト能ハス

主要諸元

口徑	粍	一四
銃長	粍	一二三〇
銃量	瓩	四、一〇〇
腔綫數		四
遊底ノ樣式		回轉鎻門式

テレー式砲兵銃

砲兵銃　甲

同　乙

同　丁

沿革　本銃ハ西暦一八六〇年代ノ初期英人「テレー」ノ發明セルモノニシテ幼稚ナル回轉鎖門式遊底ヲ有セリ遊底ノ後端ニ槓桿ヲ樞定ス槓桿ノ前端ニハ扉鈑ヲ装ス遊底ヲ閉鎖シ槓桿ヲ倒ストキハ該扇鈑ハ彈藥装塡孔ヲ密塞ス本銃ノ來歴詳ナラス但銃ノ頗ル衰損シタルニ徴スレハ明治維新前後ニ於テ購入シ戊辰諸役ニハ某藩ニ於テ之ヲ使用シタルモノナラント想像セラル又本銃ハ寸度重量ヲ異ニスル五種類アリ

主要諸元

區分／種別	甲	乙	丁
口徑 粍	一四	一四	一四
銃長 粍	一〇五〇	九六〇	一三八〇
銃量 瓩	三、五五〇	三、〇〇〇	四、三〇〇
腔綫數	五	五	五
遊底ノ様式	特種回轉鎖門式		
最大照尺距離 米	一三〇〇	一一〇〇	一三五〇

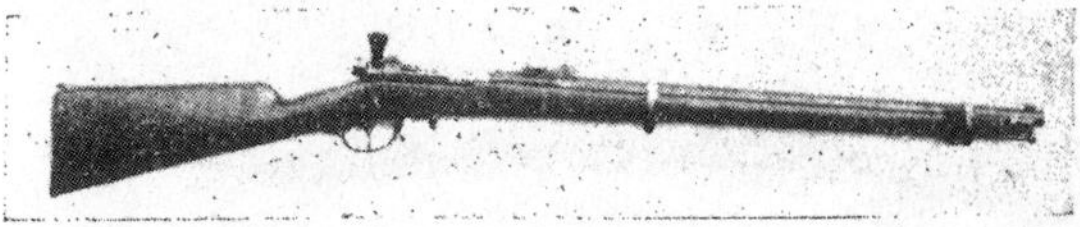

形異ツンナール砲兵銃

沿革　本銃ハ普國ヨリノ輸入品ヲ本邦ニテ改造シタルモノノ如シ遊底室右側ニ二百三十四ノ番號ヲ刻シ之ヲ削除シ僅ニ其ノ片刻ヲ認メ得ルヲ以テ知ルヘシ元來本式銃ハ普國ニ於テ西暦一八二八年（文政十一年）工ヲ遂ケテヨリ以來數度ノ改正ヲ行ヒタルモノナリ本邦ニ於テハ明治初年以來數度ノ購入ヲ爲セルモ新舊良否ヲ混同シテ輸入シタルヲ以テ口徑、銃長、銃量等各種異樣ノモノアリ殊ニ本參考銃ハ本邦ニ於テ改造シタルカ如キヲ以テ其ノ原銃等ニ就テモ今之ヲ詳ニスルコト能ハス『明治十四年十月賣却見本トシテ香港領事館ニ送リタル六種「ツンナール」ノ内ニ「ツンナール」砲兵銃（内形異）アリ』トノ記事アリ本參考品ハ其ノ所謂形異ノモノニ屬スヘシト思ハル一般ノ構造ハ「ツンナール」步兵銃ト同一ナリ

主要諸元

口徑	粍	一四
銃長	粍	一、一〇〇
銃量	瓩	三、三〇〇
腔綫數		四
遊底ノ樣式		回轉鎖閂式
最大照尺距離	米	一〇〇〇

グリーン式銃

歩兵銃甲

同乙

騎銃

沿革　本銃ハ西暦一、八六〇年代ノ初期ニ於テ英國「グリーン」ノ發明ニ係ルモノナリ本銃渡來年月詳ナラスト雖慶應、明治ノ交某藩ノ購入シタルモノナルヘシ又本銃ニハ寸度重量ヲ異ニスル三種類ノ歩兵銃及騎銃アリ

主要諸元

種別／區分	歩兵銃 甲	歩兵銃 乙	騎銃
口徑 粍	一三、五	一三、五	一三、五
銃長 粍	一三一〇	一三四〇	九三〇
銃量 瓩	四、〇五〇	四、〇二〇	二、七五〇
腔綫數	五	五	五
遊底ノ樣式	特種回轉鎖閂式		
最大照尺距離 米	一一〇〇	一三五〇	不明

マンソー後裝銃

沿革　慶應年間諸藩ニ於テ最良適切ノ小銃ヲ採用セントスルニ方リ掛川藩ハ「マンソー」銃ヲ選定シ之ヲ軍用銃ニ採用セリ其ノ効力口込式銃ニ勝ル所アルヤ小諸、小濱兩藩其ノ例ニ準ヒ亦同式銃ヲ採用セリ是本邦ニ於ケル本銃採用ノ創始トス掛川藩ハ最初瑞西ヨリ輸入シ後ニハ同藩ニ於テ少數ナカラ之ヲ製作セリ明治四年大山少將ハ見本品トシテ本銃若干ヲ構買セリ降リテ明治十一年ノ交更ニ三千餘挺ヲ購入セリ之等ハ「ハーブル、ブランド」ヨリ買入タルモノニ非サルヤ詳ナラス又本銃ニハ「マンソー」銃、重、輕、甲、乙、騎銃ノ五種類アリ唯照準機及鋑鍊ニ寸度、重量若干ノ相違アルノミニシテ他ハ同一ナリ

主要諸元

種別／區分	歩兵銃 重	歩兵銃 輕	歩兵銃 甲	歩兵銃 乙	騎銃
口徑 粍	一一	一一	一一	一一	一一
銃長 粍	一三六〇	一三四〇	一三〇〇	一四〇〇	一〇二五
銃量 瓩	四、七五〇	四、三四〇	四、三〇〇	四、二〇〇	三、七一〇
腔綫數	六	六	六	六	六
遊底ノ樣式	回轉鎖門式				
最大照尺距離 米	一八〇〇	一二〇〇	一二〇〇	一〇〇〇	一二〇〇

歩兵銃重

同輕

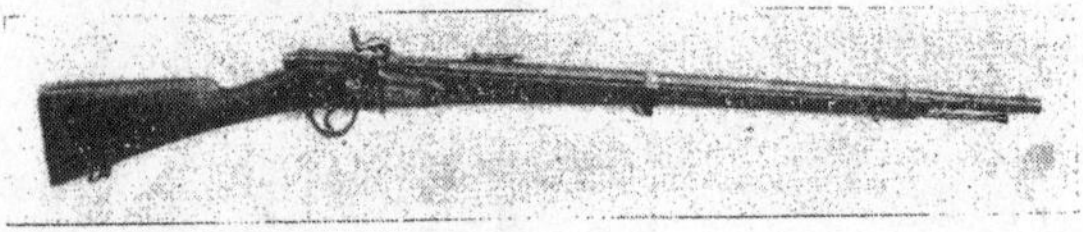

同甲

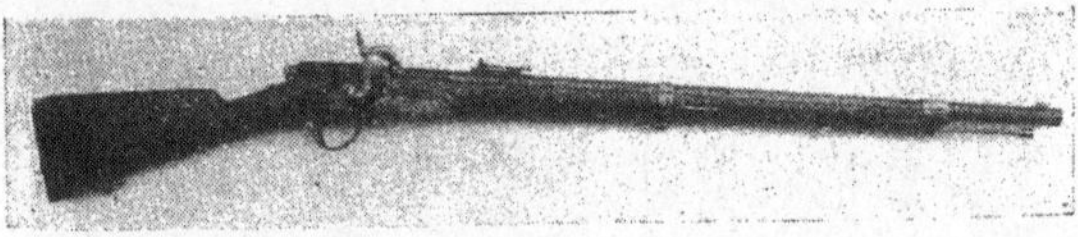

同乙

騎銃

佛國七十四年式步兵銃

沿革　本銃ハ佛國砲兵大尉「エム、グラー」ノ發明ニ係ル、初メ佛國ハ獨佛戰役卒ルヤ「シャスポー」銃ノ改良ヲ企テ西曆一八七二年「ヅコー」將軍委員長ト爲リ綿密ナル試驗ノ後蘭國「ボーモン」式及「グラー」式ヲ良好ト認メ之ヲ軍隊ニ配布シ更ニ軍隊試驗ヲ行フ其ノ結果「グラー」式ヲ最良トシ大統領ハ西曆一八七四年七月七日制式トシテ之ヲ裁可シ七十四年式ト稱セリ本邦ニ於テハ明治維新後之ヲ購入シタルコトアリ其ノ他明治三十三年北清事變ノ戰利品中ニモ之ヲ存セリ其ノ後朝鮮併合當時朝鮮警察ニテ之ヲ使用セリ

主要諸元

口徑 粍	一一
銃長 粍	一三〇〇
銃量 瓩	四、一〇〇
腔綫數	四
遊底ノ樣式	回轉鎖閂式
最大照尺距離 米	一八〇〇

佛國六十六年七十四年式騎銃

沿革　西暦一八六六年ニ佛國ハ「シヤスポー」銃ヲ採用シ之ヲ以テ七十年戰ヲ經過シタルニ幾多ノ缺點ヲ發見シ殊ニ護謨圓板ヲ以テ瓦斯漏洩ヲ防止スル裝置ノ不完全ナルヲ認メ金屬藥莢ヲ採用シ以テ「シヤスポー」銃ヲ改良スルニ決シ西暦一八七二年「ヅコー」將軍委員長ト爲リ委員會ヲ組織シ蘭國「ボーモン」式及「グラー」式ニ就テ綿密ナル試驗ヲ實施シ「グラー」式優良ナルヲ認メ西暦一八七四年七月七日勅令ニ依リ之ヲ採用シ其ノ六十六年式改良ノモノハ六十六年七十四年式ト稱セリ是即チ本銃ナリ本邦渡來ノ經歷詳ナラサルモ蓋シ「グラー」式銃ト同時ニ渡來シタルモノナルヘシ

主要諸元

口徑	粍	一一
銃長	粍	一〇〇〇
銃量	瓩	三、六五
腔綫數		四
遊底ノ樣式		回轉鎖門式

獨國七十一年式銃

歩兵銃

獵兵銃

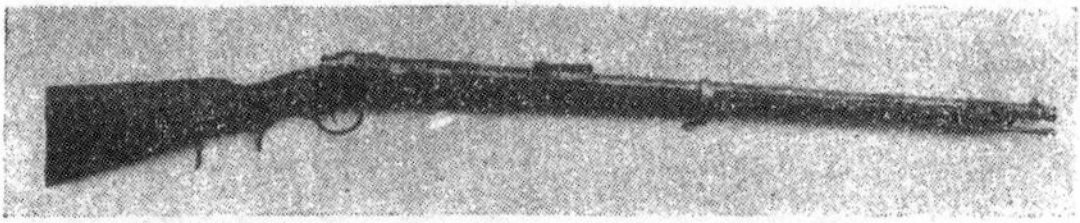

騎銃

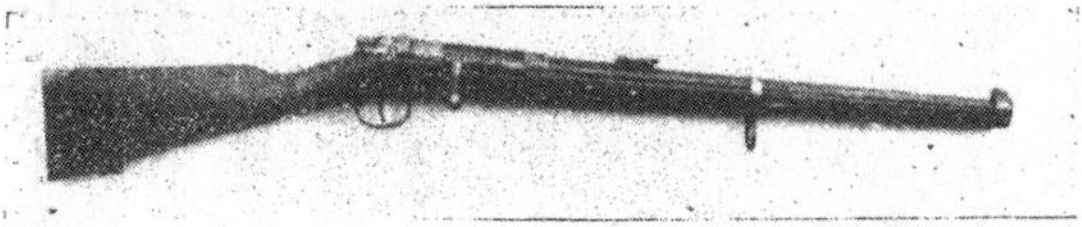

沿革　本銃ハ獨國カ普佛戰爭後將來免ルヘカラサル戰爭ヲ豫期シ小口徑銃ノ採用ニ注意セリ偶々「オーベルンドルフ」ノ銃匠「モーゼル」カ口徑十一粍銃ヲ發明ス獨國政府ハ之ニ若干ノ改良ヲ加ヘ七十一年式銃ト稱シテ採用セリ次テ西暦一八八四年ニ至リ八粍口徑ノ連發銃ニ改造シ更ニ西暦一八八八年ニ至リ八粍口徑ノ連發銃ヲ採用シ本銃ハ全然廢止セリ本銃ニハ歩兵銃、獵兵銃、騎銃ノ三種類アルモ寸度重量ヲ異ニスルノミニシテ全ク同一ナリ又清國ハ此ノ廢銃ヲ購入シ軍用ニ供シタルト見エ日清、北清ノ兩役ニテ我ハ多數ノ該銃ヲ鹵獲セリ

主要諸元

區分＼種別	歩兵銃	獵兵銃	騎銃
口徑 粍	一一	一一	一一
銃長 粍	一三五〇	一三三〇	一〇〇〇
銃量 瓩	四、六〇〇	四、三一〇	三、三〇〇
腔綫數	四	四	四
遊底ノ様式	回轉鎖門式		
最大照尺距離 米	一、六〇〇	一、六〇〇	不明

獨國七十一年八十四年式歩兵銃

沿革　本銃ハ獨逸カ西暦一八七一年制定シタル單發銃ヲ西暦一八八四年連發銃ニ改造シタルモノナリ然レトモ連發銃トシテハ諸種ノ缺點ヲ有シ殊ニ前裝彈裝ナルヲ以テ彈藥筒ヲ彈倉ニ裝塡スル爲多クノ時間ヲ要シ咄嗟ノ場合用ヲ爲ス能ハス要スルニ眞ノ連發銃ニ非ス豫備彈藥筒八箇ヲ塡實シ得ル單發銃ニ外ナラス是ニ於テ獨國ハ西暦一八八八年ニハ本銃ヲ廢止シ新ニ口徑八粍ノ新連發銃ヲ採用セリ

主要諸元

口徑	粍	一一
銃長	粍	一三〇〇
銃量	瓩	四、六〇〇
腔綫數		四
遊底ノ樣式		回轉鎖門式
最大照尺距離	米	一六〇〇

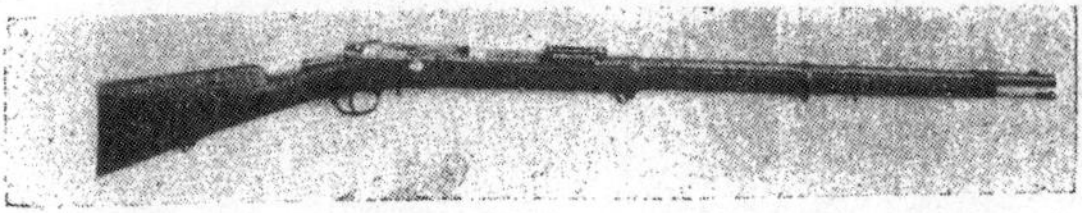

一八八三年モーゼル歩兵銃

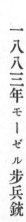

沿革　本銃一般ノ構造ハ普通ノ「モーゼル」式單發銃ト同一ナリ渡來ノ經歷不明ナルモ多分明治初年我ノ盛ンニ銃器ヲ購入シタル當時外國商人ヨリ見本トシテ提出シタルモノニハ非サルカ

主要諸元

口徑　粍	一一
銃長　粍	一三九〇
銃量　瓩	四、三五〇
腔綫數	四
遊底ノ樣式	回轉鎖門式
最大照尺距離　米	一、六〇〇

モーセル式床尾彈倉銃

沿革　本銃一般ノ構造ハ普通「モーゼル」式ニ類似ス唯彈倉機ヲ床尾ニ有シ尾筒ノ下面ニ彈倉管ノ口ヲ顯ス故ニ彈藥筒ヲ彈倉ニ裝塡センニハ遊底ヲ開キ一筒ツヽ之ヲ彈倉內ニ壓入セサルヘカラス卽チ咄嗟ノ場合爲シ得ヘキ操作ニ非ス是ヲ以テ本銃ハ眞ノ連發銃ニ非スシテ豫備彈藥筒五箇ヲ裝塡シ得ル單發銃ニ外ナラサルナリ又渡來年月及其ノ他ノ經歷詳ナラス

主要諸元

口徑	粍	一一
銃長	粍	一三〇〇
銃量	瓩	四、四五〇
腔綫數		六
遊底ノ樣式		回轉鎖門式
最大照尺距離	米	二〇〇〇

リー式歩兵銃（短）

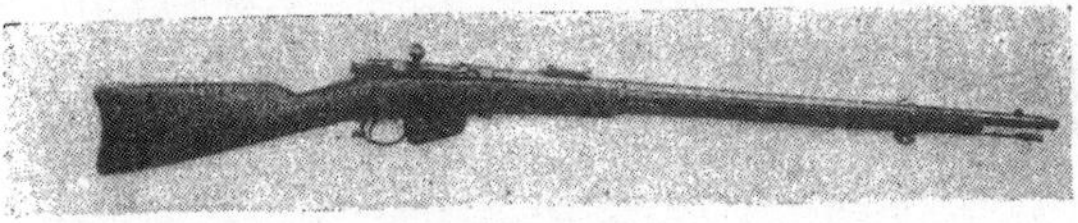

沿革　本銃ハ西暦一八七九年米人「リー」ノ專賣權ヲ得タルモノニシテ同國「レミントン」製造所ノ製造スル所ナリ銃身ニ「明治十六砲一改」ノ刻字アリ惟フニ明治十六年頃本邦ニ於テ連發銃研究ノ爲購入シタルモノナルヘシ又渡來ノ經歷詳ナラス

主要諸元

口徑	粍	一一
銃長	粍	一三二〇
銃量	瓩	四、〇〇〇
腔綫數		六
遊底ノ様式		回轉鎖閂式
最大照尺距離	米	一三〇〇

ウインチエスター八十三年式歩兵銃

沿革　本銃ハ同式七十三年式銃ト等シク鋼製ノ尾槽ヲ具ヘ之ニ銃尾機關ヲ納ム而シテ遊底及彈倉ノ構造ハ全ク同式七十七年式銃ト同一ナリ又渡來ノ經歷詳ナラス

主要諸元

口徑	粍	一一
銃長	粍	一三二〇
銃量	瓩	四、四〇〇
遊底ノ様式		回轉鎖閂式

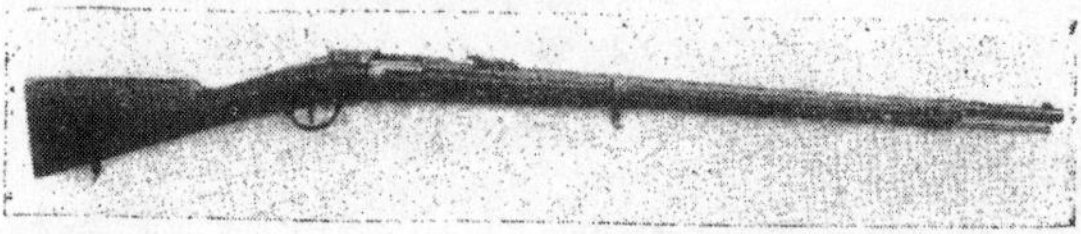

フランコット式歩兵銃

沿革　本銃ハ白耳義人「フランコット」ノ發明ニ係リ當時ノ回轉鎖門式トシテハ其ノ結構巧ナリト謂ッヘシ本邦渡來年月詳ナラサルモ明治五年十月傭教師佛國砲兵大尉「ルボン」ノ在庫小銃調査報告ニ『「シャスポー」銃ハ製造容易ナレトモ遊底開閉迅速ヲ缺クノ嫌ヒアリ特ニ佛國官立工場製以外ノモノハ大ニ手ヲ省キタル所アリ宜シト爲シ難シ其ノ他僞造銃又ハ「フランコット」ト稱スル「シャスポー」ノ僞造銃アリ云々』トアリ之ニ依リ考フレハ「フランコット」銃ハ「シャスポー」ノ名ヲ以ナ明治初年輸入セラレタルニ非サルカ若、果シナ然ラハ狗頭ヲ懸ケテ羊肉ヲ賣リタルノ傾アリ

主要諸元

口　徑　粍	一一
銃　長　粍	一三〇〇
銃　量　瓩	四、二五〇
腔　綫　數	四
遊底ノ樣式	回轉鎖門式
最大照尺距離米	一二〇〇

ラポート式歩兵銃

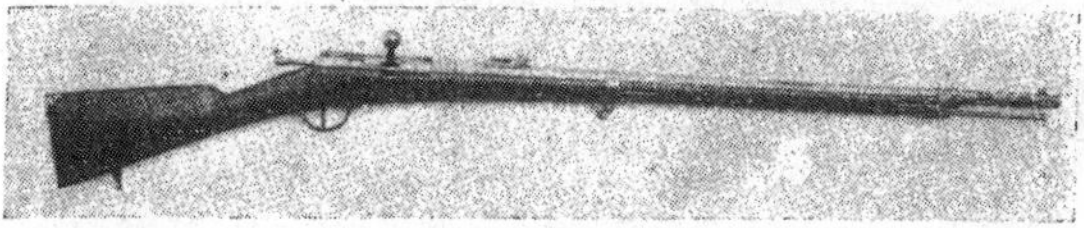

沿革　本銃ハ英人「ジー、ラポート」ノ發明ニ係ル、其ノ年代詳ナラサルモ兎モ角回轉鎖閂式ノ初代ノモノタルヘシ遊底ノ構造ハ針銃式ト擊鐵式トノ混肴即チ「シャスポー」式ト村田單發銃トノ中間物タルノ趣キアリ要スルニ頗ル複雜ナル裝置ヲ有セリ本邦渡來ノ年月明ナラス

主要諸元

口徑　粍	一一
銃長　粍	一三九〇
銃量　瓩	四．〇五〇
腔綫數	四
遊底ノ樣式	回轉鎖閂式
最大照尺距離　米	一三五〇

モーゼル歩兵銃

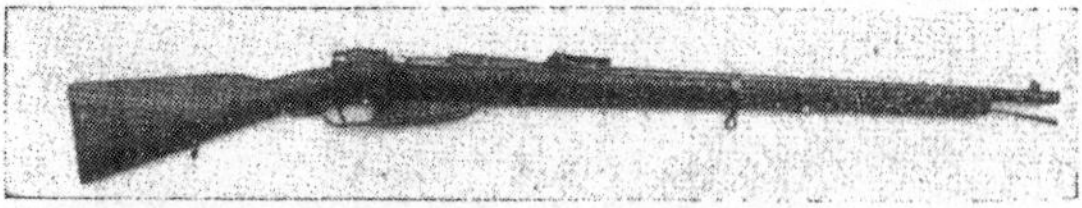

沿革　本銃ハ清國カ獨國ヨリ購入シタルモノニシテ其ノ製造ハ銃身ニ被套ヲ有セサルノ外獨國八十八年式歩兵銃ト同一ナリ北清事變ノ際清兵ノ携帶セル連發銃ハ主トシテ本銃及「マンリツヘル」銃ナリキ

主要諸元

口徑　粍	七、九
銃長　粍	一二四五
銃量　瓩	三、六〇〇
腔綫數	四
遊底ノ樣式	回轉鎖閂式
最大照尺距離　米	二、〇五〇

シャスポー銃

制式

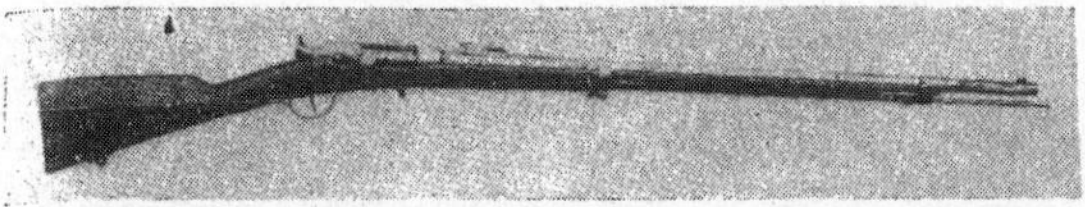

改造銃

改造村田銃

沿革

本銃ハ西暦一八六六年（慶應二年）佛國ノ制定シタル範式ニシテ同十二月佛帝奈翁三世ヨリ幕府ニ二聯隊分寄贈セルヲ以テ本邦渡來ノ嚆矢トス其ノ後屢次之ヲ購入セリ購入品中ニハ姦商ノ欺瞞スル所ト爲リ僞造銃又ハ「フランコット」ト稱スル「シャスポー」ヲ混シタルカ如シ明治九年二月砲兵本廠所藏銃ニシテ修理手入ヲ要スルモノ七千七百四十三挺ヲ算セリ以テ當時本邦ニ於テ相當ノ數ヲ有セルカヲ知ルヘシ同年十一月第三局長福原大佐「シャスポー」銃ヲ改造シ銅製實包ヲ以テ裝塡シ得ヘカラシメントノ伺出ヲ爲シ認可ヲ得タリ明治十一年一月ヨリ各種改造銃ニ就テ研究試驗ヲ實施シ明治十五年遂ニ村田銃ト同樣式ニ改造シ之ヲ改造村田銃ト稱シ同十六年四月ヨリ各種射擊演習用トシテ各隊ニ之ヲ支給セリ「シャスポー」銃ハ銃身鋑鍊全部常ニ琢磨シテ白光灼灼タラシムカ爲手入保存ニ煩ナルノミナラス敵眼ニ觸レ易キ弊アリ、西南戰役ニ於テ賊軍之ヲ使用セリ

主要諸元

區分／種別	シャスポー銃	全改造銃	改造村田銃
口徑 粍	一一	一一	一一
銃長 粍	一三〇〇		一三〇〇
銃量 瓩	四、〇一〇	四、〇三〇	四、〇三〇
腔綫數	四	四	四
遊底ノ樣式		回轉鎖閂式	
最大照尺距離 米	一三〇〇	一五五〇	一五五〇

伊國七十年式騎銃

本銃ハ明治二十九年十月某所ヨリ陸軍省ニ寄贈シタルモノニシテ伊國カ西暦一八七〇年ニ制定シタルモノナリ同國ハ西暦一八七〇年歩、騎銃共ニ本式ヲ採用セシカ西暦一八八七年ニ至リ同國砲兵大尉「ウイタリー」ノ構造ニ從ヒ總テ之ヲ連發銃ニ改造シ七十年八十七年式ト稱セリ然ルニ本銃ハ伊國ニ於テハ明治二十年ニハ既ニ改造セラレタルモノナリ

主要諸元

口徑	粍	一〇、四
銃長	粍	九三〇
銃量	瓩	三、〇五〇
腔綫數		四
遊底ノ様式		回轉鎖門式
最大照尺距離	米	一〇〇〇

英國九十五年式銃

歩兵銃

騎銃

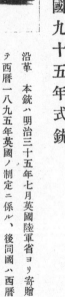

沿革　本銃ハ明治三十五年七月英國陸軍省ヨリ寄贈シタルモノニシテ西暦一八九五年英國ノ制定ニ係ル、後同國ハ西暦一九〇三制式ヲ改正シ目下兩式ヲ混用セリ

特性　本銃遊底ハ回轉鎖閂式ニシテ右室面ニ接シテ閉鎖ス單發ヲ爲スニハ阻鈑ヲ壓シテ彈倉ヲ覆ヒ彈倉内ヨリ彈藥筒ノ進出ヲ阻止スルモノトス最大腔壓ハ三、〇〇〇氣壓ナリト言フ

主要諸元

區分＼種別	歩兵銃	騎銃
口徑 粍	七、六八	七、六九
銃長 粍	一三六〇	一〇二五
銃量 瓩	四、一五〇	三、七三〇
腔綫數	五	五
遊底ノ種類	回轉鎖閂式	
最大照尺距離 碼	二〇〇〇	二〇〇〇

一八九六年製モーゼル歩兵銃

沿革　本銃一般ノ構造ハ獨國九十八年式歩兵銃ト同一ナリ本銃渡來ノ經歷不明ナルモ本銃製作當時ハ恰モ本邦ニ於テ三十年式銃ノ研究中ナリシヲ以テ研究用トシテ購入シタルモノニ非サルカ

主要諸元

口徑　粍	七
銃長　粍	一三九〇
銃量　瓩	四、〇五〇
腔綫數	四
遊底ノ樣式	回轉鎖栓式
最大照尺距離　米	二〇〇〇

モーゼル七粍騎銃

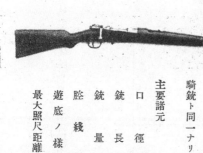

沿革　本邦渡來ノ經歷詳ナラス而シテ本銃ノ銃尾機關ハ獨國九十八年式騎銃ト同一ナリ

主要諸元

口徑　粍	七
銃長　粍	一〇五〇
銃量　瓩	三、六〇〇
腔綫數	四
遊底ノ樣式	回轉鎖閂式
最大照尺距離　米	一四〇〇

和蘭國九十五年式銃

沿革　本銃ハ和蘭國陸軍省ヨリ本邦陸軍省ニ寄贈シタルモノナリ

歩兵銃

騎銃

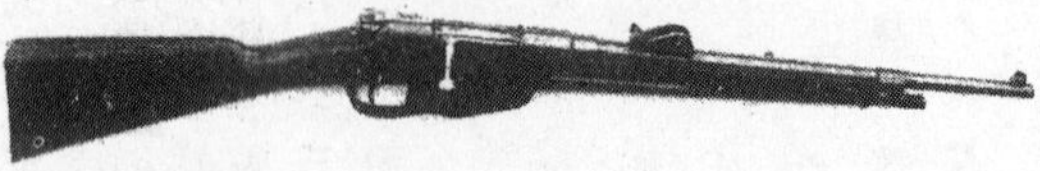

主要諸元

區分＼種別	長	短
口徑 粍	六、五	六、五
銃長 粍	一三六〇	九五〇
銃量 瓩	四、三〇〇	三、三四〇
腔綫數	四	四
遊底ノ様式	回轉鎖門式	
最大照尺距離 米	二〇〇〇	一三〇〇

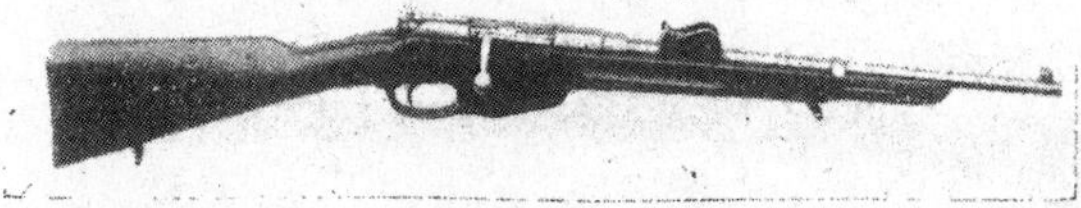

和蘭國制式騎銃

沿革　本銃ハ和蘭陸軍省ヨリ我カ陸軍省ヘ寄贈シタルモノニシテ騎銃、要塞砲兵、交通兵及輕歩兵ノ携帶セシモノナリ初メ蘭國ハ西暦一八九五年歩兵銃ト同式ナル騎銃ヲ制定シタリ該銃ニハ銃劍ヲ裝シタルモ其ノ後不用ナルヲ認メ之ヲ廢シ即チ本銃ヲ採用シタルニ非サルカ

主要諸元

口徑	粍	六、五
銃長	粍	九五〇
銃量	瓩	三、二〇〇
腔綫數		四
遊底ノ樣式		回轉鎖閂式
最大照尺距離	米	一三〇〇

ウイルソン式銃

沿革　本銃ハ英人「ウイルソン」ノ專賣權ヲ得タルモノナリ其ノ年代詳ナラサルモ銃ノ構造ヨリ推定スレハ西暦一八六〇年代ノ初期ノモノナルヘシ遊底ハ直動鎖閂式ニシテ之ヲ駐定スル爲銃床、銃身、遊底ヲ貫キテ駐栓ヲ裝セリ本邦渡來ノ經歷詳ナラサルモ從來本邦ニ於テ之ヲ海老尻銃若ハ横栓銃ト俗稱セルヲ以テ慶應、明治ノ交輸入シ維新役ニハ某藩ニ於テ使用シタルモノナルヘシ蓋シ海老尻トハ遊底ノ後端カ突出シ其ノ狀海老ノ尻ニ類似セルヲ以テ稱呼シ又遊底駐定ノ爲横栓ヲ用ウルヲ以テ横栓銃ト名ケシ也

歩兵銃

騎銃

主要諸元

種別／區分	歩兵銃	騎銃
口徑 粍	一四、六六	一四、六六
銃長 粍	一三四〇	一〇〇〇
銃量 瓩	四、二五〇	三、六一五
腔綫數	五	五
遊底ノ様式	直動鎖閂横栓式	
最大照尺距離 米	一三五〇	不明

歩兵銃

騎銃

ステーフル式銃

沿革　本銃ハ英國「ステーフル」ノ發明ニ係リ直動鎖栓式遊底ノ原始的構造ヲ有ス本邦渡來ノ經歷詳ナラス

特性　本銃遊底ハ單ニ銃尾ノ閉鎖用ニシテ擊發機ハ別ニ前裝銃時代ノモノヲ裝備ス遊底ヲ閉ツルトキハ發條ノ彈撥ニ依リ遊底ノ後端ハ銃身ノ溝ニ鈎シ閉鎖ヲ確實ニス之ヲ開クニハ握鐶ヲ以テ遊底ノ後端ヲ少シク扛起シ次ニ後方ニ索引スルモノトス

主要諸元

區分＼種別	歩兵銃	騎銃
口徑 粍	一四、五	一四、五
銃長 粍	一三二〇	一〇四〇
銃量 瓩	四、三三〇	二、六二〇
腔綫數	五	五
遊底ノ樣式	簡單ナル直動鎖栓式	

戦利兵器

ウェンデル式歩兵銃

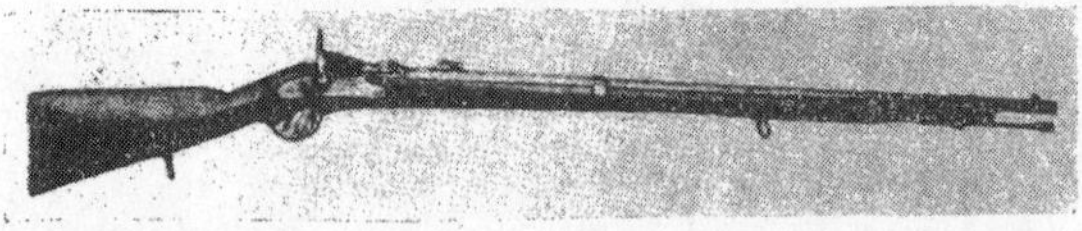

沿革　本銃ハ墺人「ウェンデル」ノ發明ニ係リ墺國カ西暦一八六六年戰役後大規模ノ小銃改造委員會ヲ設立シ研究ノ結果採用シタルモノニシテ從來ノ「ローレンス」前裝銃ハ總テ本式銃ニ改造シ「一八六七年改造銃」ト稱セリ惟フニ本邦渡來銃ハ皆此ノ改造銃ナルヘシ本邦渡來ノ經歷詳ナラスト雖多分日清戰役ノ戰利品ニ非サルカ

主要諸元

口徑粍	一三、九
銃長粍	一三三〇
銃量瓩	四、五〇〇
腔綫數	四
遊底ノ樣式	前方樞軸活罨式
最大照尺距離米	八〇〇

歩兵銃

同違式

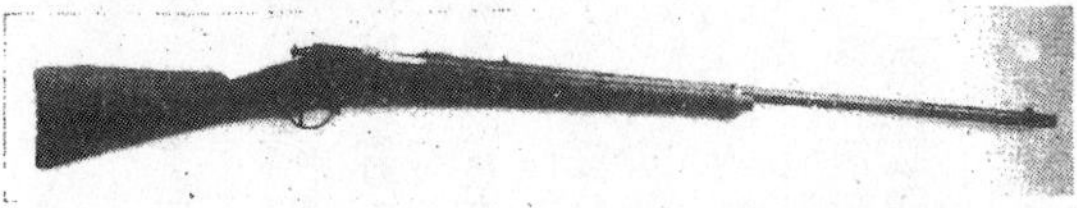

ウインチエスター七十七年式歩兵銃

沿革　本銃ハ米國ニ於テ「ウインチエスター」會社カ西暦一八六〇年、一八七二年、一八七八年ノ三回ニ亘リ專賣權ヲ得タルモノナリ

本參考兵器ハ日淸戰役戰利品ナリ

特性　本銃ハ彈倉ニ彈藥筒ヲ塡實スルニハ遊底ヲ開キ該室ノ下面ニ設ケタル彈倉孔ヨリ一箇宛庄ヘス而シテ之ヲ彈倉內ニ駐止スルニハ銃床ノ左側ニ設ケタル駐子ヲ以テス要スルニ本銃ノ如キハ彈藥裝塡ノ爲尠カラス時間ヲ要スルカ故ニ咄嗟ノ場合其ノ塡實ヲ爲スコト能ハス斯ル銃ハ眞ノ連發銃ニ非スシテ彈倉內ニ豫備彈藥ヲ有スル單發銃ニ外ナラサルナリ本銃ノ外ニ違式ノ一種アルモ大體ノ構造同一ニシテ唯照尺ヲ有セス且銃床ノ長サハ僅ニ銃身ノ半ニ過キス是等ノ關係ヨリ想像スルトキハ軍用銃ト認メ難ク特種ノ用ニ供スルモノナラン

主要諸元

區分／種別	歩兵銃	同違式
口徑 粍	一一	一一
銃長 粍	一三三〇	一三三〇
銃量 瓩	四、一〇〇	三、五八〇
腔綫數	六	五
遊庭ノ樣式	回轉鎖門式	
最大照尺距離 米	一三〇〇	不明

一八七〇年製モーゼル歩兵銃

沿革　本銃ハ獨逸カ西暦一八七〇年普佛戰爭後將來避クヘカラサル戰爭ヲ豫期シ小口徑銃ノ採用ニ腐心セリ當時（オーベルンドルフ）ノ銃匠（モーゼル）ハ口徑十一粍銃ヲ發明ス是即チ本銃ナリ獨國ハ之ニ若干ノ修正ヲ加ヘ七十一年式銃トシテ採用セリ之ヲ要スルニ後來世界的小銃ノ名ヲ擅ニスル（モーゼル）銃ハ本銃ヲ以テ其ノ元祖ト爲セリ本銃渡來ノ經歷詳ナラス恐ラク日清戰爭ノ戰利品ニ非サルカ

主要諸元

口徑粍	一一
銃長粍	一三〇〇
銃量瓩	四、一五〇
腔綫數	四
遊底ノ樣式	回轉鎖閂式
最大照尺距離米	一三〇〇

ウインチエスター七十三年式歩兵銃

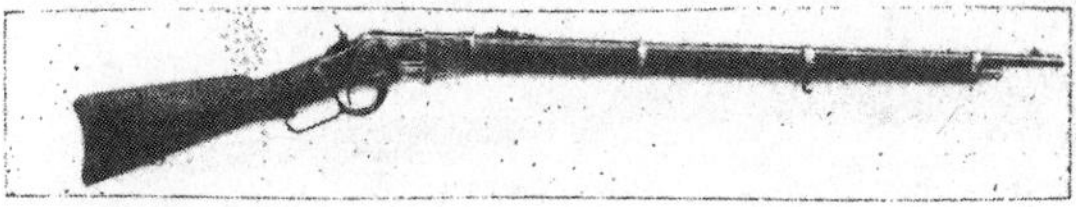

沿革　本銃ハ米國「ヘンリー」十六連發銃ニ若干ノ改良ヲ加ヘタルモノニシテ一般ノ構造同式騎兵銃ト全ク全一ニシテ北清事變ノ戰利品ナリ

特性　「ヘンリー」十六連發銃ニ略同一ナリ

主要諸元

口　徑粍	一一
銃　長粍	一、三三〇
銃　量瓩	三、八五〇
最大照尺距離米	九〇〇

レミントン式歩兵銃

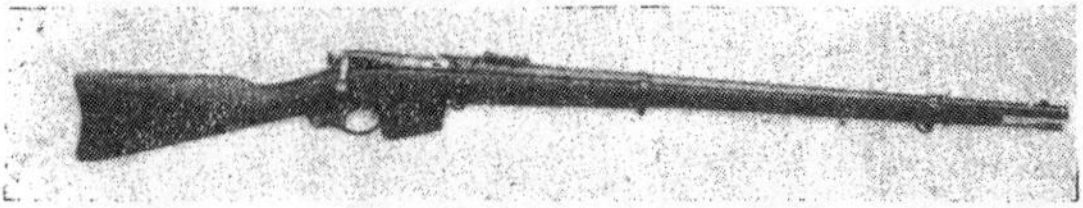

沿革　本銃ハ西暦一八七九年米人（レミントン）ノ專賣權ヲ得タルモノニシテ清國ハ北清事變以前之ヲ購入シタルモノナラン銃身ニ（美國林明登廠製造上海瑞生洋行經辨）ト刻セルモノアリ本銃ハ北清事變ノ戰利品ナリ

主要諸元

口　徑粍	一一
銃　長粍	一三一〇
銃　量	四、一六〇
腔綫數	六
遊底ノ樣式	回轉門式
最大照尺距離米	一、三〇〇

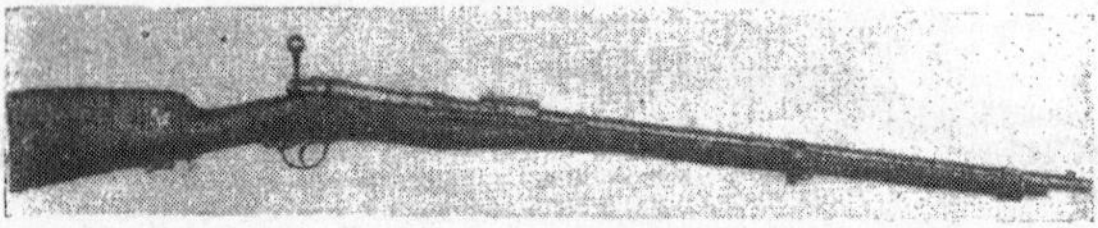

シユリホーフ式歩兵銃

沿革　本銃ハ獨國「シユリホーフ」ノ發明ニ係リ西暦一八八四年（明治十七年）ニ製造シタルモノニシテ日清及北清事變ノ戰利品ナリ

特性　本銃ノ遊底及連發機關ハ一種特異ノ構造ヲ有シ世界突飛ト稱スルヲ得ヘシ遊底ハ圓筒、擊莖、同發條ノ主部ヨリ成リ圓筒ハ後端ニ一對ノ斷隔螺ヲ有シ九十度ノ旋廻ニ依リ遊底ヲ閉鎖ス連發機關ハ裝彈器、推筒桿、彈倉鈑ノ主部ヨリ成リ裝彈機ハ尾筒ノ左側ニ嵌入シ膝關節ヲ以テ推筒桿ニ連結ス推筒桿ハ彈倉內ニ嵌入シ五箇ノ鈎ヲ有シ各彈藥筒ヲ鈎スルニ供ス彈倉鈑ハ床尾內ニ嵌入シ五箇ノ鈎ヲ有シ彈藥筒ノ底ヲ鈎ス射擊ヲ爲スニハ裝彈器ノ槓桿ヲ遊底ニ鈎シ後方ニ牽クヘシ然ルトキハ彈丸ハ上昇シテ藥室ニ正對ス遊底ヲ閉ツトキハ倉內ノ彈丸ハ悉ク前進シテ其ノ先頭ハ裝塡位置ニ達ス

主要諸元

口徑 粍	一一
銃長 粍	一、三四〇
銃量 瓩	四、七〇〇
腔綫數	四
遊底ノ様式	斷隔螺鎖門式
最大照尺距離 米	一、六〇〇

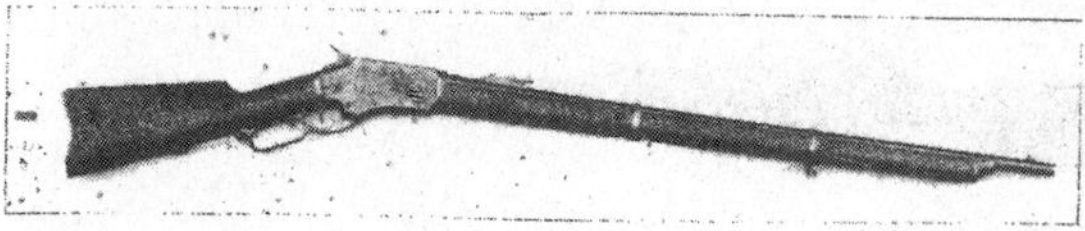

ウイットビール十六連發銃

沿革　本銃ハ米國「ヘンリー」式十六連發銃ヲ改良シタルモノニシテ最初ハ西暦一八七三年米國ニ於テ專賣權ヲ得其ノ後之ニ若干ノ改良ヲ加ヘ更ニ西暦一八七九年（明治十二年）再ヒ專賣權ヲ得タルモノナリ渡來年月ハ不詳ナルモ明治十二年以來ノ製作ニ係ルニ鑑ムレハ本邦ニ於テ購入シタルモノナラサルヲ知ルヘシ左レハ日清戰役若ハ北清事變ノ戰利品ニ非サルカ

特性　銃尾機關構造ノ要領ハ（ヘンリー）式ト略同一ナリ

主要諸元

口徑 粍	一一
銃長 粍	一三九〇
銃量 瓩	四、三〇〇
腔綫數	六
遊底樣式	特種遊底
最大照尺距離 米	一、一五〇

白耳義國八十九年式歩兵銃

沿革　本銃ハ白耳義國カ墺國八十八年式及「ナガン」式「モーゼル」式ノ三種ニ就キ比較ヲ行ヒタル後「モーゼル」式ヲ優秀ト爲シ西暦一八八九年十月制定シタルモノナリ遊底ハ「モーゼル」式ヲ採用シ連發機關ハ「マンリツヘル」式ヲ採用セリ銃身ハ獨國八十八年式ノモノト等シク被套ヲ有セリ本銃ハ清國カ白耳義ヨリ購入シタルモノナルヘク北清事變ノ戰利品ナリ

主要諸元

口徑	粍	七、六五
銃長	粍	一二七〇
銃量	瓩	三、九〇〇
腔綫數		四
遊底ノ様式		回轉鎖門式
最大照尺距離	米	二〇〇〇

モーセル九十一年制歩兵銃

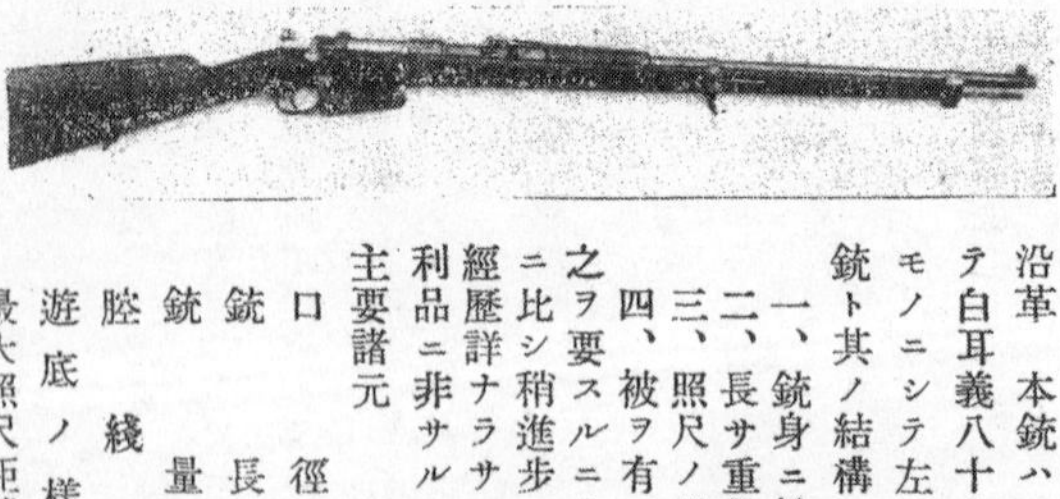

沿革　本銃ハ「モーゼル」會社ニ於テ白耳義八十九年式ニ準シ製シタルモノニシテ左ノ數點ヲ除ク外全然該銃ト其ノ結構ヲ同ジウス

一、銃身ニ被套ヲ有セス

二、長サ重量ヲ異ニス

三、照尺ノ目盛ヲ異ニス

四、被ヲ有ス

之ヲ要スルニ大體ニ於テ八十九年式ニ比シ稍進歩セルヲ認ム本邦渡來ノ經歴詳ナラサルモ多分北清事變ノ戰利品ニ非サルカ

主要諸元

口徑	粍	七、六五
銃長	粍	一二四〇
銃量	瓩	四、〇六〇
腔綫數		四
遊底ノ様式		回轉鎖門式
最大照尺距離	米	二〇〇

マンリッヘル歩兵銃

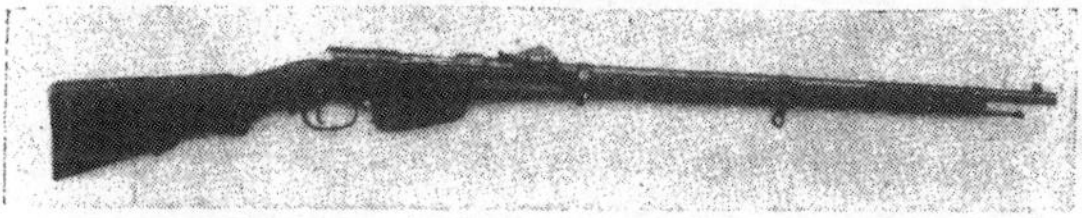

沿革　本銃ハ墺國八十八年九十年式ト全ク同一ニシテ唯僅ニ照尺分畫ヲ異ニスルノミ惟フニ清國ハ日清日露戰爭以前己ニ之ヲ墺國ヨリ購入シ之ヲ基礎トシテ自國銃製造ヲ企テタルカ如シ明治二十六年清國ヨリ我カ陸軍省ニ寄贈シタル清國製銃ハ即チ是ナリ但本參考兵器ハ北清事變ノ戰利品ナリ

主要諸元

口徑	粍	八
銃長	粍	一三八〇
銃量	瓩	四、六四〇
腔綫數		四
遊底ノ樣式		直動鎖閂式
最大照尺距離	米	一八七五

露國騎銃

沿革　本銃ハ露國カ歐州大戰間採用シタルモノニシテ九十一年式ト大體ニ於テ同一ナル構造ヲ有ス本參考銃ハ西比利亞戰役戰利品ナリ

主要諸元

口徑	粍	七、六二
銃長	粍	九八〇
銃量	瓩	三、六二〇
腔綫數		四
遊底樣式		回轉鎖閂式
最大照尺距離	米	三、二〇〇

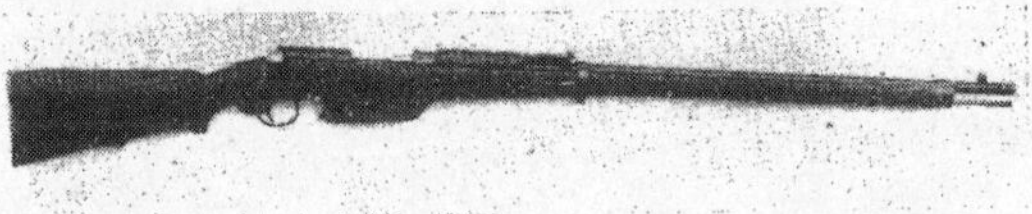

清國製連發歩兵銃

沿革　本銃ハ清國カ墺國八十八年九十年式銃ヲ基礎トシテ製造シタルモノナリ初メ清清國ハ墺國ヨリ若干挺ヲ購入シ口徑其ノ他二、三ノ點ヲ改良シ爾後白國ニ於テ製造セリ嘗テ明治二十六年清國ヨリ我カ陸軍省ニ寄贈シ陸軍砲兵會議ハ之ニ綿密ナル調査ヲ爲シタルコトアリ其ノ翌年ハ即チ日清戰爭ニシテ我ハ既ニ本銃ノ威力ニ就キ其ノ充分ヲ知リタルコトハ奇ナリト謂フヘシ但本參考兵器ハ北清事變ノ戰利品ナリ

主要諸元

口徑　粍	七、六
銃長　粍	一、二八六
銃量　瓩	四、四三二
腔綫數	六
遊底ノ様式	直動鎖門式
最大照尺距離　米	三〇〇

露國七十年式騎銃

沿革　本銃ハ米國「ベルダン」大佐ノ發明ニ係リ露國ハ西暦一八六八年頃其ノ第一式（活罨式）ヲ採用シ間モナク同大佐カ第二式ヲ發明スルヤ第一式ヲ捨テ直チニ之ヲ採用シ七十年式騎銃、全胸甲兵銃七十一年式歩兵銃及七十三年式可薩銃ト稱シ制定セルモノニシテ九十一年式騎銃ノ採用迄ハ露國ニ於ケル唯一ノ騎銃タリ日露戰役ニハ多分後備軍ニ支給シタルモノナルヘシ本參考ハ日露戰役ノ鹵獲品ナリ

主要諸元

口徑　粍	一〇、六六
銃長　粍	一三三〇
銃量　瓩	三、〇五〇
腔綫數	四
遊底ノ樣式	回轉鎖門式
最大照尺距離　米	一五〇〇

露國七十一年式步兵銃

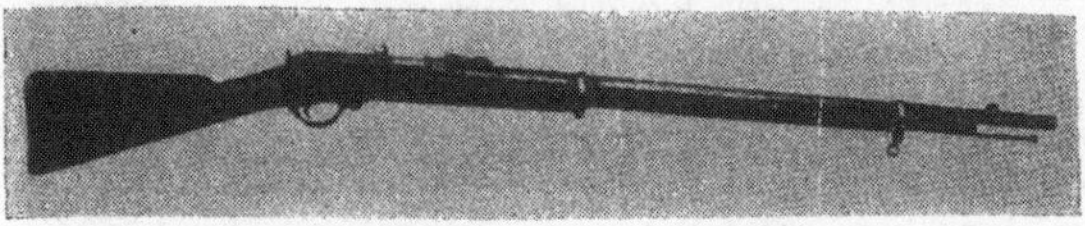

沿革　本銃ハ露國七十年式騎銃ト同一沿革ヲ有ス九十一年式步兵銃ノ採用セラレタリ日露戰役ニハ本銃ノ鹵獲品ナカリシヲ以テ該役ニハ之ヲ使用セサリシカ如シ歐州大戰ニハ兵器缺乏ノ爲一部ノ單隊ニ支給シタルモノナラン本參考銃ハ西比利亞戰役戰利品ナリ

主要諸元

口　徑 粍	一〇、六六
銃　長 粍	一三四〇
銃　量 瓩	四、四七〇
腔　綫　數	六
遊底ノ樣式	回轉鎖門式
最大照尺距離 米	二、二〇〇

英國十六年式騎銃

沿革　本銃ハ戰地ヨリ後送ノ際「英式騎銃」ナル標牌アリシヲ以テ英國十六年式騎銃ト名ツケシモ實際ニアリテハ明瞭ナラサルナリ本參考銃ハ西比利亞戰役戰利品ナリ

主要諸元

口　徑 粍	七、六九
銃　長 粍	九四五
銃　量 瓩	三、一五〇
腔　綫　數	四
遊底ノ樣式	回轉鎖門式
最大照尺距離 米	二、〇〇〇

加奈陀十年式歩兵銃

沿革　本銃ハ加奈陀陸軍ノ制式銃ニシテ歐洲大戰ノ際ニハ英本國亦之ヲ使用シ次テ露國ニモ供給セリ

特性　本銃ハ直動鎖閂式ニシテ其ノ遊底ハ斷隔螺ヲ具ヘ九〇度ノ旋廻ニ依リ銃腔ヲ閉塞ス其ノ他照尺ノ位置尾匐ノ後端ニ在リ是實ニ近世ニ於ケル世界獨歩トス本參考銃ハ西比利亞戰役戰利品トス

主要諸元

口徑 粍	七、六九
銃長 粍	一三八二
銃量 瓩	四、五五〇
腔綫數	四
遊底ノ様式	直動鎖閂式
最大照尺距離 米	一三〇〇

八十八年九十年式

九十五年式

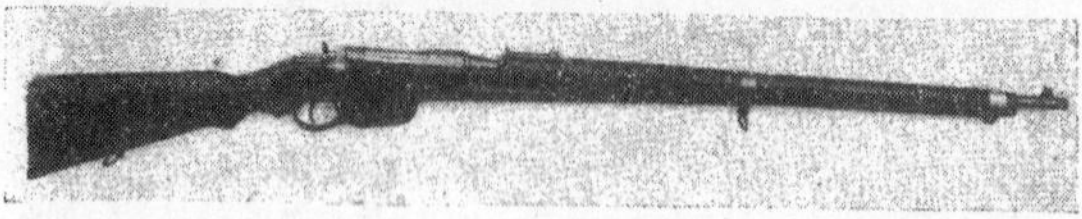

墺國八十八年九十年式歩兵銃

沿革　本銃ハ西暦一八八四、五年ノ交小口徑銃問題ノ世ヲ風靡スルヤ墺國ハ「マンリツヘル」式ニ依リ八粍及九粍口徑ノ連發銃ヲ試製シ綿密ナル試驗ヲ行ヒタル後遂ニ其ノ八粍口徑ノモノヲ採用シ之ヲ八十八年式歩兵銃ト稱セリ當時ハ尚黑色火藥ヲ使用セルニ西暦一八九〇年ニ至リ無煙火藥ヲ採用スルコト、爲リ從來ノ初速五三〇米ヲ六二〇米ニ增進シ從ツテ照尺ノ改正ヲ行ヒ之ヲ八十八年九十年式歩兵銃ト改稱セリ本銃ハ遊底ノ鎖定不等均ナルノ弊アリ是ニ於テ西暦一八九五年遊底及其他ノ部分ニ改良ヲ加ヘ之ヲ九十五年式ト稱セリ爾後兩者ヲ混用シ來リシカ大正三、四年頃ニ至リ獨リ海軍ニ於テ之ヲ採用シタルモノト見エ青島戰役ノ際墺國軍艦「カイゼリン、エリサベツト」號ノ水兵之ヲ携帶シ我ノ鹵獲スル所ト爲レルナリ

主要諸元

種別／區分	八十八年九十年式	九十五年式
口徑　粍	八	八
銃長　粍	一二八〇	一二七二
銃量　瓩	四、六五〇	四、〇〇〇
腔綫數	四	四
遊底ノ樣式	直動鎖門式	
	二、二五〇	一九八〇

露國九十一年式銃

歩兵銃

騎銃

沿革　露國ハ西暦一八七〇年「ベルダン」第二式銃ヲ採用シ其ノ後各國カ連發銃ヲ採用スルニ拘ラス斷然之ニ反對シ唯射撃速度増進ノ爲僅ニ急填器ヲ附スルヲ以テ滿足シタル其ノ揚言スル所ニ從ヘハ連發銃ハ毫モ「ベルダン」銃ニ優リタリ所ナシト然ルニ西暦一八九〇年ニ至リ俄然其ノ主張ヲ一變シ翌西暦一八九一年五月二十二日勅令ヲ以テ本銃ヲ採用シ九十一年式ト稱セリ又獨リ歩兵銃ノミナラス騎兵、要塞砲兵等モ總テ之ヲ使用セリ本參考兵器中歩兵銃ハ日露戰役騎銃ハ西比利亞戰役ノ戰利品トス

主要諸元

區分＼種別	歩兵銃	騎銃
口徑 粍	七、六二	七、六二
銃長 粍	一三八八	一二〇〇
銃量 瓩	三、九三	三、四五〇
腔綫數	四	四
遊底ノ樣式	回轉鎖門式	
最大照尺距離 米	二七〇〇	不明

獨國八十八年式銃

步兵銃

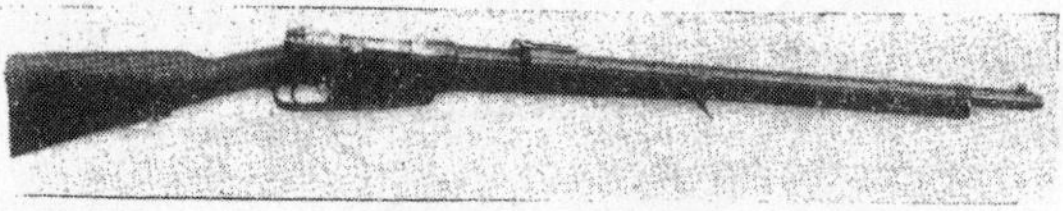

騎銃

沿革　獨國ハ西暦一八八四年突然小銃口徑ノ縮少ニ着手シ世界ニ一驚ヲ與セシメタリ其ノ試驗ハ非常ナル秘密裡ニ實施セラレタルヲ以テ世人ハ能ク其ノ消息ヲ知ル能ハサリキ研究ノ結果遂ニ西暦一八八八年口徑七粍九小銃ヲ採用セリ該銃ハ遊底ノ式ヲ「モーゼル」ニ採リ連發機關ハ墺國連發銃ニ倣ヒタリ惟フニ本銃ハ小口徑連發銃ニ就キ世界ニ一信號ヲ擧タルモノト謂フヘシ

特性　本銃遊底ニハ素ト見逃スヘカラサル二箇ノ缺點ヲ存セリ一ハ遊頭ヲ裝スルコトナク結合スルコトヲ得ルヲ以テ射擊ノ際銃ニ破損ヲ生ス、二ハ抽筒子ハ遊底全ク閉鎖シタル後藥莢ニ鈎ス故ニ閉鎖途中ニシテ遊底ヲ開クトキハ實包ハ殘留シ往々二發裝塡ノ危險ヲ生ス但此ノ缺點ハ西暦一八九五年頃ニハ匡正セラレタリ本銃ハ青島戰役戰利品トス

主要諸元

種別 / 區分	步兵銃	騎銃
口徑 粍	七、九	七、九
銃長 粍	一三四五	九四〇
銃量 瓩	四、二〇〇	三、二〇〇
腔綫數	四	四
遊底ノ樣式	回轉鎖閂式	
最大照尺距離 米	二〇五〇	一二〇〇

獨國九十八年式銃

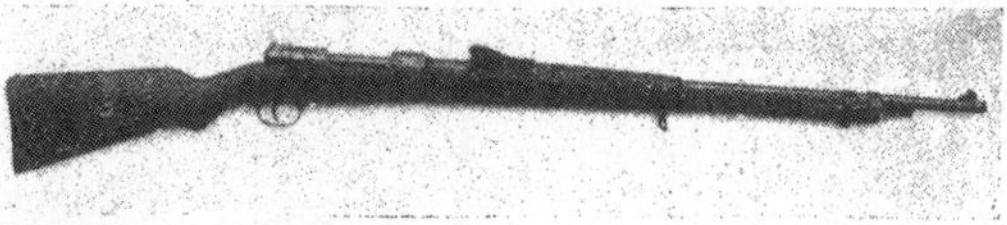

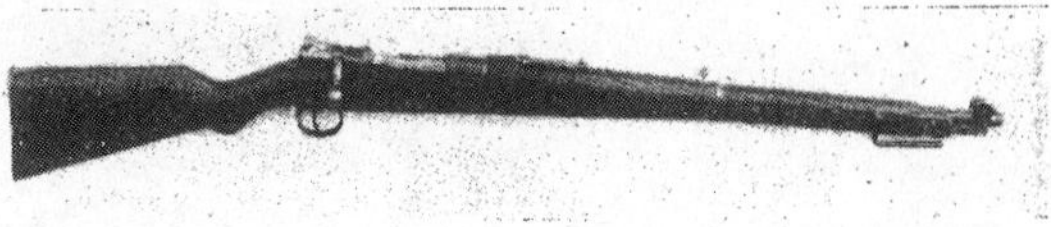

沿革　本銃ハ獨國カ「モーゼル」式ヲ基礎トシ小銃試驗委員ノ研究ニ依リ西曆一八九八年制定セルモノナリ當時ハ蛋形彈ヲ採用シ初速八七五米ナリシカ其ノ後尖彈ニ改メ初速ヲ增加シテ八八五米トセリ歐州大戰ニ於テ獨軍カ尠カラサル損害ヲ聯合軍ニ與ヘタルハ實ニ本銃ノ力與リテ大ナリト謂フヘシ但本銃ハ青島戰役戰利品トス

主要諸元

區分＼種別	步兵銃	騎銃
口徑粍	七、九	七、九
銃長粍	一、二五〇	一〇九〇
銃量瓩	四、一〇〇	三、七二〇
腔綫數	四	四
遊底ノ樣式	回轉鎖閂式	
最大照尺距離米	二〇〇〇	二〇〇〇

本邦製兵器

十三式村田銃

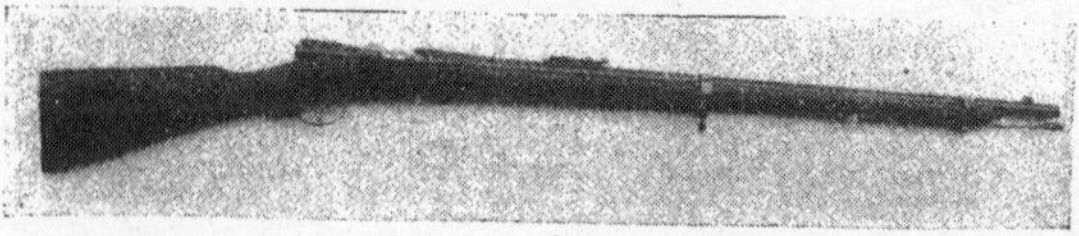

沿革　本銃ハ陸軍歩兵大佐村田經芳ノ發明ニ係リ明治十三年我カ陸軍歩兵工兵ノ携帯銃トシテ制定セル所ナリ

主要諸元

口徑	粍	一一
銃長	粍	一二九四
銃量	瓩	四、一五六
腔綫數		五
遊底ノ樣式		回轉鎖閂式
最大照尺距離	米	一、五〇〇

十八年式村田銃

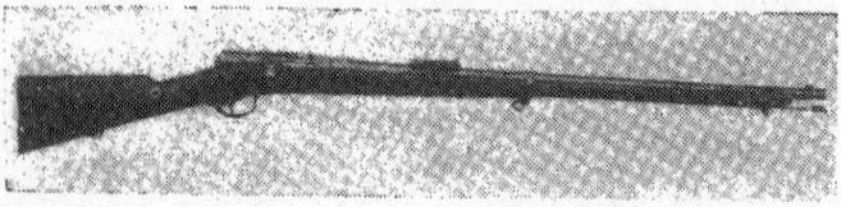

沿革　本銃ハ陸軍歩兵大佐村田經芳ノ發明ニ係ル十三年式村田銃ヲ改良シ明治十八年ニ於テ制式トシテ採用シタルモノナリ

主要諸元

口徑	粍	一一
銃長	粍	一二七八
銃量	瓩	四、〇九八
腔綫數		五
遊底ノ樣式		回轉鎖閂式
最大照尺距離	米	一五〇〇

本邦製スペンサー騎銃

沿革　大體ノ構造ハ全然米國製「スペンサー」銃ニ等シ但照尺ヲ有セス又尾槽ノ導鈑ハ單ニ一枚ノ鈑ヨリ成ルヲ以テ單發ヲ行フ能ハス要スルニ似ニ非ナル銃ト謂フヘキナリ

主要諸元

口　徑粍	一三、五
銃　長粍	一、〇〇〇
銃　量瓩	四、三五〇
腔綫數	六
遊底ノ樣式	底碓式

滑腔村田單發銃

沿革　本銃ハ明治三十九年陸軍技術審査部ニ於テ三八式野砲榴霰彈々子ノ增加速率ヲ測定スル爲十八年式村田銃ヲ改造シタルモノナリ口徑ハ彈子ト同一ニスル爲一二粍五ニ鏇削シ銃身長ハ五二〇粍ニ短縮シタリ當時本銃ヲ以テ爲シタル試驗方法ハ先ツ榴霰彈ヲ地上約一米ノ所ニ橫臥固定シ其ノ前方一〇米ノ距離ニ粘土ヲ裝備シ榴霰彈ノ爆發ニ依リ彈子ノ粘土內ニ於ケル侵徹量ヲ測定シ然ル後本試驗銃ヲ以テ同一距離ニ於テ射擊藥量ヲ增減シ同一侵徹量ヲ求メ此ノ藥量ヲ以テ檢速儀ニ依リ其ノ初速ヲ測定シタリ其ノ初速ハ卽チ彈子ノ增加速率ナリ

主要諸元

口　徑粍	三、五
銃　長粍	五二〇

村田連發銃

沿革　本銃ハ陸軍歩兵大佐村田經芳創意ニ係ル前床彈倉ノ八連發銃ニシテ單發連發共ニ随意ナリ本式銃ノ名ハ即チ連發銃ナルモ彈倉内彈藥裝塡ノ爲多クノ時間ヲ要スル故突嗟ノ際射擊ヲ續行スルコト能ハス故ニ斯ル銃ヲ稱シテ八箇ノ豫備彈藥ヲ裝塡シ得ル單發銃ト言フヘキナリ本銃ハ明治二十二年ニ制定セラレタルモ故障多クシテ餘リ軍隊ノ使用ト爲ラス三十年式採用ニ伴ヒ廢止セラレタリ又日清戰役ニハ連發銃使用ノ議アリ東京砲兵工廠ハ急遽藥量ヲ決定シ實包調製ヲ行ヒ近衞及第四師團ニ之ヲ支給シ出征セシメタリ明治三十三年北清事變ニハ一般ニ本銃ヲ使用セリ

主要諸元

口徑	粍	八
銃長	粍	一三三〇
銃量	瓩	四、一七〇
腔綫數		四
遊底ノ様式		回轉鎻門式
最大照尺距離	米	二〇〇〇

三十年式歩兵銃

沿革　本銃ハ明治三十年陸軍砲兵中佐有坂成章ノ創製ニ係リ歩兵、要塞砲兵及工兵ノ携帯スル所ニシテ十八年式村田銃及村田連發銃ニ代ハリ一般陸軍ノ使用スル所タリ初メ有坂中佐ハ當時世界ノ輿論ニ從ヒ其ノ口徑八粍以下ニ減スルコトヲ企テ七粍、六粍五、六粍ノ三種ヲ試製シ試驗ヲ實行セシカ六粍五ヲ以テ最モ適當ト認メ此ノ口徑ヲ採用セリ然シ砲兵會議ノ席上ニ於テ議員井口省吾ハ此ノ口徑ノ餘リニ小ニシテ所謂不殺銃タラサルナキヤノ質問ヲ為セシコトアリ戰歴トシテハ明治三十三年北清事變全三十七、八年日露戰役トス

主要諸元

口徑 粍	六五
銃長 粍	一二七五
銃量 粍	三、八五〇
腔綫數	六
遊底ノ樣式	回轉鎖門式
最大照尺距離 米	二〇〇〇

三十五年式海軍銃

沿革　本銃ハ三十年式銃ニ若干改良ヲ加ヘタルモノナリ特性照尺ハ起伏ニシテ照門鈑ハ兩翼鈑間ヲ起伏ス而シテ左側翼鈑ノ内側ニハ鋸齒ヲ具ヘ照門鈑ハ發條装置ニ依リ該鋸齒ニ嚙入シ以テ其ノ位置ヲ保ツ遊底室前方ニ遊底覆アリ平時ハ之ヲ遊底上ニ引下ケ兩露塵埃ノ侵入ヲ豫防ス副鐵ノ形狀ヲ異ニシ又圓筒ノ上面ニ突起部及孔ヲ具フ本被長クシテ照尺趺坐ノ後端ニ達ス

主要諸元

口徑	粍	六、五
銃長	粍	一二七五
銃量	瓩	三、八五〇
腔綫數		六
遊底ノ様式		回轉鎖門式
最大照尺距離	米	二〇〇〇

三八歩兵銃

沿革　日露戰役ノ實驗ニ鑑ミ三十年式銃ニ若干ノ改正ヲ加ヘ同時ニ頗ル綿密ナル試驗ノ後尖彈ヲ採用シ著シク其ノ初速ヲ増加セリ其ノ後大正九年腔綫條數六條ヲ四條ニ減シ以テ其ノ製作ヲ容易ニセリ又戰歷トシテハ青島戰役及西比利亞戰役ニ使用ス但本參考銃ハ歐洲大戰間本邦カ露國ニ供給シタルモノナルカ西比利亞戰役間我カ軍ノ手ニ鹵獲セルモノナリ

口徑粍	六、五
銃長粍	一二七六
銃量瓩	三、九五〇
腔綫數	六
遊底ノ樣式	回轉鎖門式
最大照尺距離米	二三〇〇

機關銃之部

渡來兵器

馬式機關銃

沿革　本機關銃ハ西暦一八八五年「マキシム」ノ發明ニ係リ同一八九〇年以來英、佛、獨、露、米等ノ諸國之ヲ採用セリ本邦ニ於テハ明治二十三年研究用トシテ「マキシム」會社ヨリ二門、次テ明治二十六年四門ヲ購入シ東京砲兵工廠ニ於テ苦心研磺若干ノ改良ヲ加ヘ急遽製作シ以テ日清戰役ノ用ニ充テタリ當時世界ニ於ケル機關銃ハ皆半自動式ナリシモ本銃ニ於テ火藥瓦斯ノ壓力ヲ利用シ始メテ眞ノ自動式ト爲レルモノトス

特性　大體ノ構造ハ一箇銃身黄銅ノ被筒内ニ在リテ進退シ尾筒ニ機匡ヲ附シ茲ニ裝塡發射ノ諸機關ヲ收容ス左側ニ彈藥ヲ裝塡シ引金ヲ引カハ之ヲ發射シ瓦斯ノ反撞ニ依リ銃身後退シ銃尾機關ヲ作用セシメ打殼藥莢ヲ脫シ第二ノ彈藥筒ヲ裝塡ス又機匡ノ後端ニ附スル押金ヲ壓シ續クレハ自動的ニ發射連續シ得ヘシ其ノ發射速度ハ一分間六百發トス射擊間ハ被筒内ニ冷水ヲ滿注シ銃身ノ焦熱ヲ豫防スルモノトス

主要諸元

用途	要塞用
口徑 粍	八
銃架種類	裝輪式
最大射程 米	二、〇〇〇

馬式機關銃

空氣冷却式

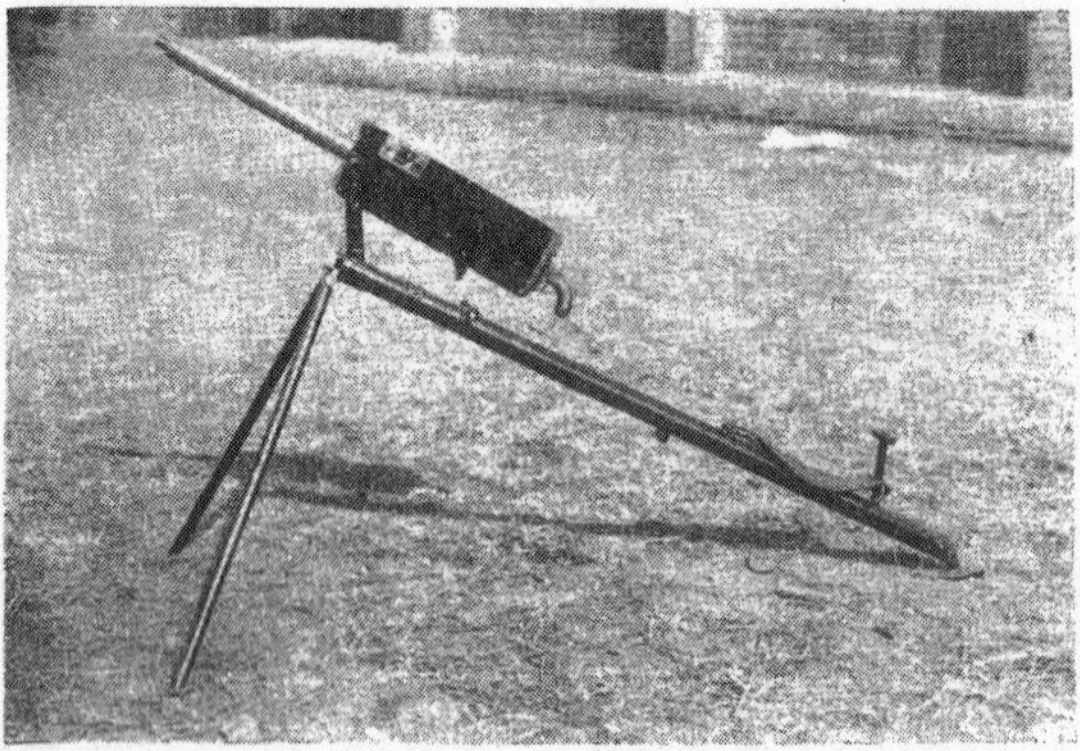

沿革　本機關銃大體ノ構造ハ略水冷式馬式機關銃ニ等シク唯冷水ニ代フルニ中徑五十六粍（中央）ノ稍圓臺ヲ爲セル黃銅製圓筒ヲ用ヰ全ク銃身ヲ被フ該筒ニハ上面ニ四箇所ノ孔ヲ穿チ熱氣ノ放出ニ供ス此ノ構造ハ水ヲ要スルコトナク頗ル便利ナルヘシト雖射擊速度ハ六〇〇發ナル本銃身ハ射擊間容易ニ其ノ溫度四百度ヲ越ヘ操作不便ナルノミナラス銃ノ保存極メテ不良ナルヘシ

用　途　要塞用

主要諸元

口徑粍	七・六
腔綫數	六
銃架種類	三脚架
最大射程米	一、八〇〇

保式機關銃

（口徑八粍ノモノ）

沿革　本機關銃ハ米人「ホツチキス」ノ創案ニ係リ普佛戰爭ノ際佛軍ノ使用シタル霰發砲ノ威力不充分ナルヲ認メ更ニ優良ナル機關砲ノ考案ヲ企テ終ニ五門砲身ノ機關砲ヲ發明シ時世ノ進運ト共ニ益改良進歩ヲ圖リ終ニ現用小口徑機關銃ヲ大成セリ該銃ハ初メ墺國大佐「フオンオドコレツク」ノ考案ニシテ之ニ改良ヲ加ヘ保式機關銃トシテ特許ヲ得タルモノナリ共ノ構造ハ現制保式機關銃ニ同シ本銃ハ要塞用機關銃研究ノ爲明治三十年保社ヨリ購入シ當時保社ハ技師「ヘリングヘツト」ヲ本邦ニ派シ材料ノ說明、射擊ノ指導ヲ爲サシメタルモ試驗ノ成績ハ餘リ良好ナラス當局者ヲシテ採用ニ躊躇セシメシカ技師ノ責任的改良證言ニ依リ口徑ヲ六粍五ニ改メ且若干ノ改正ヲ加ヘ之ヲ採用スルコヽナレリ

主要諸元

用途	要塞近接防禦用
口徑粍	八
腔綫數	六
銃架種類	有楯砲架
最大射程米	一、九〇〇

レウイス機關銃

沿革　本機關銃ハ米國紐育「サベージ」會社ノ製造ニ係リ英國カ西曆一九一五年制式トシテ制定セルモノナリ本邦ニ於テハ飛行機兵備研究ノ爲購入セルモノナリ

特性　一般ノ構造ハ三八式機關銃ニ同シ唯復坐機關ト放熱裝置トヲ全然異ニセリ復坐裝置ハ三八式ノ如ク螺線發條ニ非スシテ特種ノ復坐齒輪ヲ使用セリ齒輪ハ内部ニ時計式發條ヲ收容ス桿ノ後退終ルヤ該發條ハ緊張シ其ノ彈撥ニ依リ桿ヲ復坐セシム又冷却裝置ハ鬱素放熱鈑ヲ銃身ノ周圍ニ銃身ニ並行シテ集束シ鋼鈑製ノ筒ヲ以テ之ヲ覆ヒ該筒ヲ銃口前ニ突出セシム故ニ射撃ニ方リ銃口附近ノ空氣ハ稀薄ト爲リ銃尾方向ヨリ冷空氣ヲ吸收シ以テ放熱鈑ヲ冷却スルモノトス

主要諸元

用途	飛行機用
口徑 粍	七、七
腔綫數	四
最大射程 米	二、二〇〇

レグザー機關銃

沿革　丁抹國技師「ショウボエ」ノ發明ニ係リ同國ニ於テハ「レキイル」銃ト稱シテ之ヲ採用シ日露戰役間露國ニ於テモ亦此ノ銃ヲ騎兵機關銃トシテ使用シタリ西暦一九〇四年英國倫敦ニ於テ一株式會社ヲ組織シ之ヲ製作スルコトヽ爲レリ本邦ニ於テハ日露戰役間露軍ノ之ヲ使用シタルニ鑑ミ陸軍技術審査部ニ於テ之カ研究ニ從事シ取敢ス試驗用トシテ本銃ヲ購入セリ

主要諸元

用途	野戰用
口徑 粍	六
腔綫數	六
銃架種類	三脚架
最大射程 米	二、〇〇〇

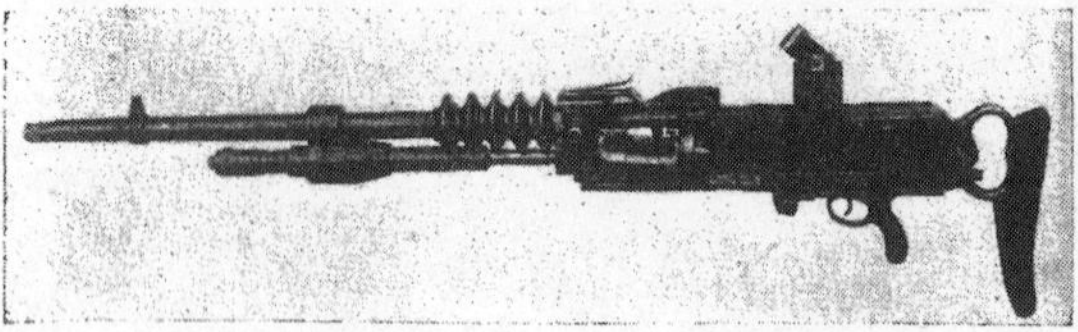

裝甲自動車A型機關銃

沿革　本機關銃ハ裝甲自動車兵備研究ノ爲佛國「ホツチキス」會社ヨリ購入シタルモノニシテ其ノ一般ノ構造ハ本邦舊制式保式機關銃ト全然同一ナリ唯照準機ヲ異ニシ且之ニ眼鏡ヲ使用スル如クシ其ノ他銃架ハ自動車ニ取付クル爲適當ニ構造シ尚細部ニ於テ若干改正セル所ナリ

主要諸元

用　途	裝甲自動車用
口　徑 粍	八
腔　綫　數	六
最大射程 米	二、四〇〇

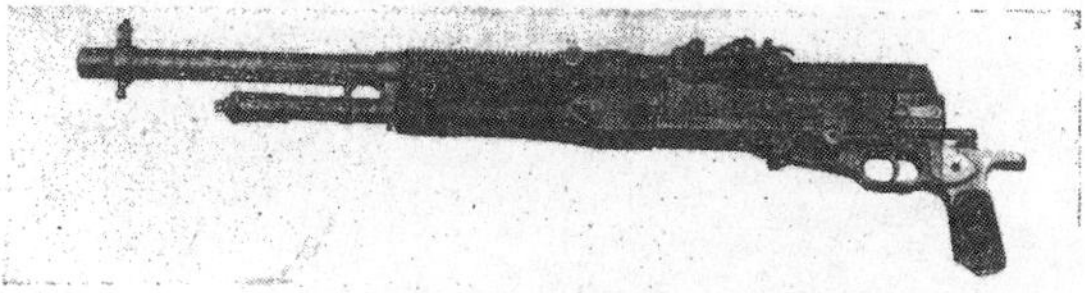

裝甲自動車用B型機關銃

沿革　本機關銃ハ裝甲自動車兵備研究ノ爲佛國「ホツチキス」會社ヨリ購入シタルモノニシテ其ノ機關ノ要領ハ本邦舊制式保式機關銃ト同一ナリ但細部ニ至リテハ頗ル相違セル所アリ必竟舊式ニ比シ非常ニ進歩シタルモノナリ其ノ最モ異ナル所ハ銃身ト尾筒ノ連結方法ニシテ即チ連結鐶ニ依リ簡單ニ之ヲ接合ス其ノ他復坐發條ノ裝置法及放熱珠ノ狀狀ヲ異ニス本銃ヲ分解スルニハ先ツ尾筒左側ニ在ル安全栓ヲ螺脫スヘシ

主要諸元

用途	裝甲自動車用
口徑 粍	七、六九
腔綫數	六

馬式三架脚機關銃

沿革　機關部一般ノ構造ハ普通ノ馬式機關銃ニ等シク三脚架ノ前方二脚ハ一枚ノ鋼鈑ヨリ成ル下方防楯ヲ兼ス銃及上方防楯ハ三脚架頭ヲ軸トシテ全廻ノ旋廻ヲ為スコトヲ得ルモノトス本參考銃ハ北清事變ノ戰利品トス

用途　要塞及陣地用戰

主要諸元

口徑 粍	一一
銃架種類	三脚架
最大射程 米	一、八六

露國馬式機關銃

沿革　本銃ハ露國カ西暦一八九七年頃迄ニ「マキシム、ノルデンヘルド」會社ヨリ約七千五百挺購入シ陸軍及海軍ニ於テ之ヲ使用セリ其ノ後西暦一九〇〇年頃ヨリ露國自ラ製造ヲ爲セリ本鹵獲銃ハ即チ其ノ露國製ノモノナリ本機關銃ハ日露戰役間旅順攻圍軍ニ至大ナル損害ヲ與ヘタルモノニシテ我カ兵卒ノ如キ其ノ連發ノ音響ヲ聞クトキハ一種例フヘカラサル感ヲ生シタリト言フ該攻圍戰中死体收容ノ爲一部休戰セシトキ我カ將校カ其ノ銃數ヲ問ヒシニ「南山戰頃迄ハ多數ヲ有セシカ今ハ多ク破損シ僅ニ三十餘門ヲ餘スノミト露國將校ハ答ヘタリ言フ我カ兵之ヲ聞キ頗ル安心シタリト言フ又以テ其ノ威力ノ大ナルヲ知ルヘシ

主要諸元

用途	要塞及野戰用
口徑粍	七、六二
腔綫數	四
銃架種類	有楯裝輪式
最大射程米	一、九六〇

スコダ式機關銃

沿革　本機關銃ハ墺國一九〇二年式機關銃ナリ同國ハ又別ニ「シユワルヅローゼー」〇七年式ヲ採用シ專ラ同式ヲ製作シ「スコダ」式ハ製作セスト言フ本參考機關銃ハ墺國軍艦「カイゼリン、エリサベツト」號ニ搭載セルモノニシテ世界大戰ノ勃發スルヤ該艦ハ膠州灣內ニ遁入シ爾後海上ニ於テ爲ス所ナク遂ニ火砲ヲ撤シテ揚陸シ青島後面防禦ニ使用セリ本銃ハ其ノ一ナリ

特性　發射ノ際生スル火藥瓦斯ノ壓力ヲ利用シ遊底ヲ開キ藥莢ヲ抛出シ更ニ複坐發條ニ依リ次發ノ實包ヲ裝塡及發射シ自動的ニ之ヲ復行シ得ルモノニシテ最大發射速度ハ一分間約四百三十發トス銃ハ銃身、水筒、三脚架及防楯ヨリ成リ其ノ三脚架ハ高低兩姿勢ヲ採ルコトヲ得又防楯ハ著脫式ナリ彈藥ハ挿彈帶ニ篏挿シ一連二百五十發トス

主要諸元

用途	要塞及陣地戰用
口徑粍	八
腔綫數	四
銃架種類	三脚架
最大射程米	二、〇〇〇

シユワルツローゼー機關銃

沿革　本銃ハ獨國「シユワルヅローゼー」製造所ノ發明ニ係リ墺國ハ其ノ製造權ヲ買收シ且之ニ根本的改良ヲ加ヘ西曆一九〇七年制式トシテ採用シタルモノナリ當時世界ニ現在スル自動機關銃保式、馬式「ブラウニング」「ベルグマン」等ニ比シ一頭地ヲ擢テタリト稱セラレタリ本參考機關銃ハ靑島戰役戰利品ナリ

特性　機關ノ構造ハ藥莢底ニ受クル火藥瓦斯壓ニ依リ遊底ノ開閉彈藥筒ノ裝塡、發射、空藥莢ノ抽出ヲ自動的ニ營ムモノニシテ彈藥帶ノ彈數ハ二百五十發トス其ノ最大發射速度ハ一分間三百二十五發ナリ而シテ銃身及托架ヲ一馬ニ駄載シ徒步兵ハ勿論乘馬兵ト共ニ澁滯ナク同一行動ヲ取ルヲ得ヘシ

用　途　要塞及陣地戰用

主要諸元

口　徑 粍	八
腔　綫　數	四
銃架種類	三脚架
最大射程 米	一、九〇〇

コルト式機關銃

沿革　歐洲大戰ニ方リ露國カ兵器ノ不足ヲ補フ爲米國「コルト」會社ヨリ購入シタルモノナリ本參考銃ハ西比利亞戰役戰利品トス

特性　本機關銃ハ發射ノ際生スル瓦斯ノ一部ヲ利用シ遊底ヲ開キ空藥莢ヲ蹴出シ次ニ復坐發條ニ依リテ活塞ヲ前進セシメ次發ノ實包ヲ裝塡發射シ自動的ニ之ヲ復行セシメ得ルモノナリ運搬ハ車載ヲ本則トシ卸下セシトキハ臂力ヲ以テ其ノ儘搬送シ或ハ分解シテ搬送ス銃ハ銃身、尾筒、床尾、遊底、側鈑及底鈑、送彈機、運發機及三脚架ヨリ成リ之ニ保彈鈑ヲ附屬ス本銃ノ特異トスル所ハ活塞桿ニシテ前中後部ノ三部ヨリ成リ互ニ樞軸ニ依リ連結ス活塞前部ハ射擊時ノ瓦斯壓ニ依リ後端樞軸ヲ軸トシ半圓ヲ描キツヽ後方ニ開キ諸機關ノ運動ヲ發起スルモノナリ

主要諸元

用途	野戰用
口徑 粍	七、八
銃架種類	三脚架
最大射程 米	三、000

佛國七年式機關銃

沿革　機關銃ハ歐洲大戰間佛國カ露國ニ供給シタルモノニシテ西比亞戰役間我カ軍ノ鹵獲スル所ナリ

特性　本銃ハ發射ノ際生スル火藥瓦斯ノ一部ヲ銃身ノ漏孔ヨリ活塞室ニ漏シ其ノ壓力ニ依リ活塞桿ヲ前進セシメ變動鈑ノ媒介ニ依リ遊底ヲ開キ打殼藥莢ヲ抛出シ更ニ復坐發條ニ依リ次發ノ實包ヲ裝塡及發射シ自動的ニ之ヲ復行スルモノトス該銃ハ銃及三脚架ヨリ成リ銃ハ又銃身被筒銃尾機關活塞桿復坐發條ノ主部ヨリ成リ三脚架ハ小架及三脚架ヨリ成ル小架ニハ銃身室ヲ備ヘ之ニ銃ヲ架ス

主要諸元

用　途	野戰用
口　徑粍	八
銃架種類	三脚架
最大射程米	一、四〇〇

露國馬式三脚架機關銃（甲）

沿革　本機關銃ハ日露戰役間ニハ一門ノ鹵獲品モナク且其ノ製造年月カ西暦一九一六年ナルニ鑑ミレハ多分歐洲大戰ノ際英國「マキシム」會社ヨリ急遽購入シタルモノト推知セラル一般ノ結構ハ旅順戰利馬式双輪機關銃ト畧同一ナリ

主要諸元

用途	要塞及野戰用
口徑粍	七、六二
腔綫數	四
銃架種類	三脚架
最大射程米	二、六〇〇

露國馬式三脚架機關銃（乙）

沿革　一般ノ經歷ハ露國馬式三脚架機關銃甲ニ等シク唯被筒カ鋼製ニシテ縦方向ニ波狀ヲ爲セリ

用途　要塞及野戰用

口徑粍　七、六二

主要諸元

腔綫數　四

銃架種類　三脚架

最大射程米　三、一〇〇

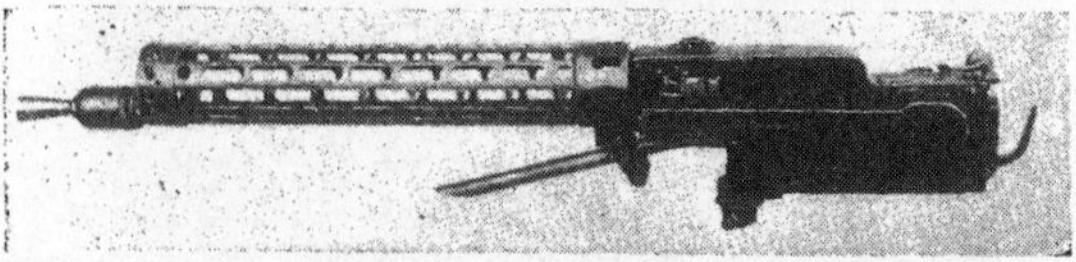

馬式零八年、十五年制機關銃銃身

沿革　本機關銃ハ獨國カ西歴一九〇八年馬式機關銃ヲ採用シ之ヲ八年式機關銃ト稱シ野戰及要塞ニ使用シタリ次テ歐洲大戰勃發スルヤ航空機用トシテ該機關銃ニ若干ノ改正ヲ加ヘ之ヲ零八年十五年式ト稱セリ本銃ノ八年式ト異レル主點ヲ擧クレハ次ノ如シ

1、航空機上ニテハ連續發射スルコトナキヲ以テ水冷式ヲ廢シタルコト

2、銃ノ後坐力ヲ大ニスル爲銃口附近ニ後坐管ヲ装セリ後坐管ハ喇叭狀ヲ爲シ内部狹窄シテ發射ノ際一部ノ瓦斯ヲ逆流セシメ以テ銃身ノ後坐力ヲ増大ス是本式機關銃ニシテ現今ノ如キ小口徑銃ニハ必要ナル装置トス尚本装置ハ發射音響ヲ減スル作用ヲ爲スモノトス

3、照尺ヲ廢シ單ニ照門ヲ装ス

4、銃架ヲ航空装備ニ適スル如ク改メタルコト

主要諸元

用途	航空機用
口徑 粍	七、九
腔綫數	四

パラペリーム十三年式機關銃（甲）

沿革　本機關銃ハ西暦一九一三年獨國「パラベリユーム」會社ノ創製ニ係リ歐洲大戰後獨國ヨリ押收シタルモノナリ

特性　本銃ハ發射ノ際起ル銃身後坐ニ依リ遊底ノ開閉、彈藥ノ裝塡空藥莢ノ抽出及發火ヲ自動的ニ營ムモノニシテ射擊ノ際銃身ハ復坐發條ヲ壓シテ後坐（最大二十三粍）シ遊底ヲ開キ空藥莢ヲ抛出ス後坐終ルヤ復坐發條ノ彈撥ニ依リ遊底ハ前進シ實包ヲ押シテ藥室ニ致ス此ノ時射手引鐵ヲ放テハ發火準備ノ儘ニテ停止シ若又引鐵ヲ引キツツアレハ保彈帶ノ實包盡クル迄ハ連續射擊スルコトヲ得ヘシ第一發ノ爲ニハ右側ニ裝スル握把ヲ一旦後方ニ旋廻シ再ヒ之ヲ舊位置ニ復スレハ即チ射擊準備終ルモノトス

主要諸元

用途	航空機用
口徑 粍	七、九
腔綫數	四

パラベリユーム十三年式機關銃（乙）

沿革　本機關銃ハ其ノ構造全然同式機關銃甲ニ等シ但甲ハ被筒ノ外徑七十二粍ナルモ本機關銃ハ其ノ徑ヲ減シ三十二粍トヒリ其ノ細部ニハ多少異ル所アリ

用　途　航空機用

主要諸元　口　徑粍　七、七

腔　綫　數　四

ベルグマン機關銃

沿革　一般ノ經歷詳ナラサルモ本銃カ西曆一九一六年獨國ニ於テ製造セラレ歐洲大戰後我ノ押收セシモノナリ

特性　本機關銃ハ發射ノ際ニ於ケル銃身ノ後坐ヲ利用シ銃身ト遊底トノ結合ヲ解キ以テ遊底ノ開閉空藥莢ノ抽出彈藥筒ノ裝塡及發射ヲ自動的ニ營マシムルモノトス而シテ第一發ノ爲ニハ尾槽ノ右側ニ裝セル槓桿ヲ臂力後退ヲ爲スヘシ然ルトキハ銃ハ發射準備ノ姿勢ヲ採ルモノトス銃身ノ約半長ニ亘リ放熱鐶ヲ附セリ元來航空機ニ在リテハ連續多數ノ射撃ヲ行フコトナキヲ以テ獨國ニ在リテハ常ニ放熱裝置ヲ附屬セサルヲ一般トセリ然ルニ本銃ニ限リ之ヲ裝備シタル該銃身ノ發熱非常ニ高キニハ非サルカ

主要諸元　用途　航空機用

口徑粍　七、九

腔綫數　四

ガスト二銃身機關銃

沿革　本機關銃ノ經歷ハ詳ナラサルモ西暦一九一六年獨國ニ於テ製造シ歐洲大戰後我ノ押收シタルモノナリ

特性　本銃關銃ハ射撃ノ際ニ於ケル銃身ノ後坐ヲ利用スル範式ニシテ二銃身ヲ水平ニ連結シ一銃發射シテ其ノ銃身後坐スルヤ他ノ銃身ニ發火操作ヲ營マシメ各銃身交互ニ進退ス要スルニ一銃身ノ後坐ハ馬式ト同シク自己銃ノ各種作用ヲ營ムト同時他銃ノ發火操作ヲ營ムモノニシテ銃身後坐ヲ最モ良ク利用シタルモノト謂フヘシ各銃身ノ口部ニハ馬式零八年十五年式機關銃ト同時ニ後坐筒ヲ螺着ス是銃身後坐ヲ増大スルノ用ニ供スルモノナリ

用途　航空機用

主要諸元　口徑粍　七、九

膛綫數　四

本邦製兵器

試製甲號輕機關銃

沿革　本機關銃ハ陸軍技術本部ニ於テ輕機關銃研究ノ爲試製シタルモノニシテ機關ノ要領ハ三年式機關銃ニ等シ但放熱装置ニハ米國「レウイス」機關銃ノ様式ヲ採用セリ即チ礬素放熱鈑ヲ銃身ノ周圍ニ銃身ト並行シテ束シ集鋼鈑製ノ筒ヲ以テ之ヲ覆ヒ該筒ヲ銃口前ニ突出セシム故ニ射撃ニ方リ銃口附近ノ空氣ハ稀薄トナリ銃尾方向ヨリ冷空氣ヲ吸入シ以テ放熱鈑ヲ冷却スルモノトス

主要諸元

用途	野戰用
口徑粍	六、五
腔綫數	四
銃架種類	銃床
最大射程米	一、五〇〇

試製航空機用回轉彈倉機關銃

沿革　本機關銃ハ陸軍技術本部ニ於テ航空用機關銃研究ノ為試製シタルモノニシテ其ノ機關ノ要領ハ三年式機關銃ニ等シ但彈倉ハ保彈鈑ニ代フルニ回轉彈倉ヲ以テセリ是航空機上ニ在リテハ保彈鈑ノ換裝不便ナルヲ以テ一聯射彈數ヲ比較的多數ニスル必要アルヲ以テナリ又航空機上ノ射擊ハ機々相接スル瞬間ニシテ銃身ノ熱灼スルカ如キコトナシ是ヲ以テ放熱裝置ハ全ク之ヲ省略セリ

用途　航空機用

主要諸元　口徑粍　六、五

腔綫數　四

試製有筒式輕機關銃

沿革　本機關銃ハ陸軍技術本部ニ於テ輕機關銃研究ノ爲試製シタルモノニシテ機關ノ要領ハ三年式機關銃ニ同シ但放熱裝置ハ米國「レウイス」機關銃ノ樣式ヲ採用セリ即チ攀素放熱鈑ヲ銃身ノ周圍ニ銃身ニ並行シテ集束シ鋼鈑製ノ筒ヲ以テ之ヲ覆ヒ該筒ヲ銃口前ニ突出セシム故ニ射擊ニ方リ銃口附近ノ空氣ハ稀薄ト爲リ銃尾方向ヨリ冷空氣ヲ吸入シ以テ放熱鈑ヲ冷却スルモノトス

主要諸元

用途	野戰用
口徑粍	六、五
腔綫數	四
銃架種類	銃床
最大射程米	一、〇〇〇

戦利兵器

機關砲之部

渡來兵器

クラックストン機關砲砲身

沿革　本機關砲ハ外見能ク「ガリトリング」機關砲ニ類似スルト雖其ノ機能全ク別異ニシテ之ニ比シ頗ル幼稚ナル結構ヲ有ス而シテ「ガットリング」機關砲カ西暦一八六〇年ノ發明ニ係ルヲ以テ其ノ以前即チ佛國霰發砲ト略同時代ノ創製ニ屬スルモノナルヘシト推知セラル

特性　本火砲ハ八箇ノ砲身ヲ集束シ其ノ對稱二箇ノミ遊底ヲ具フ機部全體ハ機筒內ニ放容ス機筒後方ニ轉把アリ其ノ槓桿運動ニ依リテ二箇ノ遊底ヲ交互ニ活動セシメ射擊ヲ行フ一聯ノ射擊ヲ終ルヤ手動ヲ以テ集束銃身ヲ旋廻シ他ノ銃身ヲ遊底ニ正對セシムル如ク設計シアリ

主要諸元

口　徑　粍　二五

腔　綫　數　六

戰利兵器

米國製十連十一粍七ガットリング被筒式機關砲

沿革　本機關砲一般ノ構造ハ普通ノ「ガットリング」砲ニ等シク唯被筒ハ單ニ機部ヲ覆フノミナラス砲身全部ヲ被覆ス其ノ狀恰モ馬式機關銃ノ銃身ヲ十本ト爲シタルカ如シ尚普通本式機關砲ハ射擊用轉把ヲ右側ニ備フルモ本砲ハ之ヲ砲尾ニ附セリ故ニ本砲ハ照準ヲ爲シツヽ射擊ヲ續行スルコト能ハサルノ不便アリ即チ固定目標ニ非サレハ射擊シ能ハス使用實包ハ「ホッチキス」銃實包トス本砲ハ日清戰役間僅ニ二門ノ鹵獲アルノミナレハ清國モ多數購入シタルモノニハ非サルヘシ

用途　要塞及野戰用

口徑 粍　一一、七

主要諸元　砲身 長口徑　四五

砲架種類　轉動式

最大射程 米　一、〇〇〇

米國六連二十五粍ガットリング機關砲

沿革　本樣式機關砲ノ經歷ハ他ノ「ガットリング」機關砲ト全ク同樣ナリ本參考砲ハ日清戰役戰利品ナリ

特性　六箇ノ砲身ヲ中心軸ノ周圍ニ平等ニ束結ス各砲身ハ各遊底ヲ具ヘ其ノ全部ハ機關內ニ收容ス筒ノ上面ニハ裝塡孔アリ射擊ニ方リテハ玆ニ彈倉ヲ裝ス又左側ニハ打殼藥莢放出孔アリ又右側ニハ轉把アリ其ノ旋廻ニ依リ齒輪ノ吻合ヲ以テ中心軸ヲ旋廻シ遊底ノ開閉彈藥筒ノ裝塡射擊ヲ連續自動的ニ行フコトヲ得故ニ轉把一旋廻ニ依リ六發ノ發射シ得ヘシ

主要諸元

用途	野戰用
口徑粍	二五
閉鎖機種類	底碪式
砲架種類	裝輪式

米國製十連二十五粍ガットリング機關砲

沿革　本砲ハ日清戰役戰利品ニシテ西暦一八六〇年米人「ガットリング」ノ發明ニ係リ當時米人ハ新兵器威力猛烈ナルニ驚キ一時ニ多數ノ人馬ヲ殺傷スルコトハ人道上遺憾ノ點尠カラストシ之ヲ否認セシカ南北戰爭ノ盛北軍ハ之ヲ使用シ南軍ヲ降伏セシメタル威力ヲ認メ西暦一八六二年ニハ制式トシテ米人先ツ之ヲ採用シ續イテ歐州各國概ネ之ヲ採用本邦ニ於テモ慶應年間之ヲ輸入シタルコトアリ

特性　十箇ノ砲身ヲ中心軸ノ周圍ニ平等ニ束結ス各砲身ハ各遊底ヲ具ヘ其ノ全部ハ機筒ノ內ニ收容ス筒ノ上面ニハ裝塡孔アリ射擊ニ方リテハ玆ニ彈倉ヲ裝ス又左側ニハ打殼藥莢放出孔アリ又右側ニハ轉把アリ其ノ旋廻ニ依リ齒輪ノ吻合ヲ以テ中心軸ヲ旋廻シ遊底ノ開閉彈藥筒裝塡射擊ヲ自動的ニ行フ事ヲ得故ニ轉把ノ一旋廻ニ依リ十發ヲ擊發シ得ヘシ一分時間最大發射速度ハ四百發ナリトス

主要諸元

用途	要塞及野戰用
口徑粍	六
砲身長口徑	三、二
腔綫數	六
閉鎖機種類	底碪式
砲架種類	轉動砲架

四連十一粍五ローウエル機關砲砲身

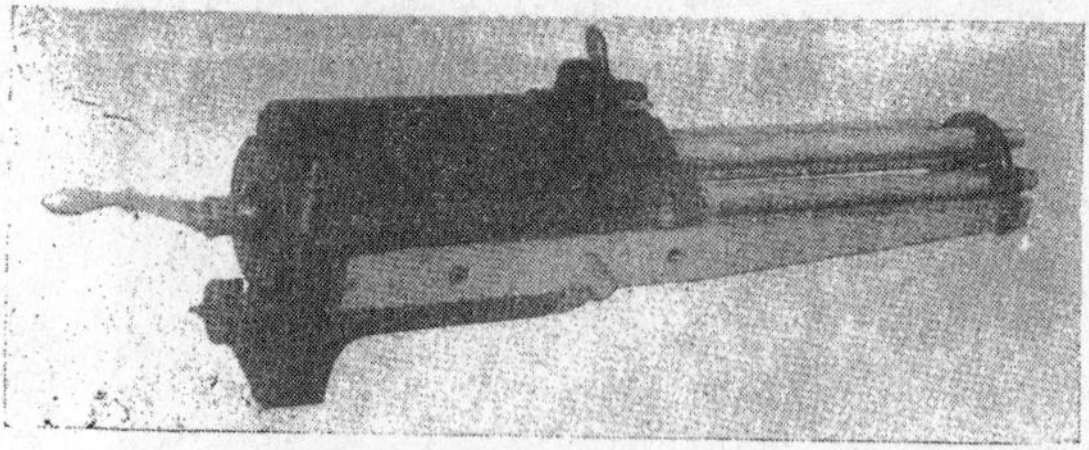

沿革　本機關砲ハ清國カ米國ヨリ購入シタルモノニシテ鹵獲火砲ハ僅ニ二門ナルノミナラス固有ノ彈藥筒ヲ使用スヘキ制ナルヲ以テ清國ノ購入シタル數モ決シテ多カラサリシコトヲ確知シ得ヘシ火砲大體ノ構造ハ略「ガットリング」機關砲ニ等シ

主要諸元

用途	要塞及野戰用
口徑粍	一一、四五
腔綫數	六
砲架種類	轉動砲架

ベッカー式二糎航空機用加農

沿革　本火砲一般ノ經歷ハ詳ナラサルモ本參考火砲カ西暦一九一八年獨國ニ於テ製造シタルニ鑑ミレハ歐洲大戰直前航空機用トシテ急遽製造シタルモノニ非サルヤ

特性　本火砲ハ砲身尾筒被套復坐發條遊底連結鈑避害機彈倉及托架ヨリ成ル砲身ハ後端ニ尾筒ヲ定着シ外部ニ復坐發條ヲ裝シ被套ヲ以テ之ヲ覆ヘリ又前端ニハ着脫式照星ヲ裝ス尙後端上面ニハ避害機ヲ裝着ス尾筒ハ前端上面ニ照門ヲ具ヘ其ノ後方ニハ彈倉孔ヲ有シ後端兩側ニハ握把及引鐵ヲ具ヘ後端ニハ逆鈎駐子ヲ裝ス被套ハ前端ニ套冠ヲ螺着シ後端ハ連結鈑ニ連結ス復坐發條ハ砲身ト被套トノ間ニ在リテ常ニ被套ヲ前方ニ壓ス遊底ノ小銃ノ遊底ト略其ノ構造ヲ等シクス連結鈑ハ尾筒ノ兩側ニ在リ前端ハ被套ニ後端ハ遊底鈑ニ栓定シ以テ遊底ト被套ヲ連結ス避害機ハ射擊後遊底ヲ開キタル際萬一軸筒子カ打殼藥莢ヲ抽出セサルトキハ遊底ヲ制駐シテ前進ヲ禁スルノ用ニ供ス彈倉ハ扉形ヲ爲セル鋼鈑製ニシテ內部ニ送彈鈑及送彈發條ヲ具フ

主要諸元

用　途	航空機用
口　徑粍	二〇
腔綫數	八
砲架種式	燭台形托架式

保式四十七粍輪廻砲

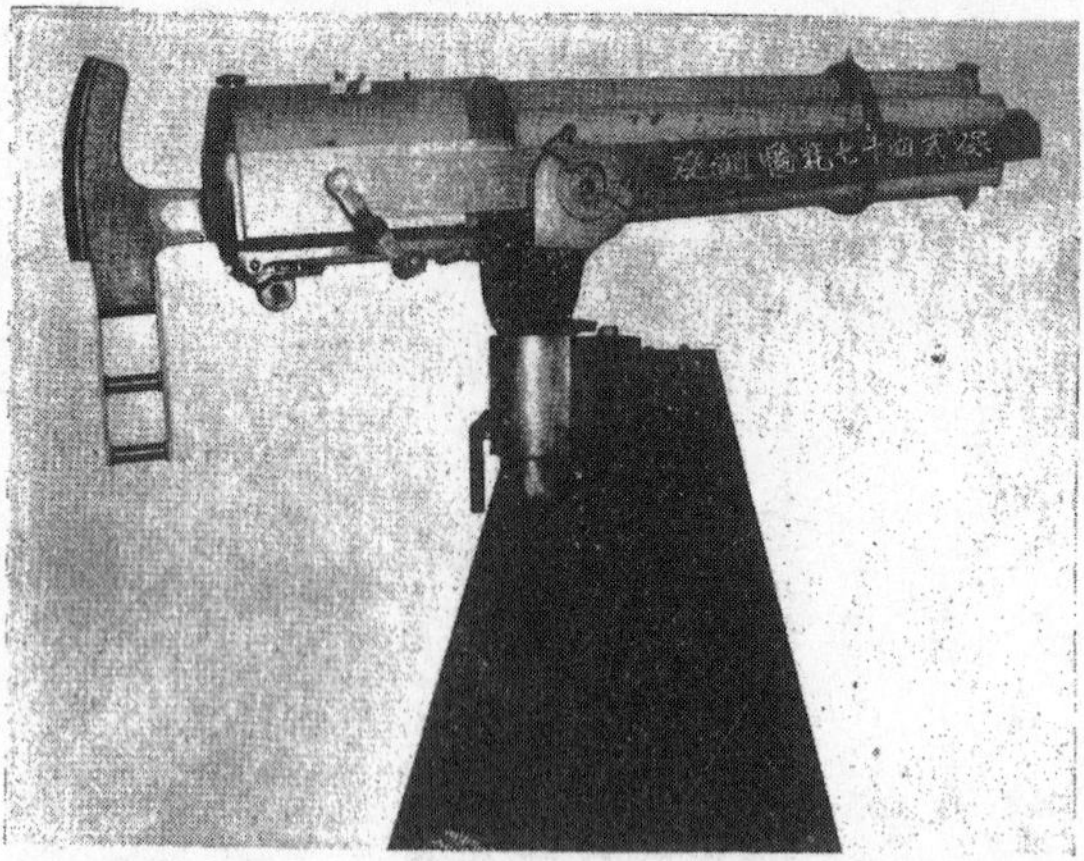

沿革　本砲ハ米人「ホツキス」ノ創案ニ係リ普佛戰爭ノ際佛軍ノ使用シタル霰發砲ノ効力不充分ナルニ鑑ミ更ニ優良ナル機關砲ノ考案ヲ企テ創製シタルモノナリ本砲ハ多身輪胴式火砲ニ屬シ西暦一八七五年ニハ南米「ブラジル」「アルヘンチナ」北米合衆國及清國等ニ採用セラレ西暦一八七六年ニ於テ佛國亦之ヲ採用ス越テ西暦一八八〇年ニハ露國保社ヨリ製造權ヲ得内地ニ於テ製造セリ本參考火砲ハ日清戰役戰利品ナリ

特性　五筒砲身ヲ中心軸ノ周圍ニ平等連結シ其ノ後方ニ機筩アリ一箇ノ閉鎖機ト中心軸機關ヲ有ス筩ノ上面ニハ彈藥筒裝塡孔アリ射擊ニ際シテハ玆ニ彈倉ヲ裝ス筩ノ下面ニハ打殼藥莢落出孔アリ又筩ノ右側ニハ轉把アリ其ノ廻轉ニ依リ齒輪ノ吻合ヲ以テ中心軸ヲ旋廻シ閉鎖機ノ開閉彈藥筒ノ裝塡彈丸ノ發射ヲ連續自動的ニ行フコトヲ得故ニ中心軸一回ノ旋廻ニ依リ五發ヲ發射シ得ヘシ

主要諸元

用途	要塞用
口徑 粍	四七
砲身長 口徑	二五
腔綫數	二〇
砲身重量 瓩	五七〇
閉鎖機種類	遊底式
砲架種類	固定砲架

馬式三十七粍機關砲(固定砲架)

沿革　本火砲ハ英國「マキシーム」會社ノ專賣權ヲ得タルモノニシテ獨國「クルップ」會社カ其ノ製造權ヲ得テ製造シタルモノナリ本參考火砲ハ青島戰役戰利品ナリ本火砲ノ構造及機能ハ略同式機關銃ニ同シ惟フニ「マキシーム」カ西暦一八八五年馬式機關銃ヲ發明スルヤ直ニ小口徑火砲ニモ其ノ樣式ヲ採用シタルモノナルヘシ本砲ハ固定砲架ニ架セルモ別ニ轉動砲架及前車ヲ備ヘ野戰用トシテ使用シ得ル設備ヲ有セリ

用　途　要塞用（但野戰用トシテ別ニ砲架及前車アリ）

口　徑　粍　三七

腔綫數　一二

砲架種類　固定砲架

最大射程　米　三、〇〇〇

参考資料

陸軍省編「明治三十七八年戦役陸軍政史」湘南堂書店刊
谷壽夫著「機密日露戦史」原書房刊
陸軍省編「日露戦争統計集」東洋書林刊
佐藤鋼次郎著「日露戦争秘史・旅順を落すまで」
「旅順要塞調査報告」陸軍砲工学校
「軍事と技術」各号　陸軍技術本部

あとがき

東京陸軍兵器支廠に保管されていた参考兵器の来歴は、廃藩置県の際、幕府および各藩が所有していた兵器を政府が収集して青山、芝白金、四谷大番町などの武器庫に分置格納していたが、その後これを小石川大塚町東京陸軍兵器支廠倉庫に移し、格納したのに端を発している。

保管していた兵器は当初の調査が不十分だったため、大部分の沿革はもとより名称さえ判然としないものが多くあって、調査研究上不便があった。そこで大正十一年に兵器史の専門家である砲兵大佐山縣保二郎に委嘱し、同氏が五年間をかけてようやく東京陸軍兵器支廠保管の兵器すべての調査を終了した。その結果をまとめたものが本書の後半に復刻版で全ページ掲載した「兵器廠保管参考兵器沿革書」である。

筆者はこの本を昭和四十七年十月一日に、浅草で催された古書展で入手した。いつものように開場時間にあわせて入場し、平台の片隅に積まれた古本の山の中から偶然発見したのである。これは掘り出し物かとは思ったが、真価は判断できなかった。

それから三〇年以上たった今日まで、資料を探し求めながら陸軍兵器史の研究を進めるなかで、本書の内容の素晴らしさと書物としての希少性が徐々に明らかになってきた。

入手したとき本書の扉に記載されている緒言を読み、本書には続編があるはずだと思っていたので、秘かに八方探したが、いつまで待っても見つからない。そればかりかどうも本書さえ国内にはほかに現存していないようなのである。しっかりした装幀で上質紙を用いているから、少なくとも一〇〇や二〇〇は印刷されたと思われるのだが。もし火砲や砲弾についての続編が刊行されていたならば、それだけで日本兵器史の前半部分はほぼ解明できるであろう。

筆者は今日まで本書をほとんど活用していない。その理由は続編の発見を待っていたことのほかに、本書の内容が非常に濃いために、中途半端な研究に一部だけ引用するのは本意ではなかったからだ。そういうわけで長年書棚の奥深く大切に保存していたが、いつの頃からかこの本は日本兵器史の基本資料として、原本に忠実に復刻刊行